Node.js+Express+Vue.js
项目开发实战

张旭◎编著

Node.js

机械工业出版社
China Machine Press

图书在版编目（CIP）数据

Node.js+ Express+ Vue.js项目开发实战/张旭编著. —北京：机械工业出版社，2020.4

ISBN 978-7-111-65401-8

Ⅰ.N… Ⅱ.张… Ⅲ.①JAVA语言－程序设计 ②主页制作－应用软件 ③网页制作工具－程序
设计 Ⅳ.①TP312.8 ②TP393.092

中国版本图书馆CIP数据核字（2020）第065605号

Node.js+Express+Vue.js 项目开发实战

出版发行：机械工业出版社（北京市西城区百万庄大街22号 邮政编码：100037）

责任编辑：李华君　　　　　　　　　　　　　　责任校对：姚志娟

印　　刷：中国电影出版社印刷厂　　　　　　　版　　次：2020年5月第1版第1次印刷

开　　本：186mm×240mm　1/16　　　　　　　印　　张：29.75

书　　号：ISBN 978-7-111-65401-8　　　　　　定　　价：129.00元

客服电话：（010）88361066　88379833　68326294　　　　投稿热线：（010）88379604

华章网站：www.hzbook.com　　　　　　　　　　　读者信箱：hzit@hzbook.com

一直以来，用于后端开发的主流语言是 Java、PHP 和 Python 等；而 Node.js 的出现让 JavaScript 的身影出现在了后端开发中，这使得前后端使用同一种语言并统一模型的梦想得以实现。

Node.js 不是一种独立的语言，而是一个基于 Chrome V8 引擎的 JavaScript 运行环境，其底层语言仍是 JavaScript。Node.js 可以方便地搭建响应速度快、易于扩展的网络应用。它使用事件驱动、非阻塞 I/O 模型而得以轻量和高效，非常适合在分布式设备上运行数据密集型的实时应用。使用 Node.js 可以让用户花最低的硬件成本，追求更高的并发效率和处理性能。具体而言，Node.js 具有以下几个特性：

- **事件驱动**：JavaScript 是一种事件驱动编程语言，事件发生时调用的回调函数可以在捕获事件处进行编写，这样可以让代码容易编写和维护。
- **非阻塞**：在非阻塞模式下，一个线程永远在执行计算操作，这个线程所使用的 CPU 核心利用率永远是 100%，使得效率大大提高，节省资源。
- **异步 I/O**：也称非阻塞式 I/O，针对所有的 I/O 操作均不采用阻塞策略。当线程遇到 I/O 操作时，不会以阻塞方式等待 I/O 操作的完成或数据的返回，而只是将 I/O 请求发送给操作系统，继续执行下一条语句。当操作系统完成 I/O 操作时，以事件的形式通知执行 I/O 操作的线程，线程会在特定时间处理这个事件。
- **高并发能力**：Node.js 并不会为每个客户的连接创建一个新的线程，而仅仅使用一个线程。当有用户连接时，就触发一个内部事件，通过非阻塞 I/O 和事件驱动机制，让 Node.js 程序宏观上也是并行的。
- **社区活跃**：Node.js 的社区在不断地壮大，其包的数量在快速增加，质量也在不断提升。最主要的是很多包都简单灵巧，方便用户使用和快速开发。

本书编写目的

实践对于学习知识的重要性不言而喻。只有理论知识而没有实践不可能真正完成一个项目的开发。基于此笔者编写了本书。

本书专为 Node.js 项目经验薄弱的初学者、进阶者和爱好者打造，旨在让他们掌握 Node.js 的相关知识和技能，并能进行项目实战开发。本书从实际项目开发入手，详细讲解了 3 个项目案例的完整开发过程，让读者可以快速巩固所学的理论知识，并能结合理论知识完成实际的商业项目。

当您认真、系统地学习完本书内容之后，将会发现自己已经成为一名真正的 Node.js 程序员，已经能够实打实地开发实际项目了。

本书特色

- **快速上手**：本书采用 Node.js 中最流行的框架 Express 进行项目开发，让读者能够快速熟悉并使用 Express 框架。
- **技术新颖**：本书不仅讲解了传统的后端渲染架构，还提供了业内新近流行的前后端分离架构，让读者能够深入了解架构知识，跟上技术发展的步伐。
- **注重实战**：本书采用实际的商业项目作为案例，逐一讲解项目开发中的需求分析、架构设计和代码编写等知识，让读者能够在实战中掌握知识，提升项目经验。
- **新颖独特**：本书在项目开发中提供了一种基于 Express 框架搭建的文件目录结构，读者可以根据此结构快速、高效地开发出新的商业项目。

本书内容

本书共 6 章，从实战角度出发，以项目开发流程为指引，一步步指导读者学习如何开发完整的项目。

第 1 章介绍了 Node.js 最流行的 Web 开发框架 Express，讲述了 Express 的主要特性和使用方法，以及如何使用 Express 创建一个项目。

第 2 章从需求分析、系统设计、数据库设计及代码编写几个方面，详细介绍了许愿墙项目的前台展示系统的开发。

第 3 章在第 2 章的基础上详细介绍了许愿墙项目的后台管理系统的开发。该系统用来对项目的信息进行查看和管理，采用了当下比较流行的前后端分离架构。

第 4 章详细介绍了博客管理系统的开发。该系统包括前台展示系统和后台管理系统两部分，其功能相互独立。

第 5 章详细介绍了装修小程序管理系统的开发。该系统包括前台展示系统和后台管理系统这两个功能相互独立的系统，其中重点介绍了前后端开发架构下的后端 API 接口开发和前端页面开发。

第 6 章介绍了 Node.js 部署的相关知识，包括如何安装 Node.js 环境、如何提取项目代码，以及如何使用 Node.js 进程管理工具 PM2 等。

读者对象

- 对 Node.js 感兴趣的各类开发人员；
- 有一定 Node.js 基础但没有项目经验的初学者与进阶者；

- 有一定 Node.js 基础，想要实际开发项目的开发人员；
- 高校及培训机构的老师和学生；
- 正在进行毕业设计的学生。

配套资源获取

本书涉及的所有源代码文件等配套资源需要读者自行下载，请到华章公司的网站（www.hzbook.com）搜索本书，即可在本书页面上找到相关下载链接。

另外，笔者还将配套资源上传到了 QQ 群共享文件中（群号：620379726），您也可加入 QQ 群获取资源。但需要注意，如果加入 QQ 群时系统提示此群已满，请根据验证信息加入新群。

Node.js 学习资源

- JavaScript 教程：http://www.w3school.com.cn/js/index.asp；
- Node.js 官网：https://nodejs.org；
- Node.js 官方文档：https://nodejs.org/en/docs/；
- Express 官网：http://expressjs.com；
- Node.js 中文社区：https://cnodejs.org。

本书作者

本书由张旭编写。在写作过程中，笔者竭尽所能将本书写好，力图为读者呈现一本易学、实用的图书，但因水平所限，仍难免有疏漏和不妥之处，敬请广大读者指正。您在阅读本书时若有疑问或任何建议，都可以通过以下方式联系我们。

E-mail：jiuri2000@126.com 或 hzbook2017@163.com（编辑部）；

QQ 交流群：620379726。

目录

第1章　安装和使用 Express

Express 是一个精简、灵活的 Node.js 的 Web 应用程序开发框架，为 Web 和移动应用程序提供了一组强大的功能。它是 Node.js 中最流行的 Web 开发框架，被大多数开发人员所使用。使用 Express 可以快速地开发一个 Web 应用，其他的开发框架也都是基于 Express 构建的。

1.1　安装 Express

要安装 Express，首先要具备 Node.js 环境，也就是说你已经安装了 Node.js。

安装 Express 非常简单，使用 Node.js 的配套工具 npm 命令即可安装：

```
$ npm install -g express-generator
```

npm 命令运行完毕，再运行命令：

```
$ express --version
```

如果能够看到 Express 的版本号，证明 Express 已经安装成功。截至本书写完，Express 最新的版本号是 4.16.0。

```
$ express --version
$ 4.16.0
```

其实这里安装的是一个应用生成器工具——express-generator ，通过它可以快速创建一个应用的骨架，为快速创建 Node.js 项目提供便利。

1.2　使用 Express 创建项目

在安装完 Express 之后，就可以使用 Express 命令来创建一个新的项目了。

1.2.1　创建项目

使用 Express 创建项目非常简单，具体步骤如下：

（1）按 WIN+R 键打开"运行"对话框，输入 cmd 命令，单击"确定"按钮打开命令行窗口，如图 1-1 所示。

图 1-1　命令行窗口

（2）进入工作目录，可以自定义一个工作目录，如下：

```
$ e:
$ cd express/code
```

（3）执行创建命令，创建一个名为 hello 的 Express 项目：

```
$ express hello
```

（4）此时可以看到它会自动执行，图 1-2 代表创建成功。

```
warning: the default view engine will not be jade in future releases
warning: use `--view=jade' or `--help' for additional options

create : hello\
create : hello\public\
create : hello\public\javascripts\
create : hello\public\images\
create : hello\public\stylesheets\
create : hello\public\stylesheets\style.css
create : hello\routes\
create : hello\routes\index.js
create : hello\routes\users.js
create : hello\views\
create : hello\views\error.jade
create : hello\views\index.jade
create : hello\views\layout.jade
create : hello\app.js
create : hello\package.json
create : hello\bin\
create : hello\bin\www

change directory:
  > cd hello

install dependencies:
  > npm install

run the app:
  > SET DEBUG=hello:* & npm start
```

图 1-2　Express 创建 hello 项目

（5）创建成功之后会在 code 目录下出现一个名叫 hello 的目录，进入 hello 目录，然后安装依赖包：

```
$ cd hello
$ npm install
```

（6）安装完毕之后，执行命令启动应用：

```
$ npm start
```

（7）应用启动后，在浏览器中输入 http://localhost:3000/ 网址就可以看到名叫 hello 的这个应用了，如图 1-3 所示。

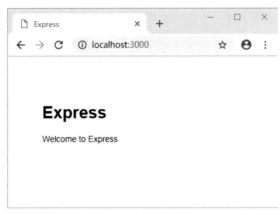

图 1-3 Express 默认应用启动界面

1.2.2 Express 项目结构分析

项目正常启动后，我们用开发工具打开 hello 项目看一下它的目录结构，如图 1-4 所示。

图 1-4 Express 默认应用的目录结构

项目结构不太复杂是不是？相比较其他语言的框架来说很轻量，这也是 Node.js 快速开发的一个特色。

目录结构中的文件及其作用如表 1-1 所示。

表 1-1　Express默认应用中的文件及其作用

目录名/文件名	类　型	作　　用
bin	目录	服务器脚本默认目录
bin/www.js	文件	服务器默认脚本，即启动服务脚本
node_modules	目录	依赖包安装目录，用于存放依赖包
public	目录	静态资源目录，用于存放静态资源
routes	目录	路由目录，用于存放路由文件
routes/index.js	文件	首页路由文件
routes/users.js	文件	用户路由文件
views	目录	页面目录，用于存放页面文件
views/error.jade	文件	错误页面
views/index.jade	文件	首页
views/layout.jade	文件	页面共用布局
app.js	文件	应用主文件
package.json	文件	项目配置文件
package-lock.json	文件	锁定的项目配置文件

1.2.3　应用主文件 app.js

app.js 文件相当于项目启动的主入口文件，有一些公共方法和服务器配置等信息。代码分析如下：

```
var createError = require('http-errors');           // http 错误处理模块
var express = require('express');                    // 引入 Express
var path = require('path');                          // 引入 path
var cookieParser = require('cookie-parser');         // 引入 cookie 处理对象
var logger = require('morgan');                      // 引入日志模块
var indexRouter = require('./routes/index');// 引入路由目录中的 index.js 文件
var usersRouter = require('./routes/users');// 引入路由目录中的 users.js 文件
var app = express();                                 // 创建 Express 应用
app.set('views', path.join(__dirname, 'views'));     // 定义页面目录
app.set('view engine', 'jade');                      // 定义页面模板引擎
app.use(logger('dev'));                              // 定义日志打印级别
app.use(express.json());                             // 定义 JSON 格式处理数据
// 定义使用 urlencode 处理数据及 querystring 模块解析数据
app.use(express.urlencoded({ extended: false }));
app.use(cookieParser());                             // 定义使用 cookie 处理对象
// 定义静态资源目录 public
app.use(express.static(path.join(__dirname, 'public')));
app.use('/', indexRouter);                           // 定义指向 index.js 的路由
```

```
app.use('/users', usersRouter);                    // 定义指向 users.js 的路由
// 定义 404 错误处理
app.use(function(req, res, next) {
  next(createError(404));
});
// 定义其他错误处理
app.use(function(err, req, res, next) {
  // 设置 locals，只在开发环境生效
  res.locals.message = err.message;
  res.locals.error = req.app.get('env') === 'development' ? err : {};
  res.status(err.status || 500);                    // 返回错误 http 状态码
  res.render('error');                              // 渲染错误页面
});
module.exports = app;
```

1.3　Express 路由

接触到一款框架，首先要熟悉的就是它的路由。路由是指应用程序的端点（URI）如何响应客户端请求。通俗来说，就是定义什么路径来访问。

1.3.1　GET 请求路由

在 Express 中定义路由特别简单。首先来看一下 routes 目录中的 index.js 路由文件，也就是首页路由文件，它是一个 GET 请求路由，如下：

```
var express = require('express');                   // 引入 Express
var router = express.Router();                      // 引入 Express 路由对象
//首页路由
router.get('/', function(req, res, next) {
  res.render('index', { title: 'Express' });
});
module.exports = router;                            // 导出路由
```

首页路由文件很简单，其中也只定义了一个根目录的路由。

将其中的代码：

```
res.render('index', { title: 'Express' });
```

更换成如下代码：

```
res.render('index', { title: Hello});
```

保存文件，重新运行 npm start 命令，用浏览器打开 http://localhost:3000 查看效果，因为在浏览器地址栏中输入地址发送的请求默认是 GET 请求，所以可以得到如图 1-5 所示的结果。

可以看到，之前的 Express 被换成了 Hello。

前面的一段代码定义了首页的路由，这个路由定义的是 GET 请求，请求的是 "/" 路

径，也就是根路径。接着后面跟着一个方法，当用户发送 GET 请求根路径的时候，就进入这个方法中，在这个方法中可以进行一些对请求的操作。

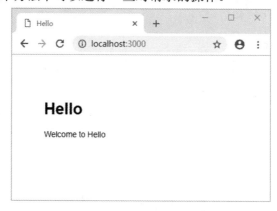

图 1-5　将 Express 更改成 Hello 的运行效果

Express 默认的首页方法中使用了 res.render()方法，该方法的作用是渲染页面。其第一个参数就是页面的文件名，这里对应的就是 views 目录中的 index.jade 文件；第二个参数是传入到页面文件的对象，可以将数据渲染到页面上。

1.3.2　自定义路由

分析过首页路由之后，可以试着自己写一个路由。在 index.js 路由文件中添加如下代码：

```
// 定义一个 GET 请求 "/world" 的路由，执行方法
router.get('/world', function(req, res, next) {
  res.render('index', { title: 'Hello World' });          // 渲染 index 页面
});
```

将项目重新启动，打开浏览器请求地址 http://localhost:3000/world，会看到新的页面，如图 1-6 所示。

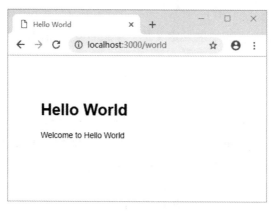

图 1-6　Hello World 路由演示效果

新定义的路由生效了，是不是很简单呢？

但是每次更改过路由文件都要重新启动项目才会生效，如此，开发效率不太高。在这里，给大家推荐一个工具——nodemon，其安装方式也是利用 npm 命令：

```
npm install -g nodemon
```

安装完成之后，修改项目根目录中的 package.json 文件，将其中的

```
"scripts": {
  "start": "node ./bin/www"
},
```

修改成：

```
"scripts": {
  "start": "nodemon ./bin/www"                        // 使用 nodemon 运行
},
```

然后再执行 npm start 命令启动项目，这样在路由文件被更改并保存之后，会自动重启项目，并可以立刻在浏览器中看到更改后的运行结果。

1.3.3   其他请求方式的路由

HTTP 请求方式除了 GET 之外，还有 POST、PUT 等其他方式。类似于 GET 请求的路由编写方式，其他请求方式也换成相应的 router 方法，如下：

```
// POST 请求方式
router.post('/world', function(req, res, next) {
  res.render('index', { title: 'Hello World' });        // 渲染 index 页面
});
// PUT 请求方式
router.put('/world', function(req, res, next) {
  res.render('index', { title: 'Hello World' });        // 渲染 index 页面
});
// DELETE 请求方式
router.delete('/world', function(req, res, next) {
  res.render('index', { title: 'Hello World' });        // 渲染 index 页面
});
```

大家可以自己尝试一下相应的请求方式。

1.3.4   路由匹配规则

前面演示的路由匹配都是完整匹配，即定义"/world"，在浏览器中要输入"/world"才能匹配到。

在 Express 中，除了完整匹配，还支持模糊匹配，例如：

```
router.get('/wes?t', function(req, res, next) {
  res.render('index', { title: 'Hello World' });
});
```

在浏览器中查看，会发现当请求 http://localhost:3000/west 和 http://localhost:3000/wet 时都可以成功。

同样，模糊匹配还可以按如下处理：

```
// 能够匹配/west、/weest、/weeest 等
router.get('/we+st', function (req, res, next) {
  res.render('index', { title: 'Hello World' });
})
// 能够匹配/west、/wt
router.get('/w(es)?t', function (req, res, next) {
  res.render('index', { title: 'Hello World' });
})
// 能够匹配/west、/we123st、/wexxxst 等
router.get('/we*st', function (req, res, next) {
  res.render('index', { title: 'Hello World' });
})
// 能够匹配/west、/we123st、/wexxxst 等
router.get('/we*st', function (req, res, next) {
  res.render('index', { title: 'Hello World' });
})
```

同时，Express 路由还支持正则表达式，如下：

```
// 能够匹配路径中包含 west 的任何内容，如/west、/aawest、/westee 等
router.get(/west/, function (req, res, next) {
  res.render('index', { title: 'Hello World' });
})
```

1.3.5 中间件

在项目开发过程中，有时会需要用共同的方法来拦截请求，比如需要对请求做一些身份验证。

如果接口是一个或两个的话，可以在某个接口的处理方法中进行验证，但是如果很多接口都需要进行验证的话，就不可能在每一个需要验证的接口上都添加一套代码，那样既费时又费力。为了提高效率，需要将验证的方法单独提出来。

Express 提供了一个很好的工具，即中间件。可以在中间件中定义一个验证方法，然后在需要验证的接口路由上添加验证中间件，完成接口的验证。

那么什么是中间件呢？这里的中间件是一些处理方法的合集。Express 其实就是一个路由和中间件合成的 Web 框架。

在前面说过，当前端请求路由的时候，会进入后面的路由处理方法中打开前面的 index.js 路由文件，查看根路径的路由：

```
router.get('/', function(req, res, next) {
  res.render('index', { title: 'Express' });
});
```

当前端使用 GET 方法请求根路径的时候，会进入第二个参数 function 中，而这个路由处理方法就是 Express 中的中间件。

Express 的中间件函数可以让我们访问请求对象 Request、响应对象 Response 及下一个中间件函数。其中，下一个中间件函数通常声明为 next。

在 Express 中，中间件会被 Express 传入 3 个参数，如表 1-2 所示。

表 1-2　Express中间件的 3 个参数

参 数 顺 序	参　　数	描　　述
1	req	请求数据对象Request
2	res	返回数据对象Response
3	next	下一步函数

为了实现上述验证功能，可以在路由处理方法之前也就是中间件之前再加一个方法，例如：

```
// 定义一个 GET 请求
router.get('/car', function(req, res, next){
  console.log ('这里是中间件');             // 打印日志，方便查看
  next();                                  // 继续下一步，下一个中间件
}, function(req, res, next) {
  res.send('这里是返回');                   // 向页面发送数据
});
```

在 router.get()方法中，在前面定义的路由处理方法之前又传入了一个方法，这时使用浏览器访问 http://localhost:3000/car，会看到控制台中打印出"这里是中间件"，同时浏览器的页面上展示出"这里是返回"。

在中间件中可以做很多事情，在后面的实战项目演示中大家将会经常见到它。

1.4　Express 页面

在前面定义路由的时候，用到的处理方法中有这么一行代码：

```
res.render('index', { title: 'Hello World' });
```

这行代码是 Express 的返回对象 Response 的一个 render()方法，这个后面会讲。这里先来讲 render()方法的第一个参数，也就是需要渲染的模板文件名，也就是对应 views 目录中的文件，即页面文件。

在前面分析项目结构的时候已经说过，页面目录中有 3 个页面文件：index.jade、error.jade 和 layout.jade。大家可能对 jade 这样的拓展名文件不太熟悉，其实它就是一种模板引擎，为了使用大家熟悉的 HTML 结构，通常在项目实际开发过程中会将其更换成便于理解的其他模板引擎，比如 art-template 等。

1.4.1　更换模板引擎

Express 默认的模板引擎是 jade，为了便于新用户上手开发，需要把它替换成更简洁、高效的 art-template。

更换模板引擎的方法也很简单，首先需要安装 art-template 依赖包，分别执行以下命令：

```
npm install -S art-template
npm install -S express-art-template
```

两个依赖包都安装成功之后，修改项目根目录下的 app.js 文件，将其中的

```
app.set('view engine', 'jade');
```

更换成

```
app.engine('.html', require('express-art-template'));
app.set('view engine', 'html');
```

接着到 views 目录下新建一个 index.html 文件，如下：

```
<!DOCTYPE html>
<html lang="en">
<head>
<meta charset="UTF-8">
<title>Title</title>
</head>
<body>
<!-- 放一个 h1 标签 -->
<h1>这是一个 HTML 文件</h1>
</body>
</html>
```

然后去浏览器中预览一下效果。如图 1-7 所示，模板引擎已经更换成功。

图 1-7　更改模板引擎为 art-template

1.4.2　渲染数据到页面上

在开发网页的时候，网页上的内容往往都不是一成不变的，而是根据服务端内容变化的，这就需要将数据渲染到页面上。

在前面的章节中说过，在 Express 中将数据渲染到页面上的方法是 response 对象的 render()方法的第二个参数，如下：

```
// 定义一个 GET 请求 "/" 的路由
router.get('/', function(req, res, next) {
  res.render('index', { title: 'Hello' });// 渲染 index 页面，并传送变量 title
});
```

这段代码在渲染的时候向 index.html 页面中传入了一个值为 Hello 的 title 字段，但是在浏览器中预览却没有看到这个 Hello，这是因为还没有编辑页面文件来接收这个 title 字段。

打开 views 目录中的 index.html 文件，在其中的<body></body>标签中添加以下代码：

```
<h2>这是 title 的值：{{title}}</h2>
```

在浏览器中预览，效果如图 1-8 所示。

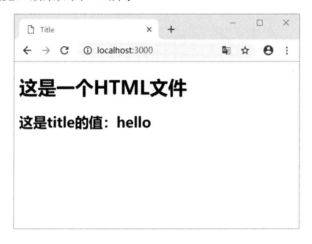

图 1-8　页面接收参数的值

还可以多定义一些参数，让页面来接收，如下：

```
router.get('/', function(req, res, next) { // 定义一个 GET 请求 "/" 的路由
  res.render('index', {                    // 渲染 index 页面，传入对象
    title: 'Hello',
    name: '零度逍遥',
    age: 31
  });
});
```

修改对应的页面文件 index.html：

```
<!DOCTYPE html>
<html lang="en">
<head>
  <meta charset="UTF-8">
  <title>Title</title>
</head>
<body>
  <!-- 定义一个 h2 标签 -->
  <h2>{{title}}</h2>
  <!-- 定义一个 p 标签 -->
  <p>大家好，我是{{name}}，我今年{{age}}岁，很高兴认识大家！</p>
</body>
</html>
```

浏览器的效果如图 1-9 所示。

图 1-9　页面接收多个参数的值

怎么样？是不是很简单呢？只需要在需要渲染的地方将后端输出的字段用{{}}双花括号括起来就行了，赶快自己试一下吧。

1.4.3　条件渲染

现在已经能够做到将数据渲染到页面上了。但是有时会有这样的需求：根据不同的情况展示不同的页面，这个时候就需要用条件渲染了。

1. 基本条件渲染

还是基于上一节中的示例，现在需要实现：如果我的年龄大于等于 30 岁，就不展示"我今年 XX 岁"这些文字，如果小于 30 岁，则展示文字。

将 index.js 的路由代码修改为：

```
router.get('/', function(req, res, next) { // 定义一个 GET 请求 "/" 的路由
  // 渲染 index 页面，传入渲染对象
```

```
    res.render('index', {
        title: 'Hello',
        name: '零度逍遥',
        age: 25
    });
});
```

将对应的 index.html 页面文件修改为：

```
<!DOCTYPE html>
<html lang="en">
<head>
    <meta charset="UTF-8">
    <title>Title</title>
</head>
<body>
<h2>{{title}}</h2>
<!-- 判断年龄小于 30 -->
{{if age<30 }}
<p>大家好，我是{{name}}，我今年{{age}}岁，很高兴认识大家！</p>
{{/if}}
<!-- 判断年龄大于等于 30 -->
{{if age>=30 }}
<p>大家好，我是{{name}}，很高兴认识大家！</p>
{{/if}}
</body>
</html>
```

在浏览器里得到的页面如图 1-10 所示。

图 1-10　条件渲染显示年龄

现在还是显示年龄的，将路由代码修改为：

```
// 定义一个 GET 请求"/"的路由
router.get('/', function(req, res, next) {
    // 渲染 index 页面，传入渲染对象
    res.render('index', {
```

```
        title: 'Hello',
        name: '零度逍遥',
        age: 32
    });
});
```

现在再次预览页面，效果如图 1-11 所示。

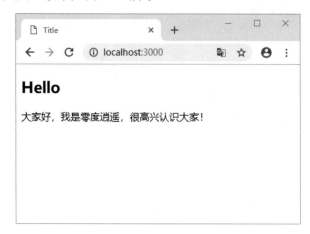

图 1-11　条件渲染隐藏年龄

这时就不会显示年龄了，因为页面文件中的那段条件渲染代码生效了。在 art-template 中，如上述示例，if 判断有固定的写法，用{{if CONDITION}}开头，以{{/if}}结尾，将需要判断的代码放在其中。

2. 嵌套条件渲染

除了基本的条件渲染外，很多时候往往存在复杂的情形，需要进行多层判断。art-template 也提供了嵌套条件渲染的方式，在条件判断里继续增加条件判断，即嵌套 if 判断，将页面文件代码更改如下：

```
<!DOCTYPE html>
<html lang="en">
<head>
    <meta charset="UTF-8">
    <title>Title</title>
</head>
<body>
<h2>{{title}}</h2>
<!-- 判断年龄小于 30 -->
{{if age<30 }}
<p>大家好，我是{{name}}，我今年{{age}}岁，很高兴认识大家！</p>
{{/if}}
<!-- 判断年龄大于等于 30 -->
{{if age>=30 }}
<p>大家好，我是{{name}}，
```

```
<!-- 判断 happy 字段是否为真 -->
{{if happy }}
<span>很高兴认识大家！</span>
{{/if}}
</p>
{{/if}}
</body>
</html>
```

修改路由代码：

```
// 定义一个 GET 请求"/"的路由
router.get('/', function(req, res, next) {
  // 渲染 index 页面，传入渲染对象
  res.render('index', {
    title: 'Hello',
    name: '零度逍遥',
    age: 42,
    happy: false
  });
});
```

这样页面又发生了变化，如图 1-12 所示。

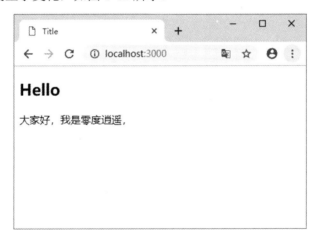

图 1-12 嵌套条件渲染显示

将 happy 的值设为 true：

```
// 定义一个 GET 请求"/"的路由
router.get('/', function(req, res, next) {
  // 渲染 index 页面，传入渲染对象
  res.render('index', {
    title: 'Hello',
    name: '零度逍遥',
    age: 42,
    happy: true
  });
});
```

页面又发生了变化，如图 1-13 所示。

图 1-13　嵌套条件渲染隐藏

是不是很方便呢？不仅如此，art-template 模板引擎可以在页面上的任意地方使用条件渲染，快点去试试吧。

1.4.4　循环渲染

在页面开发过程中，除了条件渲染，循环渲染也是一种常用的方式，最常见的就是渲染一个列表。在 art-template 中，循环渲染也特别简单。

1．基本循环渲染

首先在路由中定义一个数组，数组中的每一项都是一个对象，需要将数组渲染到页面上，每一条数据对应数组中的一项。

定义路由的代码如下：

```
// 定义一个 GET 请求 "/" 的路由
router.get('/', function(req, res, next) {
  // 渲染 index 页面，传入渲染对象
  res.render('index', {
    title: 'Hello',
    // 定义一个数组，每一项都是一个对象
    list: [{
      id: 1,
      content: '今天天气不错'
    }, {
      id: 2,
```

```
content: '昨天你吃了什么？'
  }, {
    id: 3,
    content: '工作好累'
  }]
});
});
```

修改页面文件代码：

```html
<!DOCTYPE html>
<html lang="en">
<head>
  <meta charset="UTF-8">
  <title>Title</title>
</head>
<body>
<h2>{{title}}</h2>
<!-- 循环 list，每一项为 item -->
{{each list as item }}
<p>数据 id: {{item.id}}，内容: {{item.content}}</p>
{{/each}}
</body>
</html>
```

在浏览器中查看，如图 1-14 所示。

图 1-14　循环渲染

特别简单是不是？跟条件渲染一样，在 art-template 中循环渲染也有固定的写法：以 {{each LIST as ITEM}}（LIST 为数组字段，ITEM 为数组中的每一项）开头，以{{/each}} 结尾，需要循环的内容放在其中。

2．循环渲染结合条件渲染

在实际的业务场景中，通常不会简单地渲染列表，而往往需要在循环过程中进行一些判断，根据判断的结果展示不同的页面，也就是在循环渲染中增加条件渲染。

下面结合上一节的条件渲染给大家展示一个综合的例子。定义路由代码：

```
// 定义一个 GET 请求 "/" 的路由
router.get('/', function(req, res, next) {
  // 渲染 index 页面，传入渲染对象
  res.render('index', {
    title: 'Hello',
    // 定义一个数组，每一项都是一个对象
    list: [{
      id: 1,
      content: '今天天气不错'
    }, {
      id: 2,
      content: '昨天你吃了什么？'
    }, {
      id: 3,
      content: '工作好累'
    }],
    targetId: 2                    // 定义一个变量，表示当前被选中的 id
  });
});
```

修改页面文件代码：

```
<!DOCTYPE html>
<html lang="en">
<head>
  <meta charset="UTF-8">
  <title>Title</title>
</head>
<body>
<h2>{{title}}</h2>
<!-- 循环 list，每一项为 item -->
{{each list as item }}
<!-- 判断 list 中的每一项 item 的 id 属性是否等于 targetId 字段 -->
{{if item.id === targetId}}
<p style="color: #f00;">数据 id：{{item.id}}，内容：{{item.content}}</p>
{{else}}
<p>数据 id：{{item.id}}，内容：{{item.content}}</p>
{{/if}}
{{/each}}
</body>
</html>
```

浏览器预览效果如图 1-15 所示。

在这个示例中，对 list 这个数组字段进行了循环渲染，同时在循环中又进行了判断，只有当 list 中某一条数据的 id 值等于 targetId 这个字段值的时候，才将这一条数据展示为红色。

图 1-15　循环渲染配合条件渲染

1.5　请求对象 Request

前面说过，当请求到路由的时候会进入路由处理方法中，而路由处理方法本质上就是一个中间件，它包括 3 个参数，即请求对象 Request、返回对象 Response 和下一步方法 next。下面介绍一下请求对象 Request 的常用属性。

1.5.1　Request.url 属性：获取请求地址

Request.url 属性是获取请求地址的属性。看看示例，添加一个 /abcd 的路由：

```
// 定义一个 GET 请求 "/abcd" 的路由
router.get('/abcd', function(req, res, next) {
  console.log (req.url);                    // 打印 Request.url 属性值
  res.render('index', { title: 'Express' });
});
```

在浏览器中请求 http://localhost:3000/abcd 时，控制台就会打印 "/abcd"，对应的就是请求地址。还可以定义一个多层级的路由：

```
router.get('/abcd/efg', function(req, res, next) {
  console.log (req.url);
  res.render('index', { title: 'Express' });
});
```

这个时候，控制台就会打印 "/abcd/efg"，依旧是对应请求地址。
在 url 后面加入一些参数看看：

```
router.get('/abcd/efg?name=jim&age=25', function(req, res, next) {
  console.log (req.url);
  res.render('index', { title: 'Express' });
});
```

控制台打印的结果是 "/abcd/efg?name=jim&age=25"。

另外，在请求的时候还可以这样传入参数：

```
router.get('/book/:id', function(req, res, next) {
  console.log (req.url);
  res.render('index', { title: 'Express' });
});
```

这里的 ":id" 代表着请求的时候，这里可以传入一个 id 字段，即 http://localhost:3000/book/2，这时控制台打印的结果是 "/book/2"

1.5.2　Request.query 属性：获取 GET 请求参数

Request.query 属性常用来获取 GET 请求参数，它是一个对象，包含路由中每个查询字符串参数的属性。如果没有查询字符串，则为空对象{}。

在路由的 url 中添加一个参数 id=15：

```
// 定义一个 GET 请求 "/book" 的路由
router.get('/book', function(req, res, next) {
  console.log (req.query);                      // 打印 GET 请求参数
  res.render('index', { title: 'Express' });
});
```

在浏览器中打开 http://localhost:3000/book?id=15，控制台打印结果为 "{id: 15}"。

🔔注意：不能在路由中将请求地址定义成 "/book?id=15"，因为这样它会解析成其他的字符串，而给不出你想要的结果。

再向路由中添加两个参数：author=jim=time=2015-05-04。

在浏览器中打开 http://localhost:3000/book?id=15&author=jim&time=2015-05-04，控制台打印的结果为 "{ id: '15', author: 'jim', time: '2015-05-04' }"。

🔔注意：Request.query 只能获得 GET 请求方式，或者拼接在 url 后面的参数，不能获取其他请求方式（POST、PUT 等）的参数。

1.5.3　Request.body 属性：获取 POST 请求参数

介绍完获取 GET 请求方式的参数之后，再来介绍另外一个常用的请求方式 POST 参数的获取方法。

和获取 GET 参数方式一样简单，Express 已经将 POST 请求参数封装在了 Request.body 对象中，它同样是以键值对的形式存在，方便得到处理。

定义一个 POST 请求的路由，增加路由的代码如下：

```
// 定义一个 POST 请求 "/abc" 的路由
router.post('/abc', function(req, res, next) {
  console.log (req.body);
```

```
    res.render('index', { title: 'Express' });          // 渲染 index 页面
});
```

因为 POST 请求不能直接在浏览器中请求，所以需要使用接口测试工具。在这里推荐使用 Postman 工具，读者可以自行搜索、安装，这里就不赘述了。

安装完成之后，打开 Postman，界面如图 1-16 所示。

图 1-16　Postman 的默认界面

在 URL 输入栏中输入地址 http://localhost:3000/abc，将前面的请求方式改成 POST，接着单击后面的 Send 按钮，界面如图 1-17 所示。

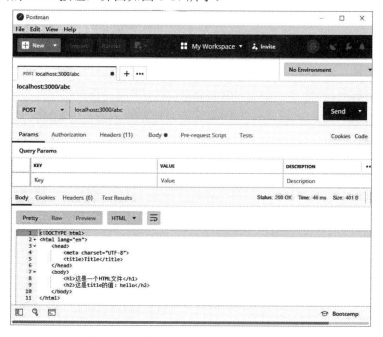

图 1-17　通过 Postman 发送 POST 请求/abc

为了便于查看，可以将获取的参数直接打印到返回值里。更改路由代码：

```
// 定义一个 POST 请求"/abc"的路由
router.post('/abc', function(req, res, next) {
  console.log (req.body);
  res.send(req.body);                        // 将请求的 POST 数据返回
});
```

再次单击 Send 按钮发送请求，返回一个空对象，如图 1-18 所示。

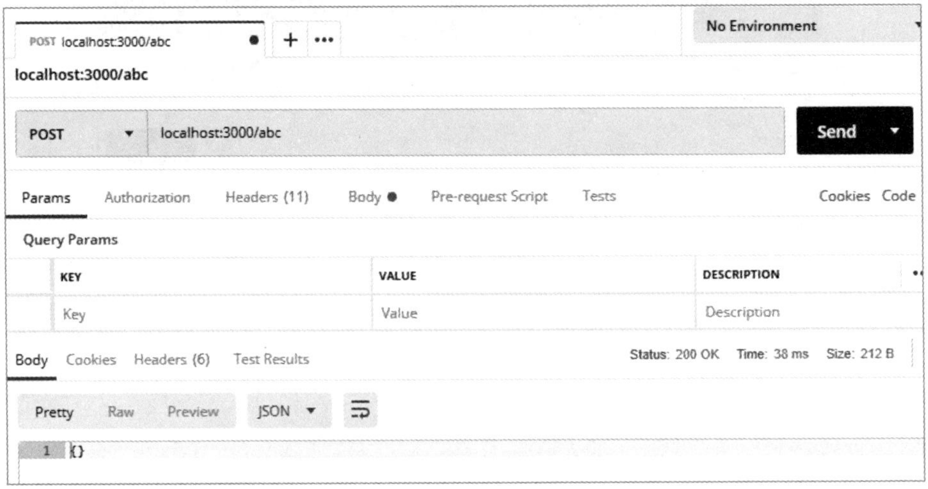

图 1-18　通过 Postman 发送 POST 请求，返回空对象

上面的代码中，res.send()方法不会渲染页面，而会直接输出传入的参数，以方便查看。

返回空对象是因为没有传入任何参数。现在来增加一些 POST 参数。Postman 增加 POST 参数的方法是在 Body 中添加字段和值。

如图 1-19 所示，当选择 Postman 中的 Body 选项卡时，会发现里面提供了很多选项，但最常用的是 www-form-urlencoded，因为这是 HTTP 的 POST 请求的默认请求数据格式，通常情况下不会更改。

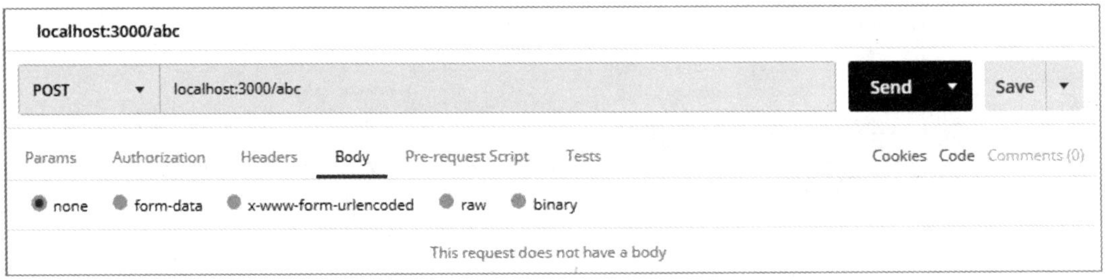

图 1-19　POST 请求的数据格式

在 Body 中添加一些字段后再来查看结果。

如图 1-20 所示，在 Body 中添加了一些参数之后，在下面的返回结果中已经得到了对应的数据。

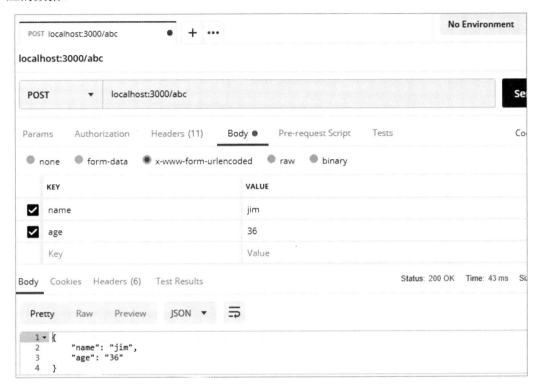

图 1-20　通过 Postman 获取到 POST 请求参数

1.5.4　Request.params 属性：获取 URL 中的自定义参数

在 1.5.1 节中定义过这样的路由：

```
// 定义一个 GET 请求
router.get('/book/:id', function(req, res, next) {
  console.log (req.url);                    // 打印 Request.url 的值
  res.render('index', { title: 'Express' });
});
```

使用 Postman 发送请求 http://localhost:3000/book/2 时，可以看到控制台打印出了"/book/2"，也就是说上面定义的这个 id 变成了请求地址中的 2。在这种情况下，其实是可以获取到这个 id 值的，Express 提供了获取这个 id 的方法，就是 Request.params 属性。

在上面定义的路由中打印 Request.params 属性：

```
// 定义一个 GET 请求
router.get('/book/:id', function(req, res, next) {
  res.send(req.params);                          // 将 Request.params 值返回
});
```

这时再次发送请求 http://localhost:3000/book/2，可以看到返回结果是"{id : 2}"，如图 1-21 所示。

还可以定义多个参数，将路由代码更改如下：

```
// 定义一个 GET 请求
router.get('/book/:userId/:id', function(req, res, next) {
  res.send(req.params);                          // 将 Request.params 值返回
});
```

再次通过 Postman 发送请求 http://localhost:3000/book/2/3，可以看到返回结果中有多个自定义的 URL 参数，如图 1-22 所示。

图 1-21　获取一个 URL 自定义参数

图 1-22　获取多个 URL 自定义参数

Express 把通过 URL 传入的参数存到了 Request.params 属性中，同时它又是一个对象，包含所有自定义的 URL 参数，可以很轻松地获取到任意一个参数。

1.5.5　Request.headers 属性：获取请求头数据

除了可以获取到请求体的数据之外，Express 还能获取到请求头的数据，它们被保存在 Request.headers 属性中。

更改路由代码：

```
// 定义一个 POST 请求 "/abc" 的路由
router.post('/abc', function(req, res, next) {
  res.send(req.headers);                          // 将请求的请求头返回
});
```

接着在 Postman 中发送请求，查看结果。如图 1-23 所示，返回了很多数据，这些数据都是在 Postman 中默认添加的。请求头中还可以添加一些自定义参数。

如图 1-24 所示，在请求头中添加了 cookie 和 token 字段，在返回结果中也获取到了相应的值。

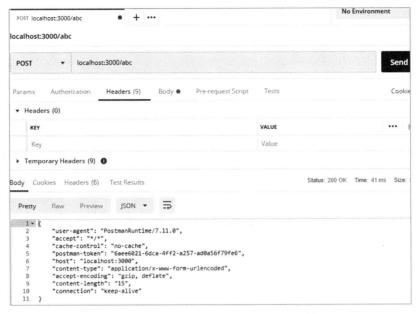

图 1-23 在 Postman 中获取到默认请求头数据

图 1-24 添加请求头数据

1.5.6　Request.cookies 属性：获取客户端 cookie

在和前端数据交互的时候，有时需要将数据存放在客户端的 cookie 中，在客户端再次发送请求的时候，后端可以拿到 cookie 中的值来做一些操作。

上一节提到，从 Request.headers 中可以获取到 cookie，但是获取过来的是字符串，并不太容易操作。Express 提供了一种更简单的方式，它将 cookie 信息保存在了 Request.cookies 属性中。如果请求不包含 cookie，则默认为{}。

📖注意：客户端的cookie是存在于请求头里面的，而并不在请求体中，使用 Request. cookies 能够获取到 cookie，是因为 Express 做了处理，所以在设置的时候需要到请求的 Header 中去设置。

将路由代码更改如下：

```
// 定义一个 POST 请求 "/abc" 的路由
router.post('/abc', function(req, res, next) {
  res.send(req.cookies);                    // 将请求的 cookie 返回
});
```

接着在 Postman 中添加一个 cookie，发送请求，查看结果。如图 1-25 所示，很轻松地就获取到了客户端请求所带的 cookie，并且它很智能地将多个 cookie 值分开了，变成 Request.cookie 对象的一个属性。

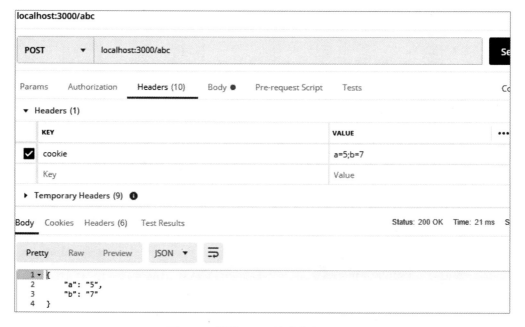

图 1-25　发送 POST 请求获取 cookie

1.6　返回对象 Response

有请求就有返回。介绍完请求 Request 对象，接下来介绍返回 Response 对象。

1.6.1　Response.render()方法：渲染页面

Response.render()方法是渲染页面的一个方法，它有 3 个参数，如表 1-3 所示。

表 1-3　Response.render参数定义

参 数 顺 序	参 数	参 数 类 型	是 否 必 选	作 用
1	view	String	是	页面文件，用于渲染的文件路径
2	locals	Object	否	属性定义页面的局部变量
3	callback	Function	否	回调函数。返回可能的错误和呈现的字符串，但不执行自动响应。发生错误时，该方法在next(err)内部调用

下面是相关的示例代码。

```
res.render('index');                        // 渲染一个页面文件到客户端
// 回调函数，明确指定发送 HTML 字符串
res.render('index', function(err, html) {
  res.send(html);
});
// 设置一个局部变量，渲染到 user 页面上
res.render('user', {
  name: 'Tobi'
}, function(err, html) {
  // 渲染完毕的回调函数
});
```

1.6.2　Response.send()方法：发送 HTTP 响应

Response.send()方法是发送一个 HTTP 响应至前端，它只接收一个参数，这个参数可以是任何类型，可以是一个 Buffer 对象、一个 String、一个 Object，或一个 Array。相关示例代码如下：

```
res.send(new Buffer('hello'));
res.send({ name: 'john' });
res.send('<p>html</p>');
res.send([1,2,3]);
res.send('some string');
```

Response.send()方法之所以可以接收任何类型的参数，是因为执行这个方法返回的时

候它会自动设置响应头数据类型，即响应头里的 Content-Type 字段。

（1）当参数是 Buffer 对象时，Response.send()方法将 Content-Type 响应头字段设置为 application/octet-stream。

```
// 返回一个 buffer
res.send(new Buffer('<p>html</p>'));
```

在 Postman 中查看请求，会发现返回的响应头中 Content-Type 字段值为 application/octet-stream，如图 1-26 所示。

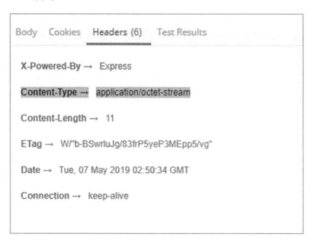

图 1-26　执行 Response.send()方法传入 Buffer 对象

（2）当参数为 String 时，Response.send()方法将 Content-Type 设置为 text/html。

```
res.send('<p>some html</p>');                    // 返回一个字符串
```

（3）当参数是 Array 或 Object 时，Express 以 JSON 表示响应，设置 Content-Type 为 application/json。

```
res.send({ name: 'jim' });                        // 返回一个对象
res.send([1,2,3]);                                // 返回一个数组
```

具体返回结果大家可以自己在 Postman 里查看一下，这里就不再演示了。

1.6.3　Response.json()方法：返回 JSON 格式的数据

除了使用模板页面返回 HTML 页面之外，返回 JSON 格式的数据也是目前开发人员常做的事，尤其是在目前流行前后端分离开发方式的形势下，学习怎么返回 JSON 格式的数据显得尤为重要。

在 Express 中，返回 JSON 格式的数据也特别简单，使用 Response.json()方法就能轻松地将封装好的数据通过 JSON 的方式返回给前端。定义一个路由，代码如下：

```
// 定义一个 GET 请求"/book"的路由
router.get('/book', function(req, res, next) {
  // 返回 JSON 格式的数据
  res.json({
    name: 'john',
    age: 28,
    hobby: ['打篮球', '唱歌', '旅游']
  })
});
```

在 Postman 中查看结果，如图 1-27 所示。

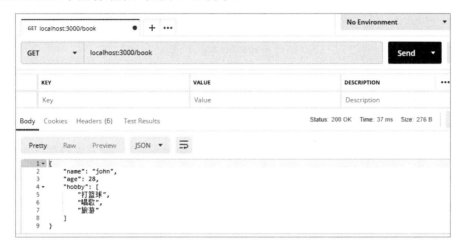

图 1-27　执行 Response.json()方法返回 JSON 格式的数据

Response.json()方法只接收一个参数，可以是任何的 JSON 格式类型，包括对象、数组、字符串、布尔值或数字，甚至可以将其他值转换为 JSON 格式类型，例如 null 和 undefined（尽管这些格式类型在技术上是无效的 JSON）。

```
res.json(null);                        // JSON 格式返回 null
res.json({ user: 'tobi' });            // JSON 格式返回一个对象
// 设定 HTTP 状态码为 500 并返回 JSON 格式数据
res.status(500).json({ error: 'message' });
```

1.6.4　Response.status()方法：设定 HTTP 状态码

有时候需要给前端返回指定的 HTTP 状态码，让前端更能明确地知道本次请求的状态。使用 Express 提供的 Response.status()方法可以轻松地做到，定义路由代码如下：

```
// 定义一个 GET 请求"/book"路由
router.get('/book', function(req, res, next) {
  res.status(403).end();
});
```

在 Postman 中预览，效果如图 1-28 所示。在标注框中可以看出本次请求返回的状态码是 403。

图 1-28　执行 Response.status()方法返回 403

在控制台中也可以看到打印日志：
```
GET /book 403 18.000 ms - -
```

注意：在使用 Response.status()方法时，后面一定要有结束方法 end()或者发送方法 send()
和 json()等，因为 Response.status()方法并不是返回结果，它只是设置了一个状态。

还可以定义状态码之后继续返回结果。定义路由代码如下：
```
// 定义一个 GET 请求 "/book" 的路由
router.get('/book', function(req, res, next) {
  // 定义一个 404 状态码，并以 JSON 格式返回
  res.status(404).json({
    statusCode: 404,
    msg: 'Not Found'
  })
});
```

在 Postman 中预览，效果如图 1-29 所示。可以看到，不但改变了 HTTP 状态码，而
且返回了 JSON 格式的数据。

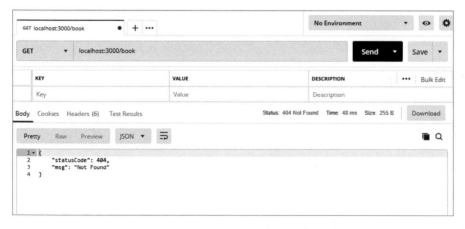

图 1-29　使用 Response.status()方法设置状态码返回

1.6.5　Response.redirect()方法：跳转指定路由

在实际开发过程中，经常需要跳转 URL。Express 提供了很好的跳转方法 Response.redirect()，使用该方法可以很轻松地跳转到指定的路由。

定义路由文件代码如下：

```
// 定义一个 GET 请求 "/book" 的路由
router.get('/book', function(req, res, next) {
  console.log ('book');
  res.redirect('/book2');              // 跳转到 "/book2" 路由
});
// 定义一个 GET 请求 "/book2" 的路由
router.get('/book2', function(req, res, next) {
  console.log ('book2');
  res.end();                           // 直接结束
});
```

接着用浏览器或者 Postman 发送请求 http://localhost:3000/book，会看到在控制台中输出如下：

```
book
GET /book 302 22.906 ms - 28
book2
GET /book2 200 0.782 ms - -
```

当后端接收到请求的时候，首先进入 "/book" 的路由方法中打印 book，接着再进入 "/book2" 的路由方法里打印 book2，这其中发生了一次 302 跳转，这都是通过 Response. redirect()方法完成的。

除了可以跳转到本地路径外，还可以跳转到任意一个 URL，例如：

```
router.get('/book', function(req, res, next) {
  console.log ('book');
  res.redirect('http://www.baidu.com');
});
```

打开浏览器，访问 http://localhost:3000/book，会发现浏览器自动跳转到了 http://www. baidu.com。

此外，Response.redirect()方法还提供了设置 HTTP 状态码的参数。示例如下：

```
// 定义一个 GET 请求 "/book" 的路由
router.get('/book', function(req, res, next) {
  console.log ('book');
  res.redirect(301, '/book2');             // 301 跳转到 "/book2" 路由
});
// 定义一个 GET 请求 "/book2" 的路由
router.get('/book2', function(req, res, next) {
  console.log ('book2');
  res.end();                               // 直接结束
});
```

访问 http://localhost:3000/book，在控制台中可以看到：

```
book
GET /book 301 23.027 ms - 40
book2
GET /book2 200 0.766 ms - -
```

请求被 301 重定向到了"/book2"路由。

第 2 章　许愿墙

（Node.js+Express+art-template+MySQL）

在学会了怎么使用 Express 框架之后，就可以使用该框架进行项目开发。

本章要开发的项目是许愿墙。许愿墙最初是一种建筑，用于承载人们的愿望，人们可以在上面涂涂画画或贴上小纸片，在上面写下自己的愿望、期盼和祝福等。现今许愿墙也用于网络上，一般是网站独立的一个空间页面，供人们进行许愿、祈祷和祝福等。

2.1　需 求 分 析

为了增加网站人气，市场部门要设置一个活动吸引用户参与，提出了许愿墙的想法，产品经理根据市场部门的需求，规划了一个许愿墙产品。

前端开发人员根据 UI 设计图已经开发完毕，实现的页面效果如图 2-1 所示。

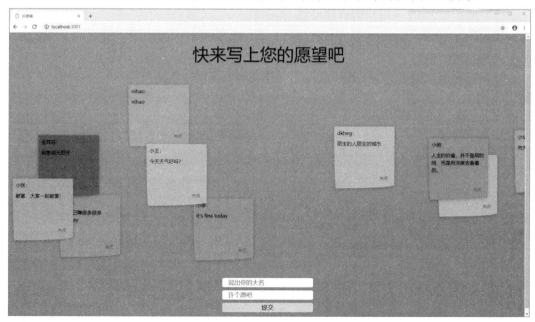

图 2-1　前台页面效果图

产品需求如下：

（1）展示最近 10 条用户的许愿信息。

（2）用户的许愿信息使用便笺的形式粘贴在页面上。

（3）便笺要用随机颜色，并摆放在页面的任意位置。

（4）用户可以拖动便笺和关闭便笺。

（5）用户可以通过提交表单的方式将自己的许愿信息添加进去。

（6）添加许愿信息的时候要进行表单验证，禁止提交空的姓名或空的许愿内容。

2.2 系 统 设 计

在整个系统设计的过程中，通过和前端开发人员讨论，决定了最终的实现方案：使用后端渲染方式，就是前端开发人员将页面写好，即完成页面结构、样式和一些拖曳效果，然后将页面交给后端开发人员，后端开发人员将数据处理好，通过模板引擎将数据以变量的方式展示到页面模板上，最后输出页面到浏览器渲染。

2.2.1 实现目标和解决方案

根据产品需求，确定实现目标为产品需求中的（1）、（5）、（6）项。

下面针对以上实现目标进行一一分析。

（1）展示最近 10 条用户的许愿信息。

展示最近 10 条用户的许愿信息就是需要拿出来最近 10 条的用户许愿信息，然后交给前端页面渲染出来。

要完成这个功能点，首先要知道许愿信息在哪。答案当然是保存在数据库中。在这里使用 MySQL 数据库将用户的许愿信息保存在该数据库中的一张表中。然后需要从这张表中取出数据，要求是最近的 10 条信息，这个可以直接通过 MySQL 数据库特定的 SQL 语句来实现。

（2）用户可以通过提交表单的方式将自己的许愿信息添加进去。

用户提交表单也就是将数据提交到后端，后端要处理数据，然后将它存入数据库中。

这里后端要做两件事情：第一件是接收前端提交的表单数据；第二件是处理数据，通过 SQL 语句将数据保存在指定的 MySQL 数据库的数据表中。

（3）添加许愿信息的时候要进行表单验证，禁止提交空的姓名或空的许愿内容。

添加信息时要验证，禁止提交空信息的这个功能点其实和上一个功能点有些相似，就是在接收到前端提交过来的表单数据时，要进行相应的验证，不允许有空值出现。如出现空值则返回错误信息，如没有空值则继续执行，将接收的表单数据插入 MySQL 数据库中。

由此，得出针对实现目标的解决方案如下：

（1）利用 SQL 语句从 MySQL 数据库中取出最近的 10 条数据后返回前端。

（2）接收到表单数据并插入到 MySQL 数据库中。

（3）接收到表单数据进行判断验证，如果是空值则返回错误，如果是非空值则继续执行后续逻辑。

2.2.2　系统流程图

根据解决方案，绘制如图 2-2 所示的系统流程图。

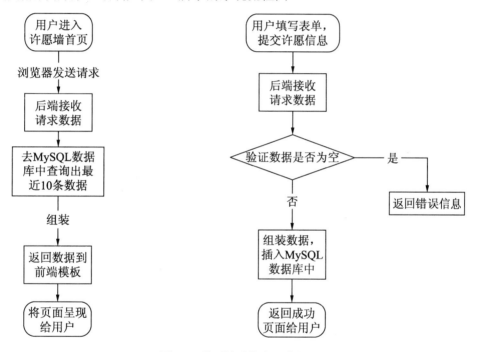

图 2-2　许愿墙功能实现流程图

2.2.3　开发环境

该项目所使用的开发环境及软件版本如表 2-1 所示。

表 2-1　开发环境及软件版本

操作系统	Windows 10
Node.js版本	10.14.0
Express版本	4.16.0
art-template	4.13.2
MySQL版本	5.6

（续）

浏览器	Chrome 73.0
开发工具	WebStorm 2018.3

2.3 前端页面分析

如图 2-1 所示，前端页面已经开发完毕。结合前面的解决方案和页面效果图分析可知：

（1）将从 MySQL 数据库中查询得到的最近 10 条记录以列表的形式返回页面，页面通过列表渲染，得到 10 个代表愿望的便笺，其位置和颜色随机。

（2）单击"提交"按钮提交表单到后端，接收数据之后，判断姓名和愿望是否为空。如果为空，则返回错误页面，如图 2-3 所示；如果不为空，则继续执行后续逻辑（3）。

（3）将表单提交过来的处理数据插入 MySQL 数据库中，然后返回成功页面，如图 2-4 所示。

图 2-3　添加愿望失败的页面　　　　　　图 2-4　添加愿望成功的页面

好了，分析完前端页面之后，下面就是重头戏实战开发了。下面先从创建 MySQL 数据库表开始。

2.4 创建 MySQL 数据库表

要创建 MySQL 数据库表，首先需要安装 MySQL。安装方法这里不做讲解，请读者自行下载安装。

安装完并启动之后，使用数据库可视化工具 Navicat 来创建数据库表。关于 Navicat 的使用，本书不做讲解。

2.4.1 创建数据库 wish

（1）打开 Navicat 工具，单击"连接"
按钮，选择 MySQL，弹出"新建连接"对
话框，如图 2-5 所示。在连接名文本框中输
入"本机"，接着输入本地 MySQL 的主机
名、端口、用户名和密码，然后单击"连接
测试"按钮，即可连接本地 MySQL。

（2）连接到本地数据库后右击本地数据
库连接，在弹出的快捷菜单中选择"新建数
据库"命令，如图 2-6 所示。

（3）在弹出的"新建数据库"对话框
中输入数据库名 wish，字符集选择 utf8mb4
-- UTF-8 Unicode ， 排 序 规 则 选 择
utf8mb4_bin，单击"确定"按钮，如图 2-7
所示。

创建数据库成功后，就可以在本地数据
库连接列表中看到刚刚创建的 wish 数据库了。

图 2-5 新建 MySQL 本地连接

图 2-6 本地数据库连接菜单

图 2-7 新建数据库 wish

2.4.2 创建数据表 wish

数据库创建成功后，接下来创建数据表。

（1）双击 wish 数据库将其打开，然后右击 wish 数据库下的"表"，弹出快捷菜单，如图 2-8 所示。

（2）在弹出的菜单中选择"新建表"命令打开新建表窗口，如图 2-9 所示。

图 2-8　快捷菜单　　　　　　　　　　图 2-9　新建 wish 表

（3）在打开的新建表的窗口中新增了 5 个字段，字段及其作用如表 2-2 所示。其中需要注意的是，id 字段要设置成自动递增。

表 2-2　wish表各字段及其作用

字　段　名	类　型	作　用
id	int	数据表主键
name	varchar	许愿姓名
content	varchar	许愿内容
created_at	datetime	创建时间
updated_at	datetime	更新时间

添加完毕后单击"保存"按钮，输入数据表名 wish，即可成功保存。

2.4.3　添加模拟数据

为了便于之后的列表展示查看效果，在前端没有提交表单添加数据的情况下，需要在数据库表中添加一些模拟数据。

使用数据库可视化工具 Navicat 直接在数据表中添加数据，如图 2-10 所示。

id	name	content	created_at	updated_at
1	小王	今天天气好吗？	2019-04-21 11:33:21	(Null)
2	小华	向天再借五百年	2019-04-21 11:33:56	(Null)
3	小张	鼓掌，大家一起鼓掌！	2019-04-21 11:34:24	(Null)
4	小李	it's fine today	2019-04-21 11:33:47	(Null)
5	小明	人生的价值，并不是用时间，而是用深度去衡量的。	2019-04-21 17:53:22	(Null)
6	dkheg	陌生的人陌生的城市	2019-04-23 15:28:43	(Null)
7	金耳环	祝愿明天更好	2019-04-23 15:29:12	(Null)
8	罗阳	祝自己赚很多很多money	2019-04-23 15:29:32	(Null)
9	test	祝福自己成功！！	2019-04-23 15:29:46	(Null)
10	nihao	nihao	2019-04-23 15:30:00	(Null)

图 2-10　在 wish 表中添加模拟数据

这里添加了 10 条模拟数据便于演示，等项目完成后可以根据需要删除这些模拟数据。

2.5　创　建　项　目

2.5.1　生成项目文件

首先，根据第 1 章的学习内容，使用 Express 框架创建一个项目，在命令行中输入以下命令，在 E 盘的 code 目录中生成一个名为 wish 的 Express 项目。

```
$ cd e:/code
$ express wish
```

在 E 盘的 code 目录中就多了一个 wish 目录。使用开发工具打开 wish 项目，目录结构如图 2-11 所示。

图 2-11 wish 项目初始文件结构

2.5.2 安装依赖包

首先如同所有的项目一样,先执行 npm install 命令安装项目需要的基础依赖包。另外,针对此项目引用表 2-3 中的 5 个依赖包。

表 2-3 项目引用的依赖包

依 赖 包 名	作　　用
art-template	模板引擎
express-art-template	模板引擎
async	异步处理方法库
mysql2	MySQL数据库支持
sequelize	操作MySQL的ORM框架

分别执行以下命令安装这 5 个依赖包:

```
$ npm install art-template -S
$ npm install express-art-template -S
$ npm install async -S
$ npm install mysql2 -S
$ npm install sequelize -S
```

2.5.3　更改默认端口

由于 Express 创建项目后默认端口为 3000，为了方便演示和避免与其他项目冲突，将端口号改为 3001。更改方法是修改项目根目录下 bin 目录中的 www.js 文件，将其中的代码

```
var port = normalizePort(process.env.PORT || '3000');
app.set('port', port);
```

更改为

```
var port = normalizePort(process.env.PORT || '3001');
app.set('port', port);
```

使用 npm start 命令启动项目，在浏览器中打开 http://localhost:3001，即可访问项目的首页。

2.5.4　更换模板引擎

由于 Express 框架默认的渲染模板引擎是 jade，所以需要将它更换成 art-template 模板引擎，它具有优秀的渲染性能和简洁的语法。

更换的方法很简单，打开项目根目录下的 app.js 文件，找到下面这行代码：

```
app.set('view engine', 'jade');
```

将它替换成下面这段代码：

```
app.engine('html', require('express-art-template'));
app.set('view engine', 'html');
```

这样就已经替换成功了。现在可以将项目根目录下的页面目录 views 中的文件全部删除，重新加入一些 HTML 文件。

2.5.5　新增 route（路由）

本项目里需要新增下面两个路由：

（1）首页路由，即用户打开许愿墙首页，后端接收数据处理的路由。

（2）提交表单处理路由，即用户添加愿望提交，后端接收数据处理的路由。

更改项目里默认的路由文件，需要修改项目根目录下 routes 目录中的 index.js 文件为以下代码：

```
var express = require ('express');            // 引入 Express 对象
var router = express.Router ();               // 引入路由对象
// 引入自定义的 controller
const IndexController = require('../controllers/index');
router.get ('/', IndexController.getList); // 定义首页路由
```

```
router.post ('/add', IndexController.add); // 定义提交表单路由
module.exports = router;                    // 导出路由，供 app.js 文件调用
```

2.5.6 新增 controller（处理方法）

在项目根目录下创建一个 controllers 目录，然后在目录中建立 index.js 文件，将路由的方法放在其中，以避免由于页面路由太多而导致查看不便的问题，如图 2-12 所示。

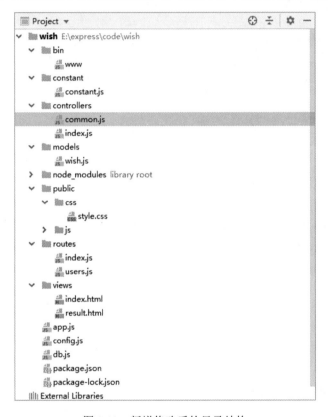

图 2-12 新增修改后的目录结构

将路由真正的处理方法放在根目录下的 controllers 目录中，并将针对首页的路由处理方法放在 controllers 目录中的 index.js 文件中。

2.5.7 新增 constant（常量）

为了便于管理返回值，在项目的根目录下创建一个 constant 目录，用来存放项目中会用到的常量（见图 2-12）。

在 constant 目录下新建一个 constant.js 文件，新增如下代码：

```
// 定义一个对象 const obj = {
  // 默认请求成功
  DEFAULT_SUCCESS: {
    code: 10000,
    msg: ''
  },
  // 默认请求失败
  DEFAULT_ERROR: {
    code: 188,
    msg: '出现错误'
  },
  // 定义错误返回-缺少必要的参数
  LACK: {
    code: 199,
    msg: '缺少必要的参数'
  }
  // 暂时先定义这么多，后面用到时会继续添加
};
module.exports = obj;                            // 导出对象，供其他方法调用
```

2.5.8　新增配置文件

为了便于更换数据库域名等信息，需要将数据库的连接信息放在一个专门存放配置信息的文件中，在项目的根目录下创建一个 config.js 文件（见图 2-12），代码如下：

```
// 默认 dev 配置
const config = {
  DEBUG: true,                            // 是否调试模式
  // MySQL 数据库连接配置
  MYSQL: {
    host: 'localhost',                    // MySQL 的主机地址
    database: 'wish',                     // MySQL 的数据库名
    username: 'root',                     // MySQL 的用户名
    password: 'root'                      // MySQL 的密码
  }
};
if (process.env.NODE_ENV === 'production') {
  // 生产环境 MySQL 数据库连接配置
  config.MYSQL = {
    host: 'aaa.mysql.rds.aliyuncs.com',
    database: 'aaa',
    username: 'aaa',
    password: 'aaa'
  };
}
module.exports = config;
```

默认使用的是开发环境的 MySQL 连接配置。当环境变成生产环境的时候，再使用生产环境的 MySQL 连接配置。

2.5.9 新增数据库配置文件

为了便于其他文件引用数据库对象，将数据库对象实例化放在了一个单独的文件里。在根目录下新建一个 db.js 文件（见图 2-12），用来存放 Sequelize 的实例化对象。代码如下：

```
var Sequelize = require('sequelize');                    // 引入 Sequelize 模块
var CONFIG = require('./config');                        // 引入数据库连接配置
// 实例化数据库对象
varsequelize = new Sequelize(
CONFIG.MYSQL.database,
CONFIG.MYSQL.username,
CONFIG.MYSQL.password, {
  host: CONFIG.MYSQL.host,
  dialect: 'mysql',                                      // 数据库类型
  logging: CONFIG.DEBUG ? console.log : false,           // 是否打印日志
  // 配置数据库连接池
  pool: {
    max: 5,
    min: 0,
    idle: 10000
  },
  timezone: '+08:00'                                     // 时区设置
});
module.exports = sequelize;                              // 导出实例化数据库对象
```

2.5.10 新增 model 文件（数据库映射文件）

在安装完数据库支持并增加了数据库配置之后，还需要定义 model，用来实现数据库表的映射。在项目的根目录下新建一个 models 目录（见图 2-12），用来存放 model 文件，在里面新建一个 wish.js 文件，用来对应创建的 MySQL 数据表 wish。

在 wish.js 文件中定义了一个 model，代码如下：

```
const Sequelize = require('sequelize');                  // 引入 Sequelize 模块
const db = require('../db');                             // 引入数据库实例
// 定义 model
const Wish = db.define('Wish', {
  id: {type: Sequelize.INTEGER, primaryKey: true, allowNull: false,
autoIncrement: true},                                    // 主键
  name: {type: Sequelize.STRING(20), allowNull: false},  // 许愿姓名
  content: {type: Sequelize.STRING, allowNull: false}    // 许愿内容
}, {
  underscored: true,                                     // 是否支持驼峰
  tableName: 'wish',                                     // MySQL 数据库表名
});
module.exports = Wish;                                   // 导出 model
```

2.6　渲染许愿列表

在定义完成项目的一些基本配置之后，就可以将前端写好的页面放入项目中进行页面的渲染。

首先将前端提供的 HTML 文件放入项目根目录下的 views 目录中，并命名为 index.html，然后将 CSS 文件和 JS 文件分别放入项目根目录下的 public 目录中的 CSS 目录和 JS 目录，修改 HTML 文件代码的引用路径。

接着修改 HTML 文件代码，增加 art-template 模板引擎代码，将前端的静态列表更换成使用 art-template 渲染的动态列表。实际的 HTML 代码如下：

```
<!DOCTYPE html>
<html>
<head>
  <meta http-equiv="Content-Type" content="text/html; charset=utf-8"/>
  <title>许愿墙</title>
  <link rel="stylesheet" href="/css/index.css">
</head>
<body>
<h2 class="title" style="">快来写上您的愿望吧</h2>
<!--JS 动态填入数据，使用一个 data-list 属性将列表传入页面上-->
<div id="container" data-list="{{list}}"></div>
<!-- 添加许愿表单 -->
<form action="add" method="post" id="form" style="height: 136px;">
  <!-- 许愿者姓名 -->
  <input type="text" class="input" id="name" name="name" placeholder=
"说出你的大名">
  <!-- 许愿内容 -->
  <input id="content" class="input" type="text" placeholder="许个愿吧"
name="content" />
  <!-- 提交按钮 -->
  <button class="submit" type="submit">提交</button>
</form>
<script src="/js/jquery-3.1.1.min.js"></script>
<script src="/js/index.js"></script>
</body>
</html>
```

由于页面上的愿望便笺是 JS 动态渲染出来的，所以若要将数据传给 JS，则需要先将数据渲染到页面上#container 元素中的一个 data-list 属性上，然后用 JS 获取后再进行渲染。相关的 JS 代码如下：

```
var container;
// 颜色
var colors = ['#207de0', '#42baec', '#e3e197', '#6cde47', '#ecc733'];
//创建许愿便笺
var createItem = function (name, content) {
```

```
    var color = colors[parseInt (Math.random () * 5)];
    $ ('<div class="item"><p>' + name + ': </p><p>' + content + '</p><a
href="#">关闭</a></div>').css ({'background': color}).appendTo (container).
drag ();
    };
    var list = container.attr ('data-list'); // 获取元素 container 的属性 data-list
    // 循环遍历 list，创建便笺
    $.each (JSON.parse(list), function (i, v) {
    createItem (v.name, v.content);
    });
```

现在只需要将数据列表通过 list 变量渲染到页面上即可。修改项目根目录下 controllers 目录中的 index.js 文件，也就是 IndexController 文件。

首先来看一下 IndexController 文件的代码主结构：

```
const Common = require('./common');              // 引入共用方法
const async = require('async');                  // 引入 async
const WishModel = require('../models/wish');     // 引入 wish 表的 model
const Constant = require('../constant/constant'); // 引入常量 constant
// 配置导出对象
let exportObj = {
  getList,
  add
};
module.exports = exportObj;                       // 导出对象，供路由文件调用
// 获取许愿列表的方法
function getList(){
  // 获取许愿列表的逻辑
}
// 添加许愿方法
function add(){
  // 添加许愿逻辑
}
```

文件中引入了一些必要的依赖，声明了两个方法，接下来编写获取许愿列表的方法。

根据前面指定的解决方案，后端接收到浏览器请求，需要从 MySQL 数据库中按照创建的时间倒序查询出最近 10 条许愿记录。代码如下：

```
// 获取许愿列表方法
function getList (req, res) {
  // 定义一个 async 任务
  let tasks = {
    // 执行查询方法
    query: cb => {
      // 使用 Sequelize 的 model 的 findAll 方法查询
      WishModel
        .findAll({
          limit: 10,
          order: [['created_at', 'DESC']],
        })
        .then(function (result) {
```

```
        // 查询结果处理
        let list = [];                    // 定义一个空数组 list，用来存放最终结果
        // 遍历 SQL 查询出来的结果，处理后装入 list
        result.forEach((v,i) => {
          let obj = {
            id: v.id,
            name: v.name,
            content: v.content
          };
          list.push(obj);
        });
        cb(null, list);      // 通过 async 提供的回调，返回数据到下一个 async 方法
      })
      .catch(function (err) {
        // 错误处理
        console.log(err);  // 打印错误日志
        // 通过 async 提供的回调，返回数据到下一个 async 方法
        cb(Constant.DEFAULT_ERROR);
      });
    }
  };
  // 让 async 自动控制流程
  async.auto(tasks, function (err, result) {
    if(err){
      console.log (err)        // 如果错误存在，则打印错误
    }else{
      // 如果没有错误，则渲染 index 页面模板，同时将之前 query 方法获取的结果数组 list
        以变量 list 渲染到页面上
      res.render ('index', {
        list: result['query']
      });
    }
  })
}
```

将以上查询代码插入到之前的 getList 方法中，接着在浏览器中打开 http://localhost:
3001 进行查看，发现已经能够正常访问，如图 2-1 所示。只是一开始是前端的模拟数据，
现在是数据库中实时存在的数据，当然数据库中的数据也是前期模拟填进去的。

到这里就完成了从 MySQL 数据库中查询数据返回页面、渲染列表等一系列动作。下
一节开始讲解如何在前端提交表单即可添加愿望的处理操作。

2.7　添加许愿处理

用户在许愿页面添加许愿即提交表单，将数据发送到后端，后端处理之后，通常会有
一个返回，这里使用一个页面告知用户提交的结果。

在项目根目录下的页面目录 views 中新建一个 result.html 文件，由于主要是给大家演

示后端的功能，所以前端只是简单地写了一个页面，而并没有写 CSS 代码和 JS 代码。对
应的 result.html 代码如下：

```
<!DOCTYPE html>
<html lang="en">
<head>
  <meta charset="UTF-8">
  <title>{{result}}</title>
</head>
<body>
<!--提示信息-->
<h2>{{msg}}</h2>
<!--返回按钮-->
<h2><a href="/">返回</a></h2>
</body>
</html>
```

在 result.html 中增加了两个渲染变量 result 和 msg，需要后端渲染到页面上，这会在
之后的 controller 方法中体现。

下面来看一下添加许愿表单对应的 HTML 代码。

```
<!-- 添加许愿表单 -->
<form action="add" method="post" id="form" style="height: 136px;">
  <!-- 许愿者姓名 -->
  <input type="text" class="input" id="name" name="name" placeholder=
"说出你的大名">
  <!-- 许愿内容 -->
  <input id="content" class="input" type="text" placeholder="许个愿吧"
name="content" />
  <!-- 提交按钮 -->
  <button class="submit" type="submit">提交</button>
</form>
```

使用 POST 请求，后端接收的路由为 "/add"，对应的 controller 方法为 IndexController
中的 add 方法。对应的 add 方法的代码如下：

```
// 添加愿望处理方法
function add (req, res) {
  // 定义一个 async 任务
  let tasks = {
    // 验证必填参数方法
    checkParams: cb => {
      Common.checkParams(req.body, ['name', 'content'], cb)
    },
    // 执行添加方法
    add: ['checkParams', (results, cb) => {
      // 使用 Sequelize 的 model 的 create 方法插入
      WishModel
        .create({
          name: req.body.name,
          content: req.body.content
        })
```

```
      .then(function (result) {
        cb(null);                             // 插入结果成功处理
      })
      .catch(function (err) {
        // 错误处理
        console.log(err);                     // 打印错误日志
        // 通过 async 提供的回调，返回数据到下一个 async 方法
        cb(Constant.DEFAULT_ERROR);
      });
  }]
};
// 让 async 自动控制流程
async.auto(tasks, function (err, result) {
  if(err){
    // 错误处理
    console.log (err);                        // 打印错误日志
    let result = '失败';
    let msg = '添加失败，出现错误';
    if(err.code === 199){
      // 199 代表参数缺少错误，和在 constant.js 文件中定义的对应
      msg = '添加失败，姓名和愿望都要填上哦';
    }
    // 渲染失败结果的页面，将 result 和 msg 渲染到页面上
    res.render ('result', {
      result: result,
      msg: msg
    });
  }else{
    // 渲染成功结果的页面，将 result 和 msg 渲染到页面上
    res.render ('result', {
      result: '成功！',
      msg: '添加成功，返回去看一下'
    });
  }
})
}
```

将以上代码插入到 IndexController 的 add 方法中，接着在浏览器中打开 http://localhost: 3001，在表单中随意添加文本，然后单击"提交"按钮，不出意外的话页面会跳转到如图 2-4 和图 2-5 所示中的一个页面。

修改输入的数据，继续单击"提交"按钮，出现成功提示后单击返回按钮，返回到首页，会看到刚刚添加的数据已经呈现在了页面上。

至此，许愿墙项目开发结束。

第3章　许愿墙后台管理系统
（Node.js+Express+Vue.js+MySQL）

上一章使用 Express 框架开发了一个许愿墙项目，但是它并不是完整的，如果想要实现完整的项目，还需要一个配套的后台管理系统，用来对项目的信息进行查看和管理。

本章开发的项目是许愿墙的后台管理系统。许愿墙的后台管理系统是供查看、管理用户提交的愿望，方便网站运营人员对用户的许愿信息进行统一管理的系统。

3.1　需　求　分　析

根据产品规划，许愿墙的后台管理系统主要有 4 个模块：登录模块、首页模块、许愿管理模块和管理员管理模块。

前端开发人员根据产品规划和 UI 设计图已经开发完毕，实现的页面效果图中登录模块如图 3-1 所示。

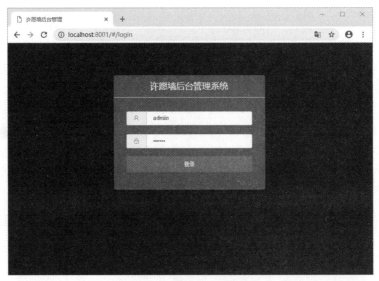

图 3-1　许愿墙后台登录模块

首页模块如图 3-2 所示。

图 3-2　许愿墙后台首页模块

许愿管理模块如图 3-3 所示。

图 3-3　许愿墙后台许愿管理模块

管理员管理模块如图 3-4 所示。

产品需求如下：

（1）登录验证，使用正确的用户名和密码方可登录，如果出现错误，则提示用户。

（2）登录之后的管理页面均需要进行校验，非登录用户不允许访问。

图 3-4 许愿墙后台管理员管理模块

（3）页面头部展示当前登录的管理员姓名。

（4）页面头部的管理员姓名下拉菜单中有退出功能，单击可退出系统。

（5）首页展示当前登录的管理员信息，包括姓名、角色和上次登录时间。

（6）许愿管理模块默认打开许愿列表页面，分页展示所有许愿信息，包括姓名、内容、创建时间，并可通过姓名进行搜索。

（7）许愿管理模块允许新增许愿，必填信息为姓名、内容。

（8）许愿管理模块允许修改许愿，可单击许愿列表中的某一条许愿信息进行修改。

（9）许愿管理模块允许删除许愿，可单击许愿列表中的某一条许愿信息进行删除。

（10）管理员管理模块只有超级管理员才有权限访问。

（11）管理员管理模块默认打开管理员列表页面，分页展示所有的管理员信息，包括姓名、内容、创建时间，并可通过用户名进行搜索。

（12）管理员管理模块允许新增管理员，必填信息为姓名、内容。

（13）管理员管理模块允许修改管理员，可以单击管理员列表中的某一条管理员信息进行修改。

（14）管理员管理模块允许删除管理员，可以单击管理员列表中的某一条管理员信息进行删除。

3.2 系 统 设 计

在整个系统设计过程中，通过和前端开发人员讨论，决定了最终的实现方案：使用前后端分离方式。

前后端分离是一种架构模式，通俗点说，就是前端和后端都是独立的项目，两者是分离开的，后端给前端提供 API 接口，前端调用后端提供的 REST 风格 API 接口就行，前端专注编写页面（HTML、JSP 等）和渲染（JS、CSS），后端专注编写逻辑代码，即后台提供数据，前端负责显示。

前后端分离已成为互联网项目开发的业界标准使用方式，前后端分离会为以后的大型分布式架构、弹性计算架构、微服务架构、多端化服务（多种客户端，例如浏览器、车载终端、安卓，iOS 等）打下坚实的基础。其核心思想是前端 HTML 页面通过 AJAX 调用后端的 REST 风格 API 接口并使用 JSON 数据进行交互。

针对本项目而言，系统设计方案是：前端根据 UI 图写好 HTML 页面，通过 AJAX 发送 HTTP 请求到后端编写好的 API 接口，后端处理请求，封装好数据，将数据以 JSON 格式返回前端，前端再通过 JS 将数据渲染到页面上。

3.2.1　实现目标

根据产品需求，确定要实现的目标如下：

（1）登录验证接口：如果正确，则返回登录成功信息和当前登录的管理员信息；如果错误，则返回提示信息。

（2）许愿列表接口：分页返回所有许愿信息，可通过姓名筛选。

（3）单条许愿信息接口：获取某一条许愿信息。

（4）新增许愿接口：添加一条新的许愿信息。

（5）修改许愿接口：修改某一条许愿信息。

（6）删除许愿接口：删除某一条许愿信息。

（7）管理员列表接口：分页返回所有的管理员信息，可通过用户名筛选。

（8）单条管理员信息接口：获取某一条管理员信息。

（9）新增管理员接口：添加一条新的管理员信息。

（10）修改管理员接口：修改某一条管理员信息。

（11）删除管理员接口：删除某一条管理员信息。

（12）除登录外，所有接口必须验证是否登录。

3.2.2　解决方案

针对以上实现目标，下面进行一一分析。

（1）登录验证接口：如正确，则返回登录成功和当前登录的管理员信息；如错误，则返回提示信息。

登录验证就是提交表单的过程，前端会带着用户名和密码信息向后端发送请求，后端需要做的就是验证前端传过来的用户名和密码是否合法。

什么是合法？当然是在数据库中存在。当前端将用户名和密码传过来的时候，后端需要拿着用户名和密码去 MySQL 数据库中查询匹配。如果能够查询到，说明用户名和密码合法，返回登录成功和当前登录管理员的信息；如果查询不到，则说明用户名和密码不合法，返回错误提示信息。

后端拿着前端传过来的用户名和密码信息去 MySQL 数据库中查询这个功能只需要特定的 SQL 语句就可以实现。

（2）许愿列表接口：分页返回所有许愿信息，可通过姓名筛选。

在上一章中已经在 MySQL 数据库中写入了一些许愿信息，现在要做的就是将它们从数据库中提取出来。

前端在请求本接口时，会将当前页码和每页多少条数据及需要筛选的姓名信息发送过来，后端根据这些参数，使用 SQL 语句去 MySQL 数据库中查询出符合条件的数据，接着对数据进行处理、组装。如果成功，则返回包含成功信息的 JSON 数据；如果失败，则返回包含错误信息的 JSON 数据。

（3）单条许愿信息接口：获取某一条许愿信息。

单条许愿信息接口其实就是获取数据库中指定的一条许愿数据。前端在发送请求时会带上这一条许愿信息的唯一标识 id，后端根据这个 id，使用 SQL 语句去 MySQL 数据库中查询主键等于 id 的一条数据，接着对数据进行处理、组装。如果成功，则返回包含成功信息的 JSON 数据；如果失败，则返回包含错误信息的 JSON 数据。

（4）新增许愿接口：添加一条新的许愿信息。

新增许愿接口其实就是往数据库中插入一条许愿数据。前端在发送请求时会带上许愿信息，包括姓名和内容，后端获取到这些数据后对数据进行处理、组装，然后使用 SQL 语句向 MySQL 数据库中插入一条新的数据。如果插入成功，则返回包含成功信息的 JSON 数据；如果插入失败，则返回包含错误信息的 JSON 数据。

（5）修改许愿接口：修改某一条许愿信息。

修改许愿接口其实就是更新数据库中的某一条许愿数据。前端请求时会将这一条许愿的唯一标识 id 和新的许愿信息发送过来，后端根据这个 id，使用 SQL 语句在 MySQL 数据库中查询出这一条数据，然后将数据更新为新的许愿数据。如更新成功，则返回包含成功信息的 JSON 数据；如果更新失败，则返回包含错误信息的 JSON 数据。

（6）删除许愿接口：删除某一条许愿信息。

删除许愿接口其实就是将数据库中的某一条许愿数据删除。前端请求时会将这一条许愿的唯一标识 id 发送过来，后端根据这个 id，使用 SQL 语句去 MySQL 数据库中删除主键等于 id 的一条数据。如果删除成功，则返回包含成功信息的 JSON 数据；如果删除失败，则返回包含错误信息的 JSON 数据。

（7）管理员列表接口：分页返回所有的管理员信息，可通过用户名筛选。

管理员列表接口其实就是去数据库中根据条件查询出所有符合条件的管理员数据。前端在请求本接口时，会将当前页码和每页多少条数据及需要筛选的姓名信息发送过来，后端根据这些参数，使用 SQL 语句去 MySQL 数据库中查询出符合条件的数据，然后对数据进行处理、组装。如果成功，则返回包含成功信息的 JSON 数据；如果失败，则返回包含错误信息的 JSON 数据。

（8）单条管理员信息接口：获取某一条管理员信息。

单条管理员信息接口其实就是获取数据库中指定的一条管理员数据。前端在发送请求时会带上这一条管理员信息的唯一标识 id，后端根据这个 id，使用 SQL 语句去 MySQL 数据库中查询主键等于 id 的一条数据，然后对数据进行处理、组装。如果成功，则返回包含成功信息的 JSON 数据；如果失败，则返回包含错误信息的 JSON 数据。

（9）新增管理员接口：添加一条新的管理员信息。

新增管理员接口其实就是向数据库中插入一条管理员数据。前端在发送请求时会带上管理员的信息，包括用户名、密码、姓名、角色，后端获取到这些数据后处理、组装，然后使用 SQL 语句去 MySQL 数据库中插入一条新的数据，如果插入成功，则返回包含成功信息的 JSON 数据；如果失败，则返回包含错误信息的 JSON 数据。

（10）修改管理员接口：修改某一条管理员信息。

修改管理员接口其实就是更新数据库中的某一条管理员数据。前端在发送请求时会带上这一条管理员信息的唯一标识 id 和新的管理员信息，后端根据这个 id，使用 SQL 语句去 MySQL 数据库中查询出这一条数据，然后将数据更新为新的管理员数据。如果更新成功，则返回包含成功信息的 JSON 数据；如果更新失败，则返回包含错误信息的 JSON 数据。

（11）删除管理员接口：删除某一条管理员信息。

删除管理员接口其实就是将数据库中的某一条管理员数据删除。前端在发送请求时会带上这一条管理员信息的唯一标识 id，后端根据这个 id，使用 SQL 语句去 MySQL 数据库中删除主键等于 id 的一条数据。如果删除成功，则返回包含成功信息的 JSON 数据；如果删除失败，则返回包含错误信息的 JSON 数据。

（12）除登录外，所有接口必须验证是否登录。

接口验证是否登录是通过一个令牌 Token 来判断的。

在前端登录的时候会颁发一个令牌 Token 给前端，前端将 Token 保存起来，在后续的请求中都必须携带这个 Token。后端需要做的就是在处理请求之前验证前端传过来的这个 Token 是否合法，如果合法，则认为已经登录，如果不合法，就认为没有登录。

Token 是否合法的判断依据是是否伪造及是否过期。验证 Token 的方法可以放在 Express 中间件中去做。

经过对所有实现目标的分析，得出针对实现目标的解决方案：

（1）使用 SQL 语句查询用户名和密码是否存在于 MySQL 数据库中。

（2）使用 SQL 语句在 MySQL 数据库中查询出符合条件（分页、筛选）的数据。

（3）使用 SQL 语句在 MySQL 数据库中查询主键等于 id 的一条数据。

（4）使用 SQL 语句在 MySQL 数据库中插入一条新的数据。

（5）使用 SQL 语句在 MySQL 数据库中查询出这一条数据，并将数据更新为新的数据。

（6）使用 SQL 语句在 MySQL 数据库中删除主键等于 id 的一条数据。

（7）同（2）。

（8）同（3）。

（9）同（4）。

（10）同（5）。

（11）同（6）。

（12）在 Express 中间件中添加验证 Token 的方法。

3.2.3　系统流程图

根据解决方案，绘制流程图。登录模块如图 3-5 所示。

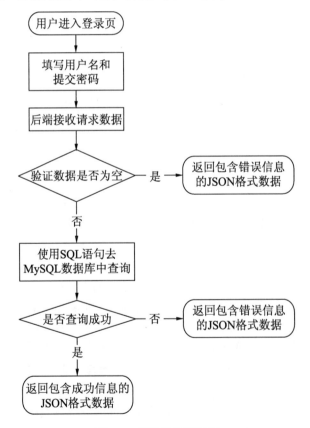

图 3-5　登录模块流程图

许愿模块如图 3-6～图 3-8 所示。

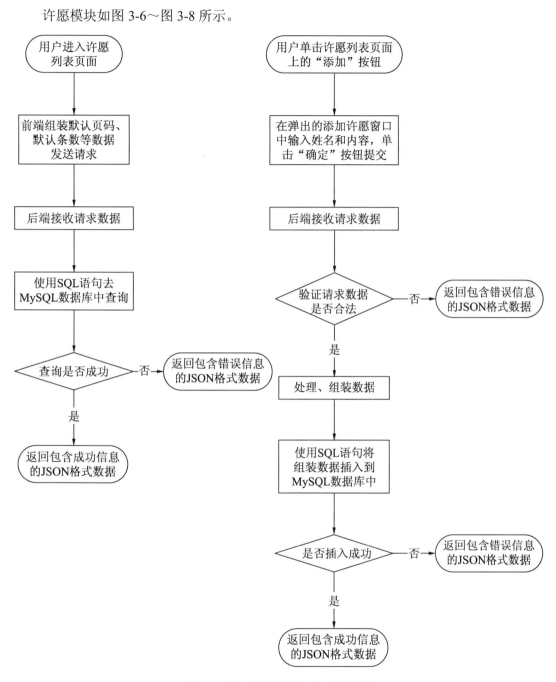

图 3-6　许愿列表和添加许愿流程图

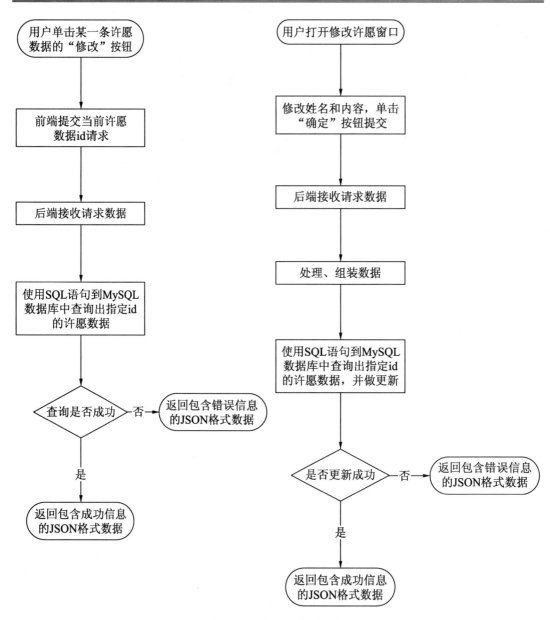

图 3-7　修改许愿流程图

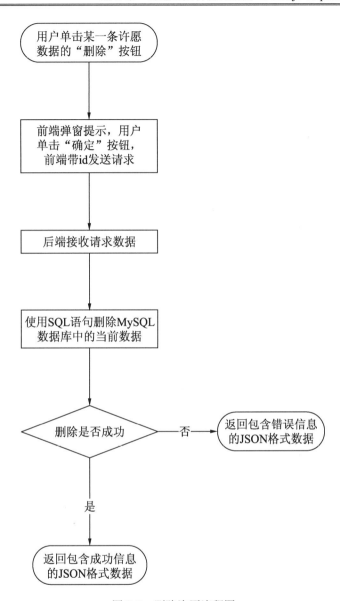

图 3-8 删除许愿流程图

管理员模块如图 3-9～图 3-11 所示。

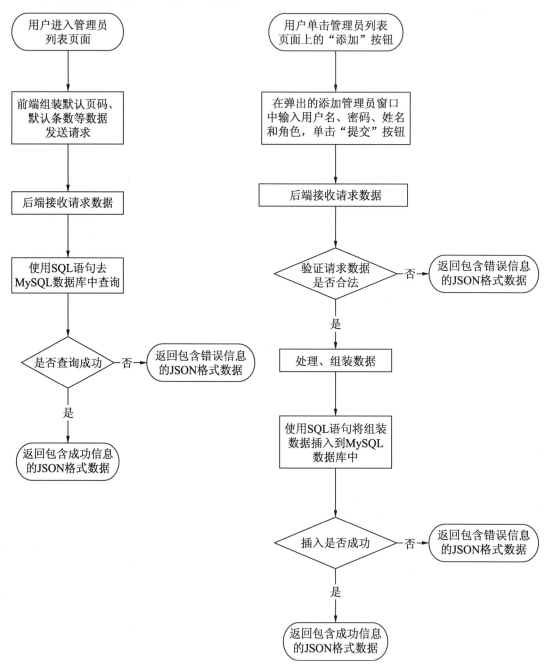

图 3-9　管理员列表和添加管理员流程图

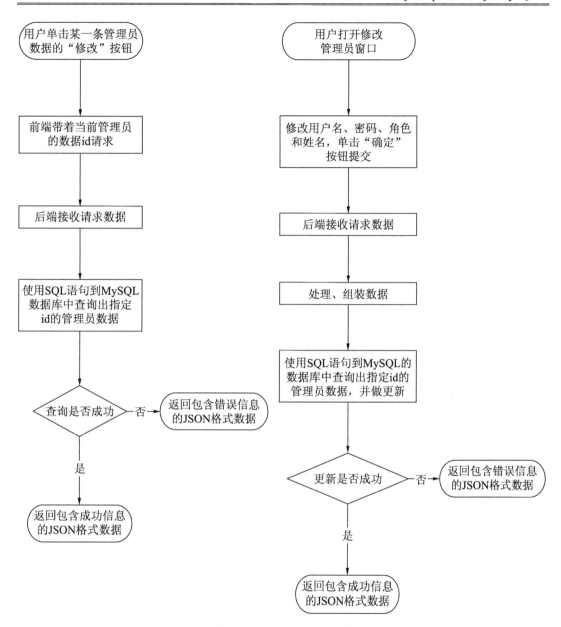

图 3-10　修改管理员流程图

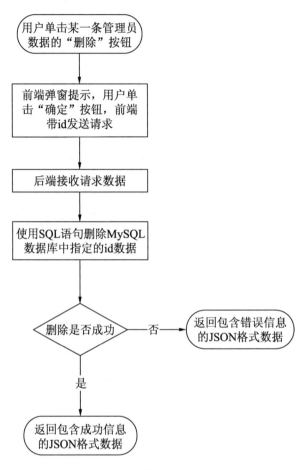

图 3-11 删除管理员流程图

3.2.4 开发环境

所使用的开发环境及软件版本如表 3-1 所示。

表 3-1 开发环境及软件版本

操作系统	Windows 10
Node.js版本	10.14.0
Express版本	4.16.0
Vue.js版本	2.5.21
MySQL版本	5.6
浏览器	Chrome 73.0
开发工具	WebStorm 2018.3

3.3　前端页面分析

前端页面已经开发完毕。本节结合前面的解决方案和页面效果图分别对模块进行分析。

3.3.1　登录模块

登录模块（见图 3-1）就是提交表单操作，后端接收数据之后，判断用户名和密码是否正确。如果正确，则返回成功信息和登录的管理员信息；如果错误，则返回错误信息。成功信息和错误信息由前端来判断，展现不同的信息给用户。

3.3.2　首页模块

如图 3-2 所示，首页模块中的信息由前端渲染：是前端在登录模块获取到数据后存在本地，然后将信息展示在首页上，不需要调用 API 接口。

3.3.3　许愿管理模块

1．许愿列表

许愿列表（见图 3-3）是由许愿数据组成的列表，每页显示的条数和页码数都可以通过前端控制，后端只需要根据前端传过来的参数在数据库中查询出许愿数据，并返回需要的字段，如 id、姓名、内容和创建时间。

2．添加许愿

当用户单击页面上的"添加"按钮时，会弹出一个"添加许愿"的表单窗口，如图 3-12 所示。需要填写的内容有姓名和内容两项，在用户单击"确定"按钮后，前端会将这些数据作为发送请求发送过来，后端接收到请求后进行数据处理、组装，并插入到 MySQL 数据库中。

3．修改许愿

当用户单击某一条许愿数据操作区域中的"修改"按钮时，会弹出一个"修改许愿"的表单窗口，如图 3-13 所示。与添加许愿不同的是，这个表单里已经自动填写了单击的这一条许愿原来的信息，这是因为在用户单击"修改"按钮的时候，前端会将该条许愿数据的唯一标识id请求发送过来，后端将 MySQL 数据库中的相关数据提取出来返回给前端，前端将数据渲染到了表单中。

图 3-12　添加许愿窗口

图 3-13　修改许愿窗口

用户在修改完表单内容单击"确定"按钮的时候，前端会将带着表单内容及该条许愿数据的唯一标识 id 请求发送过来，后端接收到请求，使用 SQL 语句 MySQL 数据库中的相关数据更新。

4．删除许愿

如图 3-14 所示，当用户单击某一条许愿数据操作区域中的"删除"按钮时，会弹出一个确认提示框，如图 3-14 所示。当用户单击"确定"按钮时，前端会将带着该条许愿数据的唯一标识 id 请求发送过来，后端接收到请求后去 MySQL 数据库中将相关的数据删除。

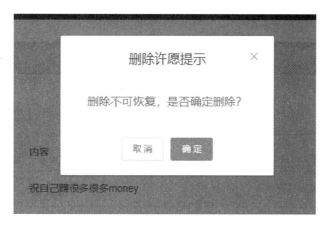

图 3-14　删除许愿提示

3.3.4　管理员管理模块

1．管理员列表

管理员列表（见图 3-4）是由管理员数据组成的列表，每页显示的条数和页码数都可以通过前端控制，后端只需要根据前端传过来的参数在数据库中查询出管理员数据，并返回需要的字段，如 id、用户名、姓名、角色和创建时间。

2．添加管理员

如图 3-15 所示，当用户单击页面上的"添加"按钮时，会弹出一个"添加管理员"的表单窗口，如图 3-15 所示。需要填写的内容有用户名、密码、姓名和角色。在用户单击"确定"按钮的时候，前端会将带着这些数据的请求发送过来，后端接收到请求后进行数据处理、组装，并插入到 MySQL 数据库中。

3．修改管理员

当用户单击某一条管理员数据操作区域中的"修改"按钮时，会弹出一个"修改管理员"的表单窗口，如图 3-16 所示。与添加管理员不同的是，这个表单里已经自动填写了单击的这一条管理员原来的数据信息，这是因为在用户单击"修改"按钮的时候，前端会将带着该条管理员数据的唯一标识 id 请求发送过来，后端会将 MySQL 数据库中的相关数据返回给前端，前端再将数据渲染到表单中。

用户在修改完用户名、密码、姓名和角色后，单击"确定"按钮，前端会将带着这些信息及该条管理员数据的唯一标识 id 请求过发送来，后端接收到请求后使用 SQL 语句在 MySQL 数据库中更新相关的数据。

图 3-15　添加管理员窗口

图 3-16　修改管理员窗口

4．删除管理员

当用户单击某一条管理员数据操作区域中的"删除"按钮时，会弹出一个确认提示框，如图 3-17 所示。当用户单击"确定"按钮时，前端会将带着该条管理员数据的唯一标识 id 请求发送过来，后端接收到请求，去 MySQL 数据库中将相关的数据删除。

图 3-17　删除管理员提示

3.4　创建 MySQL 数据库表

对于一个项目而言，一般都是使用同一个数据库。在上一章中我们创建了一个数据库 wish，本节仍然使用数据库 wish。

另外，上一章中还创建了存放许愿的数据表 wish，本节直接使用上一章中创建的数据表 wish。

本节我们只需要在数据库 wish 中创建一张数据表 admin，用来存放管理员信息。

3.4.1　创建数据表 admin

双击 wish 数据库打开它，然后右击 wish 数据库下的"表"，弹出快捷菜单，如图 3-18 所示。

选择"新建表"命令，打开新建表窗口，如图 3-19 所示。

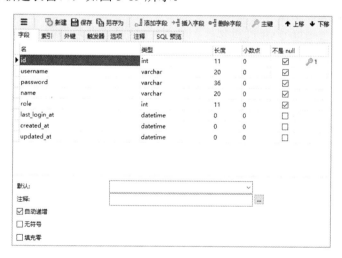

图 3-18　wish 数据库弹出的快捷菜单　　　　图 3-19　新建 admin 表

在打开的新建表窗口中新增 8 个字段，其作用如表 3-2 所示。其中需要注意的是，id 字段要设置成自动递增。

表 3-2　admin表各字段及其作用

字　段　名	类　　型	作　　用
id	int	数据表主键
username	varchar	用户名
password	varchar	密码

（续）

字　段　名	类　　型	作　　用
name	varchar	姓名
role	int	角色
last_login_at	datetime	上次登录时间
created_at	datetime	创建时间
updated_at	datetime	更新时间

添加完毕后单击"保存"按钮，输入数据表名 admin，即可保存成功。

3.4.2　添加模拟数据

为了便于之后的列表展示查看效果，在前端没有提交表单添加数据的情况下，需要在数据库表中添加一些模拟数据。

上一章中已经向数据表 wish 中添加了一些数据。本节主要向数据表 admin 中添加一些数据。

使用数据库可视化工具 Navicat 直接在数据表 admin 中添加数据，如图 3-20 所示。

id	username	password	name	role	last_login_at	created_at	updated_at
1	admin	11	张三	1	2019-05-09 17:25:21	2019-05-07 17:52:19	2019-05-09 17:25:21
2	lihai	123	李四	1	(Null)	2019-05-07 20:40:05	(Null)
3	wangyue	123	王五	2	(Null)	2019-05-07 20:41:06	(Null)

图 3-20　在 admin 表中添加模拟数据

添加了 3 条模拟数据便于演示，项目完成后可以根据需要删除这些模拟数据。

3.5　创　建　项　目

3.5.1　生成项目文件

首先，根据前面的学习内容，使用 Express 框架创建一个项目，在命令行中输入以下指令，在工作目录中生成一个名为 wish-admin-api 的 Express 项目。

```
$ express wish-admin-api
```

此时在工作目录中就多了一个 wish-admin-api 文件夹，使用开发工具打开 wish-admin-api 项目，目录结构如图 3-21 所示。

图 3-21　wish-admin-api 项目初始目录结构

3.5.2　安装依赖包

如同所有的项目一样，首先执行 npm install 命令安装项目需要的基础包。另外针对此项目，引用以下 5 个依赖包，如表 3-3 所示。

表 3-3　项目引用的依赖包

依 赖 包 名	作　　　用
async	异步处理方法库
mysql2	MySQL数据库支持
sequelize	操作MySQL的ORM框架
dateformat	时间处理方法库
jsonwebtoken	Token生成及验证

分别执行以下命令安装上述 5 个依赖包：

```
$ npm install async -S
$ npm install mysql2 -S
$ npm install sequelize -S
$ npm install dateformat -S
$ npm install jsonwebtoken -S
```

3.5.3　更改默认端口

由于 Express 创建项目后默认端口为 3000，为了方便演示并避免与其他项目冲突，将端口号改为 3002。更改方法是修改项目根目录下 bin 目录中的 www.js 文件，将其中的代码

```
var port = normalizePort(process.env.PORT || '3000');
app.set('port', port);
```

更改为：

```
var port = normalizePort(process.env.PORT || '3002');
app.set('port', port);
```

然后使用 npm start 命令启动项目，在浏览器中输入 http://localhost:3002，即可访问项目的首页。

3.5.4　新增 route（路由）

本项目中后端提供的主要是 API 接口，定义一个路由就代表一个接口，总共需要新增 11 个路由，具体如下：

（1）登录：用户打开许愿墙后台管理系统登录页，输入用户名和密码，单击"登录"按钮时，后端接收数据处理路由。

（2）许愿列表：用户访问许愿列表页，后端接收数据处理路由。

（3）添加许愿：用户单击添加许愿窗口的"确定"按钮时，后端接收数据处理路由。

（4）获取单条许愿信息：用户单击某一条许愿信息的"修改"按钮时，后端接收数据处理路由。

（5）修改许愿信息：用户单击修改许愿窗口的"确定"按钮时，后端接收数据处理路由。

（6）删除许愿信息：用户单击删除许愿窗口的"确定"按钮时，后端接收数据处理路由。

（7）管理员列表：用户访问管理员列表页，后端接收数据处理的路由。

（8）添加管理员：用户单击添加管理员窗口的"确定"按钮时，后端接收数据处理路由。

（9）获取单条管理员信息：用户单击某一条管理员信息的"修改"按钮时，后端接收数据处理路由。

（10）修改管理员信息：用户单击修改管理员窗口的"确定"按钮时，后端接收数据处理路由。

（11）删除管理员信息：用户单击删除管理员窗口的"确定"按钮时，后端接收数据

处理路由。

1. 登录模块路由

将登录模块路由存放在项目根目录下 routes 目录下的 index.js 文件里，修改代码如下：

```
var express = require ('express');              // 引入 Express 对象
var router = express.Router ();                 // 引入路由对象
// 引入自定义的 controller
const IndexController = require('../controllers/index');
router.post ('/login', IndexController.login); // 定义登录路由，POST 请求
module.exports = router;                         // 导出路由，供 app.js 文件调用
```

2. 许愿管理模块路由

在项目根目录下的 routes 目录下新建一个 wish.js 文件，用来存放许愿管理模块路由，其代码如下：

```
var express = require ('express');              // 引入 Express 对象
var router = express.Router ();                 // 引入路由对象
// 引入自定义的 controller
const WishController = require('../controllers/wish');
router.get ('/', WishController.list);          // 定义许愿列表路由，GET 请求
router.get ('/:id', WishController.info);       // 定义单条许愿路由，GET 请求
router.post ('/', WishController.add);          // 定义添加许愿路由，POST 请求
router.put ('/', WishController.update);        // 定义修改许愿路由，PUT 请求
router.delete ('/', WishController.remove);// 定义删除许愿路由，DELETE 请求
module.exports = router;                         // 导出路由，供 app.js 文件调用
```

3. 管理员管理模块路由

在项目根目录下的 routes 目录下新建一个 admin.js 文件，用来存放管理员管理模块路由，其代码如下：

```
var express = require ('express');              // 引入 Express 对象
var router = express.Router ();                 // 引入路由对象
// 引入自定义的 controller
const AdminController = require('../controllers/admin');
router.get ('/', AdminController.list);         // 定义管理员列表路由，GET 请求
router.get ('/:id', AdminController.info);      // 定义单条管理员路由，GET 请求
router.post ('/', AdminController.add);         // 定义添加管理员路由，POST 请求
router.put ('/', AdminController.update);       // 定义修改管理员路由，PUT 请求
// 定义删除管理员路由，DELETE 请求
router.delete ('/', AdminController.remove);
module.exports = router;                         // 导出路由，供 app.js 文件调用
```

4. 路由配置生效

在添加完模块路由之后，想让新增的路由生效，还需要修改根目录下的 app.js，将定义的路由文件引进来并进行 path 配置。

在之前的代码

```
var indexRouter = require('./routes/index');
```

之后添加代码：

```
var wishRouter = require('./routes/wish');        // 引入许愿管理模块路由文件
var adminRouter = require('./routes/admin');      // 引入管理员管理模块路由文件
```

在之前的代码

```
app.use('/', indexRouter);
```

之后添加代码：

```
app.use('/wish', wishRouter);                     // 配置许愿管理模块路由 path
app.use('/admin', adminRouter);                   // 配置管理员管理模块路由 path
```

3.5.5 新增 controller（处理方法）

在项目根目录下创建一个 controllers 目录，用来存放 controller 文件，将路由的方法放在其中，这样可以避免页面路由太多而导致查看不便的问题。

在 controllers 目录下创建登录模块的处理方法 index.js 文件、许愿管理模块的处理方法 wish.js 文件和管理员管理模块的处理方法 admin.js 文件，此外还有公共方法 common.js 文件和 Token 处理方法 token.js 文件。

如图 3-22 所示为新增各类文件之后的目录结构。

图 3-22　新增修改后的目录结构

本节先讲解一下公共方法 common.js 文件和 Token 处理方法 token.js 文件，其余的 controller 放在之后的接口开发中讲解。

1. 公共方法文件common.js

在开发过程中经常会遇到重复编写代码的情况，每次都编写的话，既耗时又耗力。为了提高开发效率，省时省力，需要将一些常用的方法提取出来，存放到一个公共方法的文件中，方便其他的 controller 方法引用。

在本项目的公共方法 common.js 文件中定义了 3 个公共方法：克隆方法 clone()、校验参数方法 checkParams()和返回统一方法 autoFn()，代码如下：

```
const async = require('async');                        // 引入 async 模块
const Constant = require('../constant/constant');      // 引入常量模块
// 定义一个对象
const exportObj = {
  clone,
  checkParams,
  autoFn
};
module.exports = exportObj;                            // 导出对象，方便其他方法调用
/**
 * 克隆方法，克隆一个对象
 * @param obj
 * @returns {any}
 */
function clone(obj) {
  return JSON.parse(JSON.stringify(obj));
}
/**
 * 校验参数全局方法
 * @param params    请求的参数集
 * @param checkArr  需要验证的参数
 * @param cb        回调
 */
function checkParams (params, checkArr, cb) {
  let flag = true;
  checkArr.forEach(v => {
    if (!params[v]) {
      flag = false;
    }
  });
  if (flag) {
    cb(null);
  }else{
    cb(Constant.LACK);
  }
}
/**
 * 返回统一方法，返回 JSON 格式数据
 * @param tasks 当前 controller 执行 tasks
```

```
  * @param res       当前 controller responese
  * @param resObj 当前 controller 返回 json 对象
  */
function autoFn (tasks, res, resObj) {
  async.auto(tasks, function (err){
    if (!!err) {
      console.log (JSON.stringify(err));
      res.json({
        code: err.code || Constant.DEFAULT_ERROR.code,
        msg: err.msg || JSON.stringify(err)
      });
    } else {
      res.json(resObj);
    }
  });
}
```

2. Token处理方法文件token.js

因本项目是前后端分离架构，根据产品需求，除了登录页面外，访问其他页面均需要是登录状态。所以需要设计一个令牌 Token 机制，在用户登录成功之后，返回一个 Token 给前端，前端将其保存起来，在请求后续接口的时候带上这个 Token，而除了登录接口无须验证外，其他接口均需对前端发来的请求数据中的 Token 进行校验和解析。这一系列操作都会使用到 Token 的处理方法，所以需要将方法定义在一个单独的 token.js 文件中，方便其他模块调用。

在本项目的 Token 处理方法 token.js 文件中定义了两个公共方法：加密 Token 方法 encrypt 和解密 Token 方法 decrypt，代码如下：

```
const jwt = require ('jsonwebtoken');  // 引入 jsonwebtoken 包
const tokenKey = 'XfZEpWEn?ARD7rHBN';  // 设定一个密钥，用来加密和解密 Token
// 定义一个对象
const Token = {
  /**
   * Token 加密方法
   * @param data 需要加密在 Token 中的数据
   * @param time Token 的过期时间，单位为 s
   * @returns {*} 返回一个 Token
   */
  encrypt: function (data, time) {
    return jwt.sign (data, tokenKey, {expiresIn: time})
  },
  /**
   * Token 解密方法
   * @param token 加密之后的 Token
   * @returns 返回对象
   * {{token: boolean (true 表示 Token 合法，false 则表示不合法），
   * data: * (解密出来的数据或错误信息) }}
   */
  decrypt: function (token) {
```

```
  try {
    let data = jwt.verify (token, tokenKey);
    return {
      token: true,
      data: data
    };
  } catch (e) {
    return {
      token: false,
      data: e
    }
  }
 }
};
module.exports = Token;                        // 导出对象，方便其他模块调用
```

3.5.6　新增 middleware（中间件）

在前面的解决方案里也提到了，由于本项目是前后端分离项目，所以除了登录接口以外的其他接口都要进行 Token 验证。

既然是在很多接口的处理上都要添加一套相同的处理方法，那么最好的方式就是使用 Express 的中间件。

在中间件中定义 Token 验证的方法，然后在需要 Token 验证的接口路由上添加验证中间件，即可完成接口的 Token 验证。

在项目根目录下的路由目录 routes 下新建一个 middleware 目录，在该目录下创建一个 verify.js 文件，用来存放 Token 验证的中间件，代码如下：

```
// 引入 Token 处理的 controller
const Token = require ('../../controllers/token');
const Constant = require ('../../constant/constant');      // 引入常量
// 配置对象
const exportObj = {
  verifyToken
};
module.exports = exportObj;                        // 导出对象，供其他模块调用
function verifyToken (req, res, next) {              // 验证 Token 中间件
  // 如果请求路径是/login，即登录页，则跳过，继续下一步
  if ( req.path === '/login') return next();
  let token = req.headers.token;                      // 从请求头中获取参数 token
  // 调用 TokenController 中的 Token 解密方法，对参数 token 进行解密
  let tokenVerifyObj = Token.decrypt(token);
  if(tokenVerifyObj.token){
    next()                            // 如果 Token 验证通过，则继续下一步
  }else{
    res.json(Constant.TOKEN_ERROR)    // 如果 Token 验证不通过，则返回错误 JSON
  }
}
```

定义过中间件之后，在需要 Token 验证的路由中添加这个中间件。

首先，在项目根目录下的 app.js 文件顶部引入 verify.js 文件：

```
// 引入 Token 验证中间件
const verifyMiddleware = require('./routes/middleware/verify');
```

然后将 app.js 文件中的以下代码

```
app.use('/wish', wishRouter);              // 配置许愿管理模块路由 path
app.use('/admin', adminRouter);            // 配置管理员管理模块路由 path
```

修改为：

```
// 配置许愿管理模块路由 path，添加 Token 验证中间件
app.use('/wish', verifyMiddleware.verifyToken, wishRouter);
// 配置管理员管理模块路由 path，添加 Token 验证中间件
app.use('/admin', verifyMiddleware.verifyToken, adminRouter);
```

由于登录接口放在了 IndexController 中，它是相对独立的，所以只需要在许愿管理模块和管理员管理模块的顶层路由上添加中间件即可。

3.5.7 新增 constant（常量）

为了便于管理返回值，在项目根目录下创建一个 constant 文件夹（见图 3-22），用来存放项目中用到的常量。

在 constant 目录下新建一个 constant.js 文件，新增代码如下：

```
// 定义一个对象
const obj = {
  // 默认请求成功
  DEFAULT_SUCCESS: {
    code: 10000,
    msg: ''
  },
  // 默认请求失败
  DEFAULT_ERROR: {
    code: 188,
    msg: '系统错误'
  },
  // 定义错误返回-缺少必要参数
  LACK: {
    code: 199,
    msg: '缺少必要参数'
  },
  // 定义错误返回-Token 验证失败
  TOKEN_ERROR: {
    code: 401,
    msg: 'Token 验证失败'
```

```
  },
  // 定义错误返回-用户名或密码错误
  LOGIN_ERROR: {
    code: 101,
    msg: '用户名或密码错误'
  },
  // 定义错误返回-管理员信息不存在
  ADMIN_NOT_EXSIT: {
    code: 102,
    msg: '管理员信息不存在'
  }
  // 暂时先定义这么多，后面用到时会继续添加
};
module.exports = obj;                           // 导出对象，供其他方法调用
```

3.5.8　新增配置文件

为了便于更换数据库域名等信息，需要将数据库的连接信息放到配置文件中，在根目录下新建一个 config.js 文件（见图 3-22），文件代码如下：

```
// 默认 dev 配置
const config = {
  DEBUG: true,                                  // 是否调试模式
  // MySQL 数据库连接配置
  MYSQL: {
    host: 'localhost',
    database: 'wish',
    username: 'root',
    password: 'root'
  }
};
if (process.env.NODE_ENV === 'production') {
  // 生产环境 MySQL 数据库中连接配置
  config.MYSQL = {
    host: 'aaa.mysql.rds.aliyuncs.com',
    database: 'aaa',
    username: 'aaa',
    password: 'aaa'
  };
}
module.exports = config;                        // 导出配置
```

默认使用的是开发环境 MySQL 中的连接配置，当环境变成生产环境的时候，再使用生产环境的 MySQL 连接配置。

3.5.9 新增数据库配置文件

为了便于其他文件引用数据库对象，需要将数据库对象实例化放在一个单独的文件里。在项目根目录下新建一个 **db.js** 文件，用来存放 Sequelize 的实例化对象（见图 3-22），代码如下：

```
var Sequelize = require('sequelize');                      // 引入 Sequelize 模块
var CONFIG = require('./config');                          // 引入数据库连接配置
// 实例化数据库对象
var sequelize = new Sequelize(
CONFIG.MYSQL.database,
CONFIG.MYSQL.username,
CONFIG.MYSQL.password, {
  host: CONFIG.MYSQL.host,
  dialect: 'mysql',                                        // 数据库类型
  logging: CONFIG.DEBUG ? console.log : false,             // 是否打印日志
  // 配置数据库连接池
  pool: {
    max: 5,
    min: 0,
    idle: 10000
  },
  timezone: '+08:00'                                       // 时区设置
});
module.exports = sequelize;                                // 导出实例化数据库对象
```

3.5.10 新增 model 文件（数据库映射）

在安装完数据库支持并增加了数据库配置之后，还需要定义 model，用来实现数据库表的映射。在项目根目录下新建一个 models 目录，用来存放 model 文件，在该目录下新建一个 wish.js 文件，用来存放 MySQL 数据表 wish 的映射 model，再新建一个 admin.js 文件，用来存放 MySQL 数据表 admin 的映射 model（见图 3-22）。

在 wish.js 文件中定义了一个 Wish model，代码如下：

```
const Sequelize = require('sequelize');          // 引入 Sequelize 模块
const db = require('../db');                      // 引入数据库实例
//定义 model
const Wish = db.define('Wish', {
  id: {type: Sequelize.INTEGER, primaryKey: true, allowNull: false,
autoIncrement: true},                             // 主键
  name: {type: Sequelize.STRING(20), allowNull: false},    // 许愿姓名
  content: {type: Sequelize.STRING, allowNull: false}      // 许愿内容
}, {
```

```
  underscored: true,                                 // 是否支持驼峰
  tableName: 'wish',                                 // MySQL 数据库表名
});
module.exports = Wish;                               // 导出 model
```

在 admin.js 文件中定义了一个 Admin model，代码如下：

```
const Sequelize = require('sequelize');              // 引入 Sequelize 模块
const db = require('../db');                         // 引入数据库实例
// 定义 model
const Admin = db.define('Admin', {
  id: {type: Sequelize.INTEGER, primaryKey: true, allowNull: false,
autoIncrement: true},                               // 主键
  username: {type: Sequelize.STRING(20), allowNull: false},    // 用户名
  password: {type: Sequelize.STRING(36), allowNull: false},    // 密码
  name: {type: Sequelize.INTEGER, allowNull: false},           // 姓名
  role: {type: Sequelize.STRING(20), allowNull: false},        // 角色
  lastLoginAt: {type: Sequelize.DATE}                // 上次登录时间
}, {
  underscored: true,                                 // 是否支持驼峰
  tableName: 'admin',                                // MySQL 数据库表名
});
module.exports = Admin;                              // 导出 model
```

3.6　API 接口开发

由于是前后端分离项目，后端的主要工作在于开发 API 接口，在定义完成项目的一些基本配置之后，就可以进行接口的业务逻辑开发了。

API 接口开发的主要工作在于路由请求处理方法，也就是 controller 方法的书写，本节主要讲解本项目中使用到的 controller 方法。

在前面已经定义了 11 个路由，也就是说本项目需要开发 11 个 API 接口，下面针对这些接口的处理方法一一进行讲解。

3.6.1　登录接口

登录接口指用户在登录页面输入用户名和密码后单击"登录"按钮，由前端提交过来的请求接口，该接口请求参数如表 3-4 所示。

表 3-4　登录接口请求参数

参　　数	类　　型	是 否 必 传	描　　述
username	字符串	是	用户名
password	字符串	是	密码

接口对应的处理方法放在了项目根目录下 controllers 目录中的 index.js 文件中，也就是放在了 IndexController 文件中。

首先来看一下 IndexController 文件的代码主结构，如下：

```
const Common = require ('./common');                    // 引入公共方法
const AdminModel = require ('../models/admin');         // 引入 admin 表的 model
const Constant = require ('../constant/constant');      // 引入常量
const dateFormat = require ('dateformat');              // 引入 dateformat 包
const Token = require ('./token');                      // 引入 Token 处理方法
const TOKEN_EXPIRE_SENCOND = 3600;          // 设定默认 Token 过期时间，单位为 s
// 配置对象
let exportObj = {
  login
};
module.exports = exportObj;                  // 导出对象，供其他模块调用
// 登录方法
function login(req, res){
  // 登录处理逻辑
}
```

在 IndexController 文件中引入了一些必要的依赖，声明了一个 login 方法。下面来讲解这个方法。

根据前面指定的解决方案，后端接收到前端传过来的用户名和密码时首先进行参数校验，然后通过 SQL 语句从 MySQL 数据库中查询匹配数据。如果查询成功，则返回包含成功信息的 JSON 格式数据，如果查询失败，则返回包含失败信息的 JSON 格式数据。代码如下：

```
//登录方法
function login (req, res) {
  const resObj = Common.clone (Constant.DEFAULT_SUCCESS); // 定义一个返回对象
  // 定义一个 async 任务
  let tasks = {
    // 校验参数方法
    checkParams: (cb) => {
      // 调用公共，方法中的校验参数方法，如果成功，则继续后面的操作
      // 如果失败，则传递错误信息到 async 的最终方法中
      Common.checkParams (req.body, ['username', 'password'], cb);
    },
    // 查询方法
    query: ['checkParams', (results, cb) => {
      // 通过用户名和密码去数据库中查询
      AdminModel
        .findOne ({
          where: {
            username: req.body.username,
            password: req.body.password
```

```
            }
        })
        .then (function (result) {
          // 查询结果处理
          if(result){
            // 如果查询到了结果
            // 组装数据，将查询结果组装到成功返回的数据中
            resObj.data = {
              id: result.id,
              username: result.username,
              name: result.name,
              role: result.role,
              lastLoginAt: dateFormat (result.lastLoginAt, 'yyyy-mm-dd HH:
MM:ss'),
              createdAt: dateFormat (result.createdAt, 'yyyy-mm-dd HH:MM:ss')
            };
            // 将 admin 的 id 保存在 Token 中
            const adminInfo = {
              id: result.id
            };
            // 生成 Token
            let token = Token.encrypt(adminInfo, TOKEN_EXPIRE_SENCOND);
            resObj.data.token = token;      // 将 Token 保存在返回对象中并返回前端
            cb (null, result.id);           // 继续后续操作，传递 admin 的 id 参数
          }else{
            // 没有查询到结果，传递错误信息到 async 的最终方法中
            cb (Constant.LOGIN_ERROR);
          }
        })
        .catch (function (err) {
          // 错误处理
          console.log (err);              // 打印错误日志
          cb (Constant.DEFAULT_ERROR);    // 传递错误信息到 async 的最终方法中
        });
    }],
    // 写入上次登录日期
    writeLastLoginAt: ['query', (results, cb) => {
      let adminId = results['query'];      // 获取前面传递过来的参数 admin 的 id
      AdminModel              // 通过 id 查询，将当前时间更新到数据库中的上次登录时间
        .update ({
          lastLoginAt: new Date()
        }, {
          where: {
            id: adminId
          }
        })
        .then (function (result) {
```

```
// 更新结果处理
 if(result){
   cb (null);                      // 更新成功，继续后续的操作
 }else{
   // 更新失败，传递错误信息到 async 的最终方法中
   cb (Constant.DEFAULT_ERROR);
 }
})
.catch (function (err) {
  // 错误处理
  console.log (err);              // 打印错误日志
  cb (Constant.DEFAULT_ERROR);    // 传递错误信息到 async 的最终方法中
});
}]
};
Common.autoFn (tasks, res, resObj)   // 执行公共方法中的 autoFn 方法，返回数据
}
```

将以上登录处理方法代码插入 IndexController 中，接着使用 npm start 命令启动项目。项目启动完成后，使用 Postman 发送 POST 请求 http://localhost:3002/login 查看结果。其中，登录成功返回的信息如图 3-23 所示，登录失败返回的信息如图 3-24 所示。

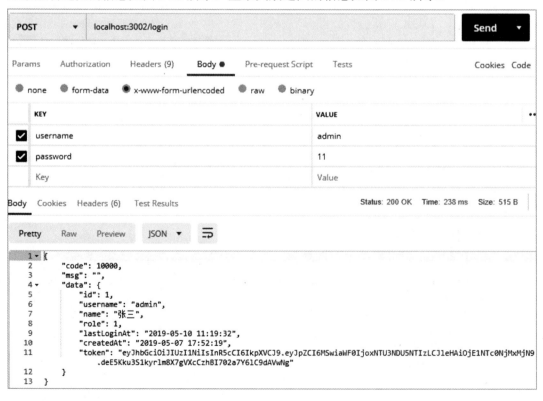

图 3-23　登录接口返回登录成功信息

图 3-24　登录接口返回登录失败信息

3.6.2　许愿列表接口

许愿模块的几个接口存放在项目根目录下 controllers 目录的 wish.js 文件中，也就是存放在 WishController 文件中。首先来看看该文件的代码主结构：

```
const Common = require ('./common');            // 引入公共方法
const WishModel = require ('../models/wish');    // 引入 wish 表的 model
const Constant = require ('../constant/constant'); // 引入常量
const dateFormat = require ('dateformat');       // 引入 dateformat 包
// 配置对象
let exportObj = {
  list,
  info,
  add,
  update,
  remove
};
module.exports = exportObj;                      // 导出对象，供其他模块调用
// 获取许愿列表方法
function list (req, res){
  // 获取许愿列表逻辑
}
// 获取单条许愿方法
function info(req, res){
```

```
    // 获取单条许愿逻辑
  }
  // 添加许愿方法
  function add(req, res){
    // 添加许愿逻辑
  }
  // 修改许愿方法
  function update(req, res){
    // 修改许愿逻辑
  }
  // 删除许愿方法
  function remove(req, res){
    // 删除许愿逻辑
  }
```

许愿列表接口是在用户单击后台管理界面上的许愿模块而打开许愿列表页面时，前端发过来的接口请求。该接口请求参数如表 3-5 所示。

表 3-5　许愿列表接口请求参数

参　　数	类　　型	是 否 必 传	描　　述
page	数字	是	页码
rows	数字	是	每页条数
name	字符串	否	许愿姓名

接口对应的处理方法是 WishController 文件中的 list 方法，代码如下：

```
// 获取许愿列表方法
function list (req, res) {
  const resObj = Common.clone (Constant.DEFAULT_SUCCESS);     // 定义一个返回对象
  // 定义一个 async 任务
  let tasks = {
    // 校验参数方法
    checkParams: (cb) => {
      // 调用公共方法中的校验参数方法，如果成功，则继续后面的操作
      // 如果失败，则传递错误信息到 async 的最终方法
      Common.checkParams (req.query, ['page', 'rows'], cb);
    },
    // 查询方法，依赖校验参数方法
    query: ['checkParams', (results, cb) => {
      // 根据前端提交的参数计算 SQL 语句中需要的 offset，即从多少条开始查询
      let offset = req.query.rows * (req.query.page - 1) || 0;
      // 根据前端提交的参数计算 SQL 语句中需要的 limit，即查询多少条
      let limit = parseInt (req.query.rows) || 20;
      let whereCondition = {};          // 设定一个查询条件对象
      // 如果查询姓名存在，则查询对象增加姓名
      if(req.query.name){
```

```
    whereCondition.name = req.query.name;
  }
  // 通过 offset 和 limit 使用 wish 的 model 去数据库中查询
  // 并按照创建时间排序
  WishModel
    .findAndCountAll ({
      where: whereCondition,
      offset: offset,
      limit: limit,
      order: [['created_at', 'DESC']],
    })
    .then (function (result) {
      // 查询结果处理
      let list = [];                   // 定义一个空数组 list，用来存放最终结果
      // 遍历 SQL 查询出来的结果，处理后装入 list
      result.rows.forEach ((v, i) => {
        let obj = {
          id: v.id,
          name: v.name,
          content: v.content,
          createdAt: dateFormat (v.createdAt, 'yyyy-mm-dd HH:MM:ss')
        };
        list.push (obj);
      });
      // 给返回结果赋值，包括列表和总条数
      resObj.data = {
        list,
        count: result.count
      };
      cb (null);                       // 继续后续操作
    })
    .catch (function (err) {
      // 错误处理
      console.log (err);               // 打印错误日志
      cb (Constant.DEFAULT_ERROR);     // 传递错误信息到 async 的最终方法中
    });
  }]
  };
  Common.autoFn (tasks, res, resObj)   // 执行公共方法中的 autoFn 方法，返回数据
}
```

　　将以上许愿列表接口处理方法代码插入 WishController 中，接着使用 npm start 命令启动项目。项目启动后，使用 Postman 发送 GET 请求 http://localhost:3002/wish?page=1&rows=4 查看结果。如图 3-25 所示，得到了正确的返回结果。

```
GET          ▼    localhost:3002/wish?page=1&rows=4

Pretty   Raw   Preview    JSON   ▼    ⇥

1 ▾ {
2      "code": 10000,
3      "msg": "",
4 ▾    "data": {
5 ▾        "list": [
6 ▾            {
7                    "id": 17,
8                    "name": "66",
9                    "content": "66",
10                   "createdAt": "2019-05-05 20:01:04"
11           },
12 ▾          {
13                   "id": 16,
14                   "name": "33",
15                   "content": "33",
16                   "createdAt": "2019-05-05 19:59:08"
17           },
18 ▾          {
19                   "id": 10,
20                   "name": "nihao",
21                   "content": "nihao",
22                   "createdAt": "2019-04-23 15:30:00"
23           },
24 ▾          {
25                   "id": 9,
26                   "name": "test",
27                   "content": "祝福自己成功！！",
28                   "createdAt": "2019-04-23 15:29:46"
29           }
30       ],
31       "count": 12
32   }
33 }
```

图 3-25　许愿列表返回结果

还可以加上姓名筛选，只需要在参数中增加 name 字段即可。例如，使用 Postman 发送 GET 请求 http://localhost:3002/wish?page=1&rows=4&name=小李，结果如图 3-26 所示。

```
GET          ▼    localhost:3002/wish?page=1&rows=4&name=小李

Pretty   Raw   Preview    JSON   ▼    ⇥

1 ▾ {
2      "code": 10000,
3      "msg": "",
4 ▾    "data": {
5 ▾        "list": [
6 ▾            {
7                    "id": 4,
8                    "name": "小李",
9                    "content": "it's fine today",
10                   "createdAt": "2019-04-21 11:33:47"
11           }
12       ],
13       "count": 1
14   }
15 }
```

图 3-26　许愿列表按姓名搜索的返回结果

如果查询到了一个数据库中没有的姓名，则会返回一个空数组，代表没有查询到结果，同时总条数也是 0，如图 3-27 所示。

图 3-27 许愿列表按姓名搜索没有搜索到结果

3.6.3 单条许愿信息接口

单条许愿信息接口是在用户单击某一条许愿信息的"修改"按钮时，前端发过来的接口请求。该接口请求参数如表 3-6 所示。

表 3-6 单条许愿信息接口请求参数

参 数	类 型	是 否 必 传	描 述
id	数字	是	许愿id

接口对应的处理方法是 WishController 文件中的 info()方法，代码如下：

```
// 获取单条许愿方法
function info (req, res) {
 // 定义一个返回对象
 const resObj = Common.clone (Constant.DEFAULT_SUCCESS);
 let tasks = {                    // 定义一个 async 任务
   // 校验参数方法
   checkParams: (cb) => {
     // 调用公共方法中的校验参数方法，如果成功，则继续后面的操作
     // 如果失败，则传递错误信息到 async 的最终方法
     Common.checkParams (req.params, ['id'], cb);
   },
// 查询方法，依赖校验参数方法
   query: ['checkParams', (results, cb) => {
     // 使用 wish 的 model 中的方法查询
     WishModel
       .findByPk (req.params.id)
       .then (function (result) {
         // 查询结果处理
         // 如果查询到结果
```

```
        if(result){
          // 将查询到的结果给返回对象赋值
          resObj.data = {
            id: result.id,
            name: result.name,
            content: result.content,
            createdAt: dateFormat (result.createdAt, 'yyyy-mm-dd HH:MM:ss')
          };
          cb(null);                        // 继续后续操作
        }else{
          // 查询失败，传递错误信息到 async 的最终方法中
          cb (Constant.WISH_NOT_EXSIT);
        }
      })
      .catch (function (err) {
        // 错误处理
        console.log (err);                 // 打印错误日志
        cb (Constant.DEFAULT_ERROR);       // 传递错误信息到 async 的最终方法中
      });
    }]
  };
  Common.autoFn (tasks, res, resObj)       // 执行公共方法中的 autoFn 方法,返回数据
}
```

将以上单条许愿信息接口处理方法代码插入 WishController 中，接着使用 npm start 命令启动项目。项目启动后使用 Postman 发送 GET 请求 http://localhost:3002/wish/1 查看结果，会得到指定 id 的许愿信息，如图 3-28 所示。

图 3-28　单条许愿信息接口的返回结果

如果请求了一个在数据库中不存在的 id，那么就会找不到数据，而返回错误的状态码和错误的信息，如图 3-29 所示。

图 3-29　单条许愿信息接口返回失败

3.6.4　添加许愿接口

添加许愿接口指用户在许愿列表上单击"添加"按钮，在弹出的添加许愿窗口中输入姓名和内容后，单击"确定"按钮时前端发送请求过来的接口请求。该接口请求参数如表 3-7 所示。

表 3-7　添加许愿接口请求参数

参　数	类　型	是 否 必 传	描　述
name	字符串	是	许愿姓名
content	字符串	是	许愿内容

接口对应的处理方法是 WishController 文件中的 add()方法，代码如下：

```
// 添加许愿方法
function add (req, res) {
  // 定义一个返回对象
  const resObj = Common.clone (Constant.DEFAULT_SUCCESS);
  // 定义一个async 任务
  let tasks = {
    // 校验参数方法
    checkParams: (cb) => {
      // 调用公共方法中的校验参数方法，如果成功，则继续后面的操作
      // 如果失败，则传递错误信息到async 的最终方法中
      Common.checkParams (req.body, ['name', 'content'], cb);
    },
    // 添加方法，依赖校验参数方法
    add: ['checkParams', (results, cb)=>{
      // 使用 wish 的 model 中的方法插入数据库
      WishModel
```

```
      .create ({
        name: req.body.name,
        content: req.body.content
      })
      .then (function (result) {
        // 插入结果处理
        cb (null);                          // 继续后续操作
      })
      .catch (function (err) {
        // 错误处理
        console.log (err);                  // 打印错误日志
        cb (Constant.DEFAULT_ERROR);        // 传递错误信息到 async 的最终方法中
      });
    }]
  };
  Common.autoFn (tasks, res, resObj)        // 执行公共方法中的 autoFn 方法,返回数据
}
```

将以上添加许愿接口处理方法的代码插入 WishController 中,接着使用 npm start 命令启动项目。项目启动后,使用 Postman 发送 POST 请求 http://localhost:3002/wish 查看结果。结果如图 3-30 所示,返回 code 的值是 10000,代表添加成功。可以再次请求许愿列表接口,查看是否真的添加进去了。

图 3-30 添加许愿接口的返回结果

如图 3-31 所示,可以看到刚才添加的许愿信息已经排在了第一位,是按照许愿的创建时间倒序排列的,证实了刚才那一条许愿信息已经添加成功。

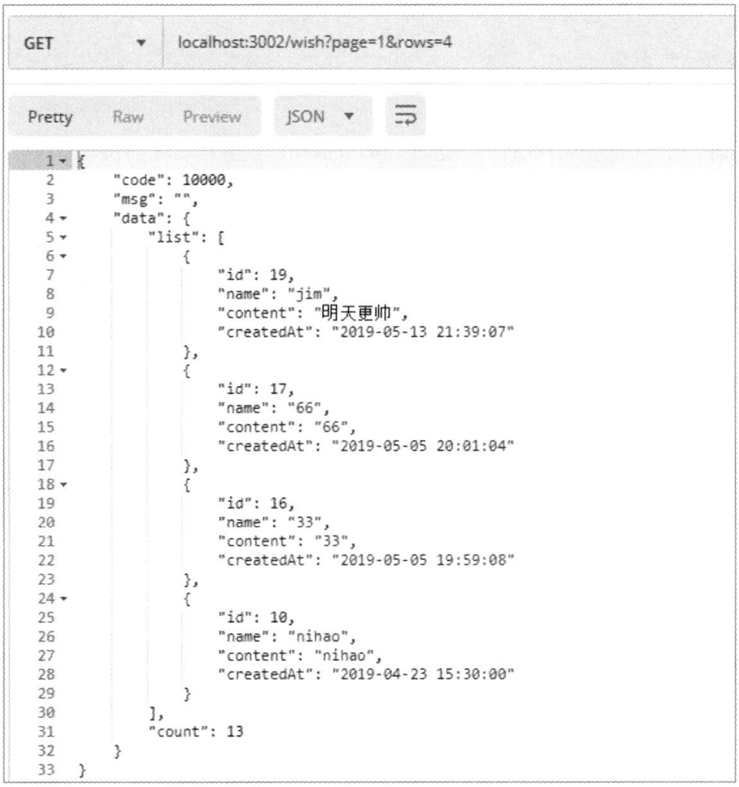

图 3-31　添加许愿后许愿列表接口的返回结果

3.6.5　修改许愿接口

修改许愿接口指用户在许愿列表页面单击某一条许愿信息上的"修改"按钮，在弹出的修改许愿窗口中修改了姓名和内容之后，单击"确定"按钮时前端发送过来的接口请求。该接口请求参数如表 3-8 所示。

表 3-8　修改许愿接口请求参数

参　　数	类　　型	是 否 必 传	描　　述
id	数字	是	许愿id
name	字符串	是	许愿姓名
content	字符串	是	许愿内容

接口对应的处理方法是 WishController 文件中的 update()方法，代码如下：

```
// 修改许愿方法
function update (req, res) {
  const resObj = Common.clone (Constant.DEFAULT_SUCCESS); // 定义一个返回对象
```

```
// 定义一个 async 任务
let tasks = {
  // 校验参数方法
  checkParams: (cb) => {
    // 调用公共方法中的校验参数方法，如果成功，则继续后面的操作
    // 如果失败，则传递错误信息到 async 的最终方法中
    Common.checkParams (req.body, ['id', 'name', 'content'], cb);
  },
  // 更新方法，依赖校验参数方法
  update: ['checkParams', (results, cb)=>{
    // 使用 wish 中的 model 方法更新
    WishModel
      .update ({
        name: req.body.name,
        content: req.body.content
      }, {
        where: {
          id: req.body.id
        }
      })
      .then (function (result) {
        // 更新结果处理
        if(result[0]){
          // 如果更新成功
          cb (null);                       // 继续后续操作
        }else{
          // 如果更新失败，则传递错误信息到 async 的最终方法中
          cb (Constant.WISH_NOT_EXSIT);
        }
      })
      .catch (function (err) {
        // 错误处理
        console.log (err);                 // 打印错误日志
        cb (Constant.DEFAULT_ERROR);       // 传递错误信息到 async 的最终方法中
      });
  }]
};
Common.autoFn (tasks, res, resObj)      // 执行公共方法中的 autoFn 方法, 返回数据
}
```

将以上修改许愿接口处理方法代码插入 WishController 中，接着使用 npm start 命令启动项目。项目启动后，使用 Postman 查看接口的返回结果。

首先获取 id 为 19 的这一条许愿信息，使用 Postman 发送 GET 请求 http://localhost:3002/wish/19，正常返回，结果如图 3-32 所示。

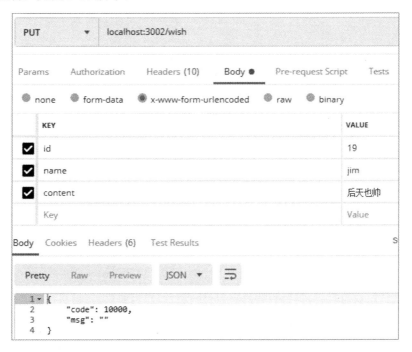

图 3-32　id 为 19 的许愿修改前信息

接着修改它的内容，发送 PUT 请求 http://localhost:3002/wish，返回 code 的值为 10000，代表修改成功，如图 3-33 所示。

图 3-33　修改 id 为 19 的许愿信息

然后再次请求 id 为 19 的许愿信息，发现已经是刚才修改之后的信息，代表修改许愿接口调用成功，如图 3-34 所示。

图 3-34　修改后的 id 为 19 的许愿信息

同样，如果修改的时候传入的是一个数据库中不存在的许愿 id，则会返回错误，如图 3-35 所示返回了错误状态码和错误信息。

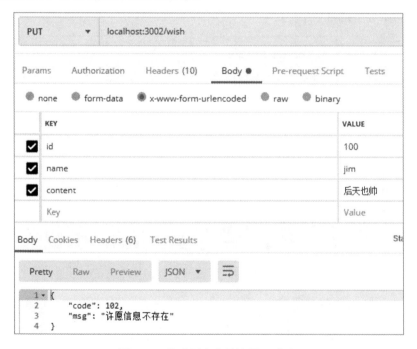

图 3-35　修改不存在的许愿 id 信息

3.6.6　删除许愿接口

删除许愿接口指用户在许愿列表页面单击某一条许愿信息上的"删除"按钮，在弹出的删除许愿提示窗口中单击"确定"时前端发送过来的接口请求。该接口请求参数如

表 3-9 所示。

表 3-9　删除许愿接口请求参数

参　　数	类　　型	是 否 必 传	描　　述
id	数字	是	许愿id

接口对应的处理方法是 WishController 文件中的 remove()方法，代码如下：

```
// 删除许愿方法
function remove (req, res) {
  // 定义一个返回对象
  const resObj = Common.clone (Constant.DEFAULT_SUCCESS);
  let tasks = {                               // 定义一个async任务
    // 校验参数方法
    checkParams: ['checkParams', (results, cb)=>{
      // 调用公共方法中的校验参数方法，如果成功，则继续后面的操作
      // 如果失败，则传递错误信息到async的最终方法中
      Common.checkParams (req.body, ['id'], cb);
    },
    // 删除方法，依赖校验参数方法
    remove: cb => {
      // 使用wish的model中的方法更新
      WishModel
        .destroy ({
          where: {
            id: req.body.id
          }
        })
        .then (function (result) {
          // 删除结果处理
          if(result){
            // 如果删除成功
            // 继续后续操作
            cb (null);
          }else{
            // 如果删除失败，则传递错误信息到async的最终方法中
            cb (Constant.WISH_NOT_EXSIT);
          }
        })
        .catch (function (err) {
          // 错误处理
          console.log (err);                 // 打印错误日志
          cb (Constant.DEFAULT_ERROR);       // 传递错误信息到async的最终方法中
        });
    }]
  };
  Common.autoFn (tasks, res, resObj)  // 执行公共方法中的autoFn方法，返回数据
}
```

将以上删除许愿接口的处理方法代码插入 WishController 中，接着使用 npm start 命令启动项目。项目启动后可以使用 Postman 查看接口的返回结果。

首先看一下删除前许愿列表接口返回的结果。使用 Postman 发送 GET 请求 http://localhost: 3002/wish?page=1&rows=4，结果如图 3-36 所示。

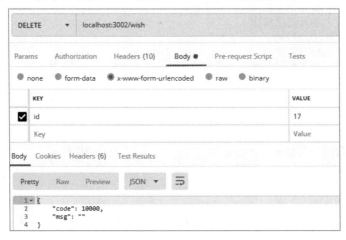

图 3-36　删除 id 为 17 的许愿信息前的许愿列表

接着删除 id 为 17 的许愿信息。使用 Postman 发送 DELETE 请求 http://localhost:3002/wish，结果如图 3-37 所示，返回 code 值为 10000，表示删除成功。

图 3-37　删除 id 为 17 的许愿信息

然后再次查看许愿列表，会发现 id 为 17 的许愿信息已经不存在了，如图 3-38 所示。

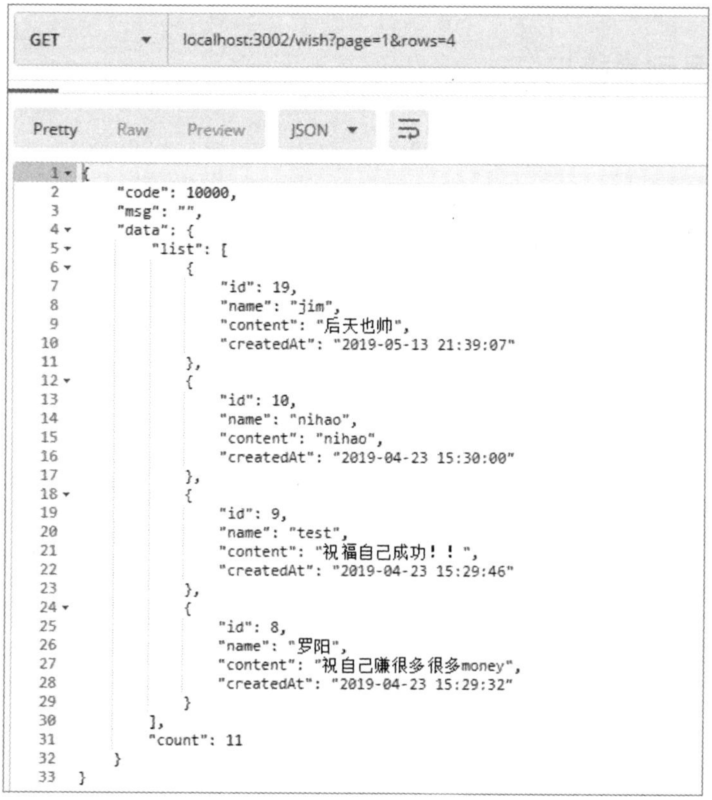

图 3-38　删除 id 为 17 的许愿信息后的许愿列表

同样，在删除的时候，如果传入的是一个数据库中不存在的许愿 id，则会返回错误，如图 3-39 所示返回了错误状态码和错误信息。

图 3-39　删除不存在的许愿 id 信息

3.6.7 管理员列表接口

本项目中，将管理员模块的几个接口全部放在了项目根目录下 controllers 目录的 admin.js 文件中，也就是放在了 AdminController 文件中。首先来看看该文件的代码主结构：

```
const Common = require ('./common');                    // 引入公共方法
const AdminModel = require ('../models/admin');         // 引入 admin 表的 model
const Constant = require ('../constant/constant');      // 引入常量
const dateFormat = require ('dateformat');              // 引入 dateformat 包
let exportObj = {                                       // 配置对象
  list,
  info,
  add,
  update,
  remove
};
module.exports = exportObj;                             // 导出对象，供其他模块调用
// 获取管理员列表方法
function list (req, res){
  // 获取管理员列表逻辑
}
// 获取单条管理员方法
function info(req, res){
  // 获取单条管理员逻辑
}
// 添加管理员方法
function add(req, res){
  // 添加管理员逻辑
}
// 修改管理员方法
function update(req, res){
  // 修改管理员逻辑
}
// 删除管理员方法
function remove(req, res){
  // 删除管理员逻辑
}
```

管理员列表接口指用户单击后台管理界面的管理员管理模块默认展示的页面后，当打开页面时，前端发送过来的接口请求。该接口请求参数如表 3-10 所示。

表 3-10 管理员列表接口请求参数

参　　数	类　　型	是否必传	描　　述
page	数字	是	页码
rows	数字	是	每页条数
username	字符串	否	用户名

接口对应的处理方法是 AdminController 文件中的 list()方法，代码如下：

```
// 获取管理员列表方法
function list (req, res) {
  // 定义一个返回对象
  const resObj = Common.clone (Constant.DEFAULT_SUCCESS);
  // 定义一个 async 任务
  let tasks = {
    // 校验参数方法
    checkParams: (cb) => {
      // 调用公共方法中的校验参数方法，如果成功，则继续后面的操作
      // 如果失败，则传递错误信息到 async 的最终方法中
      Common.checkParams (req.query, ['page', 'rows'], cb);
    },
    // 查询方法，依赖校验参数方法
    query: ['checkParams', (results, cb) => {
      // 根据前端提交的参数计算 SQL 语句中需要的 offset，即从多少条开始查询
      let offset = req.query.rows * (req.query.page - 1) || 0;
      // 根据前端提交的参数计算 SQL 语句中需要的 limit，即查询多少条
      let limit = parseInt (req.query.rows) || 20;
      let whereCondition = {};                    // 设定一个查询条件对象

      // 如果查询用户名存在，则查询对象增加用户名
      if(req.query.username){
        whereCondition.username = req.query.username;
      }
      // 通过 offset 和 limit 使用 admin 的 model 去数据库中查询，并按照创建时间排序
      AdminModel
        .findAndCountAll ({
          where: whereCondition,
          offset: offset,
          limit: limit,
          order: [['created_at', 'DESC']],
        })
        .then (function (result) {
          // 查询结果处理
          let list = [];                 // 定义一个空数组 list，用来存放最终结果
          // 遍历 SQL 查询出来的结果，处理后装入 list
          result.rows.forEach ((v, i) => {
  let obj = {
            id: v.id,
            username: v.username,
            name: v.name,
            role: v.role,
            lastLoginAt: dateFormat (v.lastLoginAt, 'yyyy-mm-dd HH:MM:ss'),
            createdAt: dateFormat (v.createdAt, 'yyyy-mm-dd HH:MM:ss')
          };
            list.push (obj);
          });
          resObj.data = {                 // 给返回结果赋值，包括列表和总条数
            list,
            count: result.count
          };
```

```
    cb (null);                          // 继续后续操作
  })
  .catch (function (err) {
    // 错误处理
    console.log (err);                  // 打印错误日志
    cb (Constant.DEFAULT_ERROR);        // 传递错误信息到 async 的最终方法中
  });
}]
};
Common.autoFn (tasks, res, resObj)      // 执行公共方法中的 autoFn 方法,返回数据
}
```

将以上管理员列表接口处理方法代码插入 AdminController 中,接着使用 npm start 命令启动项目。项目启动后,使用 Postman 发送 GET 请求 http://localhost:3002/admin?page=1&rows=5 查看结果。

如图 3-40 所示,可以得到正确的返回结果,因为数据库中只添加了 3 条模拟的管理员数据,所以只返回了 3 条数据。

图 3-40　管理员列表返回结果

还可以加上用户名筛选,只需在参数上增加 username 字段即可,使用 Postman 发送

GET 请求 http://localhost:3002/admin?page=1&rows=5&username=lihai，如图 3-41 所示。

图 3-41 管理员列表按用户名搜索的返回结果

如果查询到了一个数据库中没有的用户名，则会返回一个空数组，代表没有查询到结果，同时总条数也是 0，如图 3-42 所示。

图 3-42 管理员列表按用户名搜索没有搜索到结果

3.6.8 单条管理员信息接口

单条管理员信息接口是指在用户单击某一条管理员信息的"修改"按钮时，前端发送过来的接口请求。该接口请求参数如表 3-11 所示。

表 3-11 单条管理员信息接口请求参数

参 数	类 型	是 否 必 传	描 述
id	数字	是	管理员id

接口对应的处理方法是 AdminController 文件中的 info()方法，代码如下：

```
// 获取单条管理员方法
function info (req, res) {
  const resObj = Common.clone (Constant.DEFAULT_SUCCESS);  // 定义一个返回对象
  // 定义一个 async 任务
  let tasks = {
    // 校验参数方法
    checkParams: (cb) => {
      // 调用公共方法中的校验参数方法，如果成功，则继续后面的操作
      // 如果失败，则传递错误信息到 async 的最终方法中
      Common.checkParams (req.params, ['id'], cb);
    },
    // 查询方法，依赖校验参数方法
    query: ['checkParams', (results, cb) => {
      // 使用 admin 的 model 中的方法查询
      AdminModel
        .findByPk (req.params.id)
        .then (function (result) {
          // 查询结果处理
          if(result){                              // 如果查询到结果
            // 将查询到的结果给返回对象赋值
            resObj.data = {
              id: result.id,
              username: result.username,
              name: result.name,
              role: result.role,
              lastLoginAt: dateFormat (result.lastLoginAt, 'yyyy-mm-dd HH:MM:ss'),
              createdAt: dateFormat (result.createdAt, 'yyyy-mm-dd HH:MM:ss')
            };
            cb(null);                              // 继续后续操作
          }else{
            // 查询失败，传递错误信息到 async 的最终方法中
            cb (Constant.ADMIN_NOT_EXSIT);
          }
        })
        .catch (function (err) {
          // 错误处理
          console.log (err);                       // 打印错误日志
          cb (Constant.DEFAULT_ERROR);             // 传递错误信息到 async 的最终方法中
        });
    }]
  };
  Common.autoFn (tasks, res, resObj)     // 执行公共方法中的 autoFn 方法，返回数据
}
```

将以上单个管理员信息接口处理方法代码插入 AdminController 中，接着使用 npm start 命令启动项目。项目启动后，使用 Postman 发送 GET 请求 http://localhost:3002/admin/1 查看结果，会得到指定 id 为 1 的管理员信息，如图 3-43 所示。

图 3-43　单条管理员信息接口的返回结果

如果请求了一个在数据库中不存在的 id，那么就会找不到数据，会返回错误的状态码和错误的信息，如图 3-44 所示。

图 3-44　单条管理员信息接口返回失败

3.6.9　添加管理员接口

添加管理员接口是指用户在管理员列表上单击"添加"按钮，在弹出的添加管理员窗口中输入用户名、密码、姓名和角色之后，再单击"确定"按钮时前端发送过来的接口请求。该接口请求参数如表 3-12 所示。

表 3-12　添加管理员接口请求参数

参　　数	类　　型	是 否 必 传	描　　述
username	字符串	是	用户名
password	字符串	是	密码
name	字符串	是	姓名
role	字符串	是	角色

接口对应的处理方法是 **AdminController** 文件中的 **add()** 方法，代码如下：

```
function add (req, res) {                                  // 添加管理员方法
  const resObj = Common.clone (Constant.DEFAULT_SUCCESS);  // 定义一个返回对象
  // 定义一个 async 任务
  let tasks = {
    // 校验参数方法
    checkParams: (cb) => {
      // 调用公共方法中的校验参数方法，如果成功，则继续后面的操作
      // 如果失败，则传递错误信息到 async 的最终方法中
      Common.checkParams (req.body, ['username', 'password', 'name',
'role'], cb);
    },
    // 添加方法，依赖校验参数方法
    add: ['checkParams', (results, cb)=>{
      // 使用 admin 的 model 中的方法插入到数据库中
      AdminModel
        .create ({
          username: req.body.username,
          password: req.body.password,
          name: req.body.name,
          role: req.body.role
        })
        .then (function (result) {
          // 插入结果处理
          cb (null);                             // 继续后续操作
        })
        .catch (function (err) {
          // 错误处理
          console.log (err);                     // 打印错误日志
          cb (Constant.DEFAULT_ERROR);           // 传递错误信息到 async 的最终方法中
        });
    }]
  };
  Common.autoFn (tasks, res, resObj)    // 执行公共方法中的 autoFn 方法,返回数据
}
```

将以上添加管理员接口的处理方法代码插入 AdminController 中，接着使用 npm start 命令启动项目。项目启动后，使用 Postman 发送 POST 请求 http://localhost:3002/admin 查看结果。

如图 3-45 所示，返回了 code 的值是 10000，代表添加成功。可以再次请求管理员列表接口，查看是否真的添加了进去。

如图 3-46 所示，可以看到刚才添加的管理员信息已经排在了第一位，因为是按照管理员的创建时间倒序排序的，所以这也证实了刚才那一条管理员信息已经添加成功。

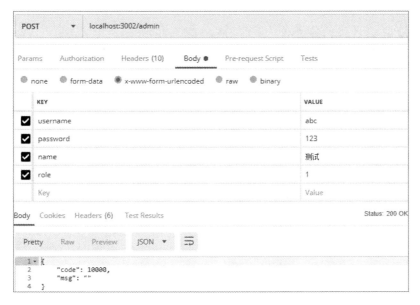

图 3-45　添加管理员接口的返回结果

```
GET      ▼    localhost:3002/admin?page=1&rows=5


Pretty    Raw    Preview    JSON  ▼    ⇥

 4 ▼      "data": {
 5 ▼          "list": [
 6 ▼              {
 7                     "id": 4,
 8                     "username": "abc",
 9                     "name": "测试",
10                     "role": 1,
11                     "lastLoginAt": "2019-05-14 15:00:11",
12                     "createdAt": "2019-05-14 14:58:34"
13              },
14 ▼              {
15                     "id": 3,
16                     "username": "wangyue",
17                     "name": "王五",
18                     "role": 2,
19                     "lastLoginAt": "2019-05-14 15:00:12",
20                     "createdAt": "2019-05-07 20:41:06"
21              },
22 ▼              {
23                     "id": 2,
24                     "username": "lihai",
25                     "name": "李四",
26                     "role": 1,
27                     "lastLoginAt": "2019-05-14 15:00:12",
28                     "createdAt": "2019-05-07 20:40:05"
29              },
30 ▼              {
31                     "id": 1,
32                     "username": "admin",
33                     "name": "张三",
34                     "role": 1,
35                     "lastLoginAt": "2019-05-13 21:44:38",
36                     "createdAt": "2019-05-07 17:52:19"
37              }
38          ],
39          "count": 4
40      }
41  }
```

图 3-46　添加管理员后管理员列表接口的返回结果

3.6.10 修改管理员接口

修改管理员接口是指用户在管理员列表页面单击某一条管理员信息上的"修改"按钮，在弹出的修改管理员窗口中修改了用户名、密码、姓名和角色之后，单击"确定"按钮时前端发送过来的接口请求。该接口请求参数如表 3-13 所示。

表 3-13 修改管理员接口请求参数

参　　　数	类　　　型	是 否 必 传	描　　　述
id	数字	是	管理员id
username	字符串	是	用户名
password	字符串	是	密码
name	字符串	是	姓名
role	字符串	是	角色

接口对应的处理方法是 AdminController 文件中的 update()方法，代码如下：

```
// 修改管理员方法
function update (req, res) {
  const resObj = Common.clone (Constant.DEFAULT_SUCCESS);  // 定义一个返回对象
  // 定义一个async任务
  let tasks = {
    // 校验参数方法
    checkParams: (cb) => {
      // 调用公共方法中的校验参数方法，如果成功，则继续后面的操作
      // 如果失败，则传递错误信息到async的最终方法中
      Common.checkParams (req.body, ['id', 'username', 'password', 'name',
'role'], cb);
    },
    // 更新方法，依赖校验参数方法
    update: ['checkParams', (results, cb)=>{
      // 使用admin的model中的方法更新
      AdminModel
        .update ({
          username: req.body.username,
          password: req.body.password,
          name: req.body.name,
          role: req.body.role
        }, {
          where: {
            id: req.body.id
          }
        })
```

```
.then (function (result) {
    // 更新结果处理
    if(result[0]){
      // 如果更新成功
      cb (null);                              // 继续后续操作
    }else{
      // 如果更新失败，则传递错误信息到 async 的最终方法中
      cb (Constant.ADMIN_NOT_EXSIT);
    }
  })
  .catch (function (err) {
    // 错误处理
    console.log (err);                        // 打印错误日志
    // 传递错误信息到 async 的最终方法中
    cb (Constant.DEFAULT_ERROR);
  });
  }]
};
Common.autoFn (tasks, res, resObj)      // 执行公共方法中的 autoFn 方法,返回数据
}
```

将以上修改管理员接口的处理方法代码插入 AdminController 中，接着使用 npm start 命令启动项目。项目启动后，使用 Postman 来查看接口返回结果。

首先获取 id 为 2 的这一条管理员信息，使用 Postman 发送 GET 请求 http://localhost: 3002/admin/2，正常返回，如图 3-47 所示。

图 3-47　id 为 2 的管理员修改前信息

接着修改一下内容,发送 PUT 请求 http://localhost:3002/admin,返回 code 的值为 10000, 代表修改成功，如图 3-48 所示。

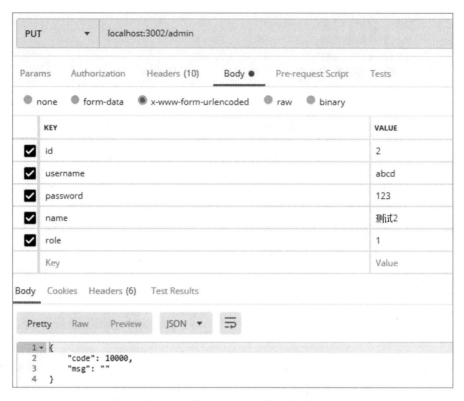

图 3-48　修改 id 为 2 的管理员信息

然后再次请求 id 为 2 的管理员信息，发现已经是刚才修改之后的信息，代表修改管理员接口调用成功，如图 3-49 所示。

图 3-49　修改后 id 为 2 的管理员信息

同样，如果修改的时候传入的是一个数据库中不存在的管理员 id，则会返回错误。如图 3-50 所示了返回错误状态码和错误信息。

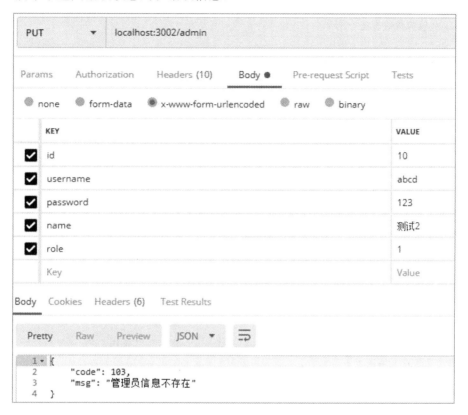

图 3-50　修改不存在的管理员 id 信息

3.6.11　删除管理员接口

删除管理员接口是指用户在管理员列表页面单击某一条管理员信息上的"删除"按钮，在弹出的删除管理员提示窗口中单击"确定"按钮时前端发送过来的接口请求。该接口的请求参数如表 3-14 所示。

表 3-14　删除管理员接口请求参数

参　　数	类　　型	是 否 必 传	描　　述
id	数字	是	管理员id

接口对应的处理方法是 AdminController 文件中的 remove()方法，代码如下：

```
// 删除管理员方法
function remove (req, res) {
```

```
    const resObj = Common.clone (Constant.DEFAULT_SUCCESS); // 定义一个返回对象
    // 定义一个 async 任务
    let tasks = {
      // 校验参数方法
      checkParams: (cb) => {
        // 调用公共方法中的校验参数方法，如果成功，则继续后面的操作
        // 如果失败，则传递错误信息到 async 的最终方法中
        Common.checkParams (req.body, ['id'], cb);
      },
    remove: ['checkParams', (results, cb)=>{
        // 使用 admin 的 model 中的方法更新
        AdminModel
          .destroy ({
           where: {
             id: req.body.id
           }
          })
          .then (function (result) {
            // 删除结果处理
            if(result){
              // 如果删除成功
              cb (null);                    // 继续后续操作
            }else{
              // 如果删除失败，则传递错误信息到 async 的最终方法中
              cb (Constant.ADMIN_NOT_EXSIT);
            }
          })
          .catch (function (err) {
            // 错误处理
            console.log (err);              // 打印错误日志
            cb (Constant.DEFAULT_ERROR);    // 传递错误信息到 async 的最终方法中
          });
      }]
    };
    Common.autoFn (tasks, res, resObj)       // 执行公共方法中的 autoFn 方法，返回数据
  }
```

将以上删除管理员接口的处理方法代码插入 AdminController 中，接着使用 npm start 命令启动项目。项目启动后，使用 Postman 查看接口返回结果。

首先看一下删除前管理员列表接口返回的结果，使用 Postman 发送 GET 请求 http://localhost:3002/admin，如图 3-51 所示。

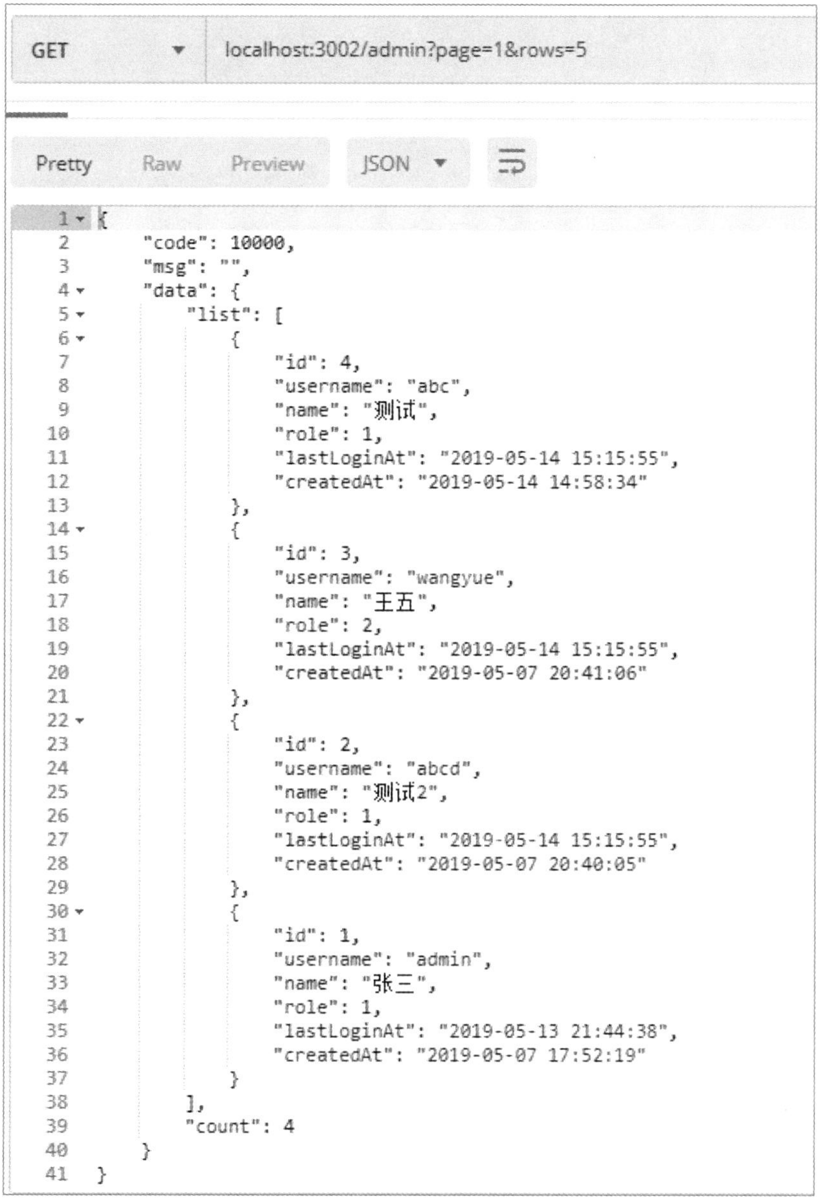

```
GET          ▼     localhost:3002/admin?page=1&rows=5

Pretty  Raw  Preview      JSON  ▼    ⇄

1 ▾  {
2        "code": 10000,
3        "msg": "",
4 ▾      "data": {
5 ▾          "list": [
6 ▾              {
7                      "id": 4,
8                      "username": "abc",
9                      "name": "测试",
10                     "role": 1,
11                     "lastLoginAt": "2019-05-14 15:15:55",
12                     "createdAt": "2019-05-14 14:58:34"
13              },
14 ▾            {
15                     "id": 3,
16                     "username": "wangyue",
17                     "name": "王五",
18                     "role": 2,
19                     "lastLoginAt": "2019-05-14 15:15:55",
20                     "createdAt": "2019-05-07 20:41:06"
21              },
22 ▾            {
23                     "id": 2,
24                     "username": "abcd",
25                     "name": "测试2",
26                     "role": 1,
27                     "lastLoginAt": "2019-05-14 15:15:55",
28                     "createdAt": "2019-05-07 20:40:05"
29              },
30 ▾            {
31                     "id": 1,
32                     "username": "admin",
33                     "name": "张三",
34                     "role": 1,
35                     "lastLoginAt": "2019-05-13 21:44:38",
36                     "createdAt": "2019-05-07 17:52:19"
37              }
38          ],
39          "count": 4
40      }
41  }
```

图 3-51　删除 id 为 4 的管理员信息前的管理员列表

　　接着删除 id 为 4 的管理员信息，使用 Postman 发送 DELETE 请求 http://localhost: 3002/admin，返回 code 值为 10000，表示删除成功，如图 3-52 所示。

　　然后再次查看管理员列表，会发现 id 为 4 的管理员信息已经不存在了，如图 3-53 所示。

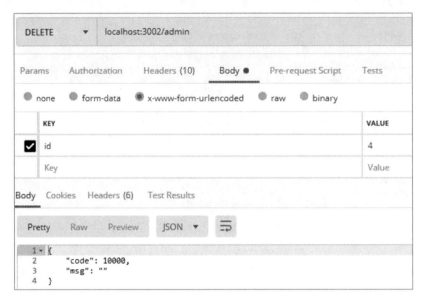

图 3-52　删除 id 为 4 的管理员信息

```
GET          ▼    localhost:3002/admin?page=1&rows=5


Pretty   Raw   Preview    JSON  ▼   ⇥

1 ▾ {
2        "code": 10000,
3        "msg": "",
4 ▾      "data": {
5 ▾         "list": [
6 ▾            {
7                  "id": 3,
8                  "username": "wangyue",
9                  "name": "王五",
10                 "role": 2,
11                 "lastLoginAt": "2019-05-14 15:20:22",
12                 "createdAt": "2019-05-07 20:41:06"
13             },
14 ▾            {
15                 "id": 2,
16                 "username": "abcd",
17                 "name": "测试2",
18                 "role": 1,
19                 "lastLoginAt": "2019-05-14 15:20:22",
20                 "createdAt": "2019-05-07 20:40:05"
21             },
22 ▾            {
23                 "id": 1,
24                 "username": "admin",
25                 "name": "张三",
26                 "role": 1,
27                 "lastLoginAt": "2019-05-13 21:44:38",
28                 "createdAt": "2019-05-07 17:52:19"
29             }
30          ],
31          "count": 3
32        }
33 }
```

图 3-53　删除 id 为 4 的管理员信息后的管理员列表

　　同样，如果在删除的时候传入的是一个数据库不存在的管理员 id，则会返回错误，如图 3-54 所示返回了错误状态码和错误信息。

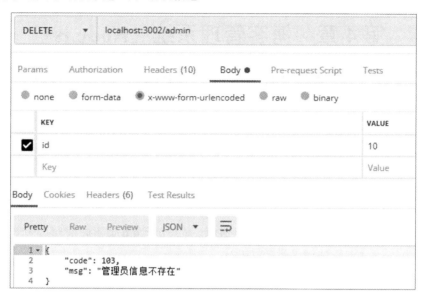

图 3-54　删除不存在的管理员 id 信息

第4章 博客管理系统（Node.js+Express+art-template+Vue.js+MySQL）

前面的章节使用 Express 框架开发了一个许愿墙项目，并且开发了一个配套的后台管理系统，实现了项目信息的展示和管理。

本章开发的项目是一套完整的博客管理系统，包含前台展示系统和后台管理系统。由于两个系统功能独立，所以本章分开进行讲解。4.1 节至 4.6 节讲解前台展示系统的开发；4.7 节至 4.12 节讲解后台管理系统的开发。

4.1 前台展示系统需求分析

根据产品规划，本次开发的博客管理系统分为前台展示系统和后台管理系统，其中前台展示系统分为首页模块、分类模块、文章模块、关于我们模块、导航模块和侧边栏模块。

前端开发人员根据产品规划和 UI 设计图已经开发完毕，实现出了主要的页面效果图，其中首页模块如图 4-1 所示，分类模块如图 4-2 所示，文章模块如图 4-3 所示，关于我们模块如图 4-4 所示。

产品需求分析如下：

（1）首页展示所有分类的文章列表和文章摘要信息，文章列表按照文章的创建时间倒序排列，每页 10 篇文章。

（2）导航栏展示所有的分类，以及首页和关于我们模块，单击"分类"可到达指定分类页面，单击"首页"可到达首页，单击"关于我们"可到达关于我们页面。

（3）分类页分页展示当前分类下的文章列表和文章摘要信息，按照文章创建时间倒序排列，每页 10 篇文章。

（4）文章页展示文章的标题、作者、创建时间、所属分类和内容。

（5）侧边栏展示所有文章中随机的 10 篇文章列表，只展示文章标题。

（6）关于我们页展示博客基本信息。

图 4-1　前台首页

图 4-2　前台分类模块

图 4-3　前台文章模块

图 4-4　前台"关于我们"模块

4.2　前台展示系统设计

在整个系统设计过程中，通过和前端开发人员讨论，决定了实现方案：使用后端渲染方式，就是前端开发人员将首页、分类页、文章页等页面编写好，即完成页面结构和样式，然后将页面交给后端开发人员，后端开发人员从数据库中取出数据进行处理，然后通过模板引擎将处理之后的数据以变量的方式展示到页面模板上，接着输出页面到浏览器进行渲染。

针对本项目而言，系统设计方案就是：前端开发人员根据 UI 图编写好 HTML 页面，后端开发人员规划设计不同的路由，执行不同的方法，在方法中从数据库中取出数据，接着通过模板引擎渲染出有数据的 HTML 页面，然后输出到浏览器中进行展示。

4.2.1　实现目标

根据产品需求，确定需要实现的目标如下：

（1）首页文章列表：分页展示 10 篇文章，按文章创建时间倒序排序。

（2）导航栏：查询出所有的分类。

（3）分类页文章列表：每页展示 10 篇文章，按照文章创建时间倒序排序。

（4）文章页：查询文章详情。

（5）侧边栏：随机查询 10 篇文章。

（6）关于我们页：查询博客的基本信息。

4.2.2　解决方案

下面针对以上实现目标进行一一分析。

（1）首页文章列表：分页展示 10 篇文章，按文章创建时间倒序排序。

首页文章列表就是将所有分类的文章按照创建时间的倒序查询并以列表的方式展示。既然是分页展示，那么前端会将分页参数放在 URL 里发送过来，后端接收到前端发送的请求获取到分页参数，计算 SQL 语句中的 offset 和 limit，然后通过指定的 SQL 语句就可以到 MySQL 数据库中查询，接着处理查询出来的数据，将数据渲染到页面上。

（2）导航栏：查询出所有的分类。

导航栏中有首页、分类列表和"关于我们"的模块链接，其中，首页和"关于我们"是固定链接，所以只需要查询出分类列表即可。

查询分类列表也很简单，只需要通过指定的 SQL 语句就能够从 MySQL 数据库中查询出所有的分类。

（3）分类页文章列表：每页展示 10 篇文章，按文章创建时间倒序排序。

分类页文章列表就是将指定分类的文章按照创建时间倒序查询并以列表展示。同样，分页展示需要前端发送分页参数，后端接收到前端发送的请求后获取到分页参数，计算 SQL 语句中的 offset 和 limit，然后通过指定的 SQL 语句就可以到 MySQL 数据库中进行查询，接着处理查询出来的数据，并将数据渲染到页面上。

（4）文章页：查询文章详情。

文章页展示的就是文章的详情信息，后端会得到前端发送过来的文章 id 参数，然后使用 SQL 语句到 MySQL 数据库中查询指定 id 的文章，接着处理查询出来的数据，将数据渲染到页面上。

（5）侧边栏：随机查询 10 篇文章。

侧边栏展示的是 10 条随机文章的标题，只需要从 MySQL 数据库中随机查询出 10 篇文章数据即可。使用 MySQL 自带的 rand()方法就可随机查询出数据，然后将查询出来的数据组装并返回页面进行渲染。

（6）关于我们页：查询出博客的基本信息。

"关于我们页"展示的是一些博客的基本信息。博客的基本信息会保存在一张 MySQL 数据表中的一条数据里，只需要查询指定的这一条数据，就可以将博客的基本信息提取出来，接着将数据渲染到页面上。

4.2.3　系统流程图

根据解决方案，绘制流程图，分别如图 4-5～图 4-8 所示。

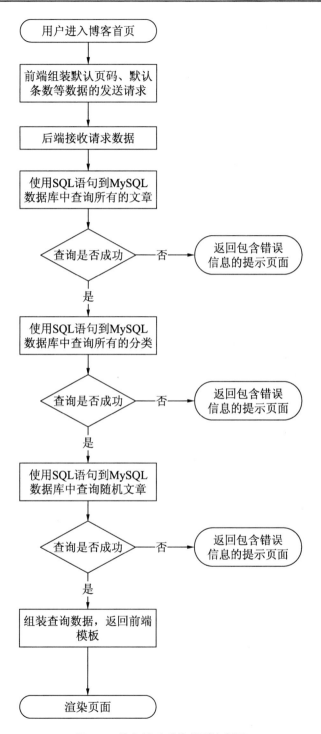

图 4-5　前台展示系统首页流程图

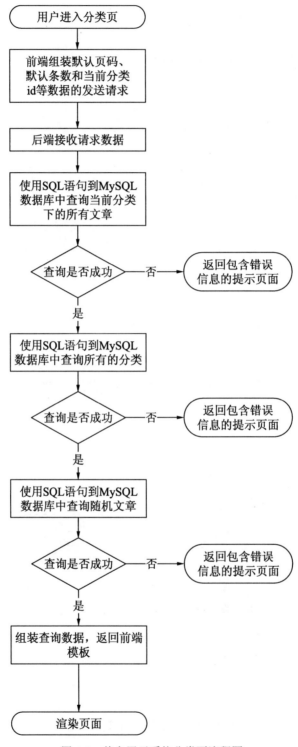

图 4-6　前台展示系统分类页流程图

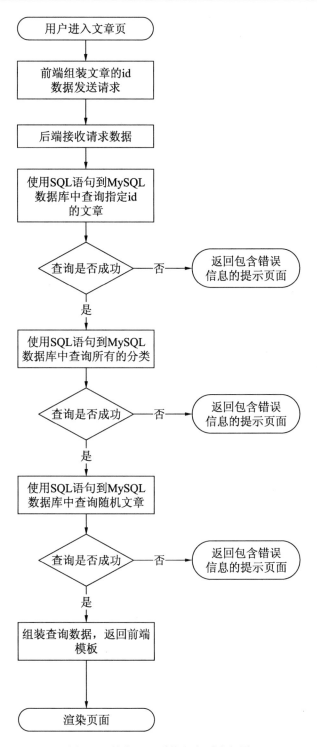

图 4-7　前台展示系统文章页流程图

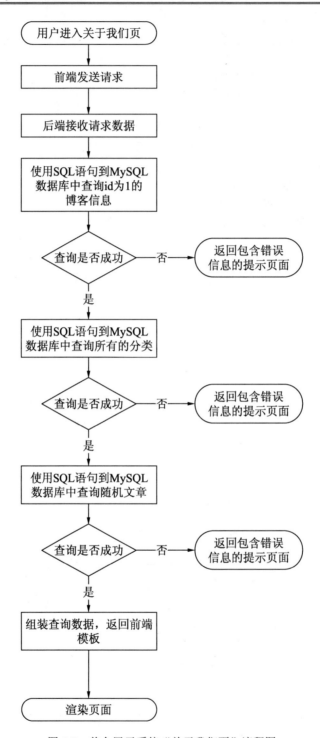

图 4-8 前台展示系统"关于我们页"流程图

4.2.4　开发环境

本项目中所使用的开发环境及软件版本如表 4-1 所示。

表 4-1　开发环境及软件版本

操作系统	Windows 10
Node.js版本	10.14.0
Express版本	4.16.0
art-template	4.13.2
MySQL版本	5.6
浏览器	Chrome 73.0
开发工具	WebStorm 2018.3

4.3　前台展示系统的前端页面分析

前端页面已经开发完毕。本节结合前面的解决方案和页面效果图分别对各个模块进行分析。因为前台所有的页面均共用头部、底部和侧边栏，所以需要将头部、侧边栏和底部提取出来让其他的页面引用，从而提高开发效率，增强程序的可维护性。

4.3.1　头部模块

将所有共用的模块提取出来，放在项目根目录下 views 目录的 common 目录中，供其他模块引用。其中，头部模块包含整个页面的 head 和导航栏，代码如下：

```
<!--公共头部-->
<!DOCTYPE html>
<html lang="en">
<head>
  <title>XX 博客 - 分享技术，记录点滴</title>
  <meta http-equiv="Content-Type" content="text/html; charset=UTF-8"/>
  <link href="/css/style.css" rel="stylesheet" type="text/css"/>
</head>
<body>
<div class="main">
  <div class="header">
    <div class="header_resize">
      <div class="logo">
        <h1>XX 博客
          <small>分享技术，记录点滴</small>
        </h1>
      </div>
    </div>
```

```
    <div class="clr"></div>
    <!--导航栏-->
    <div class="menu_nav">
      <ul>
        <li class="active"><a href="/">首页</a></li>
        <li class=""><a href="/cate/1">技术文章</a></li>
        <li class=""><a href="/cate/2">生活随笔</a></li>
        <li class=""><a href="/about">关于我们</a></li>
      </ul>
    </div>
    <div class="clr"></div>
  </div>
</div>
<div class="clr"></div>
```

4.3.2　侧边栏模块

侧边栏模块主要包含随机文章列表，代码如下：

```
<!--公共侧边栏-->
  <div class="sidebar">
  <div class="gadget">
    <h2>推荐文章</h2>
    <div class="clr"></div>
    <ul class="ex_menu">
      <li><a href="/article/5" title="测试文章5">测试文章5</a> </li>
      <li><a href="/article/3" title="测试文章3">测试文章3</a> </li>
      <li><a href="/article/1" title="测试文章1">测试文章1</a> </li>
      <li><a href="/article/4" title="测试文章4">测试文章4</a> </li>
      <li><a href="/article/2" title="测试文章2">测试文章2</a> </li>
    </ul>
  </div>
</div>
<div class="clr"></div>
```

4.3.3　底部模块

底部模块包含一些说明信息等，代码如下：

```
<!--公共底部-->
<div class="fbg">
  <div class="footer">
    <p class="lr">底部信息</p>
    <div class="clr"></div>
  </div>
</div>
</div>
</body>
</html>
```

4.3.4　首页模块

首页模块（见图 4-1）就是获取所有分类下的文章列表。首先从 MySQL 数据库中提取出数据进行组装处理，接着将数据通过变量的方式传递到页面上，页面通过模板引擎将变量转换成数据渲染出来，然后通过浏览器展示给用户。

首页模块主要包含文章列表，代码如下：

```
<!--引入公共头部-->
{{include './common/header.html'}}
<div class="content">
  <div class="content_resize">
    <div class="mainbar">
      <!--循环文章列表-->
      <div class="article">
        <!--获取标题和链接-->
        <h2><a href="/article/1">测试文章 1</a></h2>
        <div class="clr"></div>
        <!--获取文章创建时间-->
        <p> 张三　<span> &bull; </span>  2019-05-16 14:22:38 </p>
        <div class="clr"></div>
        <!--获取文章摘要-->
        测试文章 1 测试文章 1 测试文章 1 测试文章 1 测试文章 1 测试文章 1 测试文章 1 测试文
章 1 测试文章 1 测试文章 1 测试文章 1 测试文章 1 测试文章 1 测试文章 1 测试文章 1 测试文章 1
测试文章 1 测试文章 1 测试文章 1 测试文章 1 测试文章 1 测试文章 1 测试文章 1 测试文章 1 测试
文章 1 测试文章 1 测试文章 1 测试文章 1 测试文章 1 测试文章 1 测试文章 1
        <!--获取文章 id 拼接链接-->
        <p><a href="/article/1">阅读更多</a></p>
      </div>
      <div class="article">
        <!--获取标题和链接-->
        <h2><a href="/article/2">测试文章 2</a></h2>
        <div class="clr"></div>
        <!--获取文章创建时间-->
        <p> 张三　<span> &bull; </span>  2019-05-16 15:18:06 </p>
        <div class="clr"></div>
        <!--获取文章摘要-->
        测试文章 2 测试文章 2 测试文章 2 测试文章 2 测试文章 2 测试文章 2 测试文章 2 测试文
章 2 测试文章 2 测试文章 2 测试文章 2 测试文章 2 测试文章 2 测试文章 2 测试文章 2 测试文章 2
测试文章 2 测试文章 2 测试文章 2 测试文章 2 测试文章 2 测试文章 2 测试文章 2 测试文章 2 测试
文章 2 测试文章 2 测试文章 2 测试文章 2 测试文章 2 测试文章 2 测试文章 2
        <!--获取文章 id 拼接链接-->
        <p><a href="/article/2">阅读更多</a></p>
      </div>
      <!--分页-->
      <div class="article" style="padding:5px 20px 2px 20px; background:
none; border:0;">
        <p>
```

```
      <span class="buttons">
        <!--判断当前页是否为第 1 页-->
        <!--将上一页按钮禁止-->
        <a class="disabled">上一页</a>
        <!--获取当前页码-->
        <a class="disabled">当前第 1 页</a>
        <!--判断当前页是否为最后一页-->
        <!--将下一页按钮设置可点击-->
        <a href="?page=2" class="active">下一页</a>
      </span>
    </p>
  </div>
</div>
<!--引入公共侧边栏-->
    {{include './common/sidebar.html'}}
  </div>
</div>
<!--引入公共底部-->
{{include './common/footer.html'}}
```

4.3.5 分类模块

分类模块（见图 4-2）和首页模块类似，只是分类模块是获取指定分类下的文章列表，可以使用 SQL 语句从 MySQL 数据库中提取出数据之后进行组装处理，接着将数据通过变量的方式传递到页面上，页面通过模板引擎将变量转换成数据渲染出来，最后再通过浏览器展示给用户。

分类模块主要包含文章列表，代码如下：

```
<!--引入公共头部-->
{{include './common/header.html'}}
<div class="content">
  <div class="content_resize">
    <div class="mainbar">
      <!--循环文章列表-->
      <div class="article">
        <!--获取标题和链接-->
        <h2><a href="/article/2">测试文章 2</a></h2>
        <div class="clr"></div>
        <!--获取文章创建时间-->
        <p> 张三   <span> &bull; </span>  2019-05-16 15:18:06 </p>
        <div class="clr"></div>
        <!--获取文章摘要-->
        测试文章 2 测试文章 2 测试文章 2 测试文章 2 测试文章 2 测试文章 2 测试文章 2 测试文
章 2 测试文章 2 测试文章 2 测试文章 2 测试文章 2 测试文章 2 测试文章 2 测试文章 2 测试文章 2
测试文章 2 测试文章 2 测试文章 2 测试文章 2 测试文章 2 测试文章 2 测试文章 2 测试文章 2 测试
文章 2 测试文章 2 测试文章 2 测试文章 2 测试文章 2 测试文章 2 测试文章 2
        <!--获取文章 id 拼接链接-->
        <p><a href="/article/2">阅读更多</a></p>
```

```
        </div>
        <div class="article">
          <!--获取标题和链接-->
          <h2><a href="/article/4">测试文章 4</a></h2>
          <div class="clr"></div>
          <!--获取文章创建时间-->
          <p> 张三　<span> &bull; </span> 2019-05-17 13:30:29 </p>
          <div class="clr"></div>
          <!--获取文章摘要-->
          测试文章 4 测试文章 4 测试文章 4 测试文章 4 测试文章 4 测试文章 4 测试文章 4 测试文
章 4 测试文章 4 测试文章 4 测试文章 4 测试文章 4 测试文章 4 测试文章 4 测试文章 4 测试文章 4
测试文章 4 测试文章 4 测试文章 4 测试文章 4 测试文章 4 测试文章 4 测试文章 4 测试文章 4 测试
文章 4 测试文章 4 测试文章 4 测试文章 4 测试文章 4 测试文章 4
          <!--获取文章 id 拼接链接-->
          <p><a href="/article/4">阅读更多</a></p>
        </div>
        <!--分页-->
        <div class="article" style="padding:5px 20px 2px 20px; background:
none; border:0;">
          <p>
            <span class="buttons">
              <!--判断当前页是否为第 1 页-->
              <!--将上一页按钮禁止-->
              <a class="disabled">上一页</a>
              <!--获取当前页码-->
              <a class="disabled">当前第 1 页</a>
              <!--判断当前页是否为最后一页-->

              <!--将下一页按钮禁止-->
              <a class="disabled">下一页</a>
            </span>
          </p>
        </div>
      </div>
  <!--引入公共侧边栏-->
      {{include './common/sidebar.html'}}
    </div>
  </div>
  <!--引入公共底部-->
  {{include './common/footer.html'}}
```

4.3.6　文章模块

　　文章模块（见图 4-3）就是展示文章的详情，包含文章标题、作者、所属分类、创建时间和内容。

　　文章模块的前端会将文章的 id 发送过来，后端获取到发送请求中的文章 id 后，使用 SQL 语句从 MySQL 数据库中查询出指定 id 的文章数据，然后将数据处理好，通过变量的方式传递到页面上，页面通过模板引擎将变量转换成数据渲染出来，再通过浏览器展示给用户。

文章模块主要包含文章详情，代码如下：

```html
<!--引入公共头部-->
{{include './common/header.html'}}
<div class="content">
  <div class="content_resize">
    <div class="mainbar">
      <div class="article">
        <!--获取文章标题-->
        <h2>测试文章 4</h2>
        <div class="clr"></div>
        <!--获取分类名称和链接-->
        <p><a href="/cate/2">生活随笔</a></p>
        <!--获取文章创建时间-->
        <p> 张三 <span> &bull; </span> 2019-05-17 13:30:29 </p>
        <!--获取文章内容-->
        测试文章 4 测试文章 4 测试文章 4 测试文章 4 测试文章 4 测试文章 4 测试文章 4 测试文
章 4 测试文章 4 测试文章 4 测试文章 4 测试文章 4 测试文章 4 测试文章 4 测试文章 4 测试文章 4
测试文章 4 测试文章 4 测试文章 4 测试文章 4 测试文章 4 测试文章 4 测试文章 4 测试文章 4 测试
文章 4 测试文章 4 测试文章 4 测试文章 4 测试文章 4 测试文章 4 测试文章 4 测试文章 4 测试文章
4 测试文章 4 测试文章 4 测试文章 4 测试文章 4 测试文章 4 测试文章 4 测试文章 4 测试文章 4 测
试文章 4 测试文章 4 测试文章 4 测试文章 4 测试文章 4 测试文章 4 测试文章 4 测试文章 4 测试文
章 4 测试文章 4
      </div>
    </div>
    <!--引入公共侧边栏-->
    {{include './common/sidebar.html'}}
  </div>
</div>
<!--引入公共底部-->
{{include './common/footer.html'}}
```

4.3.7 "关于我们"模块

"关于我们"模块（见图 4-4）会展示一些博客的基本详情。需要将数据库中一条指定的用来保存博客详情的数据查询出来，将数据处理好并通过变量的方式传递到页面上，页面通过模板引擎将变量转换成数据渲染出来，再通过浏览器展示给用户。

"关于我们"模块主要包含博客的基本信息，代码如下：

```html
<!--引入公共头部-->
{{include './common/header.html'}}
<div class="content">
  <div class="content_resize">
    <div class="mainbar">
      <div class="article">
        <h2>关于我们</h2><div class="clr"></div>
        <!--获取关于我们内容-->
```

　　　这里是关于我们的内容，这里是关于我们的内容，这里是关于我们的内容，这里是关于
我们的内容，这里是关于我们的内容，这里是关于我们的内容，这里是关于我们的内容，这里是关
于我们的内容，这里是关于我们的内容

```
          </div>
      </div>
<!--引入公共侧边栏-->
    {{include './common/sidebar.html'}}
  </div>
</div>
```

4.4　前台展示系统创建 MySQL 数据库表

　　使用数据库可视化工具 Navicat 来创建数据库表。Navicat 请读者自行下载安装，本书
不再赘述。

4.4.1　创建数据库 blog

　　（1）打开 Navicat 工具，单击"连接"按钮，选择 MySQL，弹出"新建连接"对话框，
如图 4-9 所示。在"连接名"文本中输入"本机"，接着输入本地 MySQL 主机名、端口、
用户名和密码，单击"确定"按钮，即可连接本地 MySQL 数据库。

图 4-9　新建 MySQL 本地连接

　　（2）连接到本地数据库后右击本地数据库连接，在弹出的快捷菜单中选择"新建数据

库"命令，如图 4-10 所示。

（3）在弹出的"新建数据库"对话框中输入数据库名 blog，字符集选择 utf8mb4 -- UTF-8 Unicode，排序规则选择 utf8mb4_bin，单击"确定"按钮，如图 4-11 所示。

图 4-10　本地数据库连接菜单　　　　　　图 4-11　新建数据库 blog

创建数据库成功后，就可以在本地数据库连接列表中看到创建的 blog 数据库。

4.4.2　创建数据表 cate

（1）双击打开 blog 数据库，然后右击 blog 数据库下的"表"，弹出快捷菜单，如图 4-12 所示。

图 4-12　blog 数据库快捷菜单

（2）选择"新建表"命令，打开新建表窗口，如图 4-13 所示。

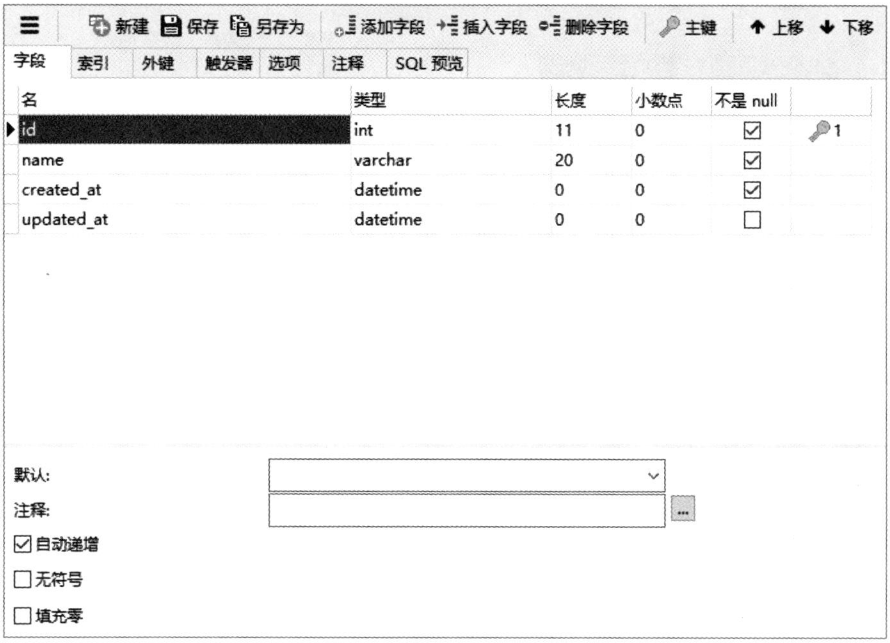

图 4-13　新建 cate 表

（3）在打开的新建表窗口中新增 4 个字段，如表 4-2 所示。其中需要注意的是，id 字段要设置成自动递增。

表 4-2　cate表各字段及其作用

字 段 名	类 型	作 用
id	int	分类id
name	varchar	分类名
created_at	datetime	创建时间
updated_at	datetime	更新时间

（4）添加完毕后单击"保存"按钮，输入数据表名 cate，即可保存成功。

4.4.3　创建数据表 article

（1）在数据库 blog 弹出的快捷菜单中继续选择"新建表"命令，打开新建表窗口，如图 4-14 所示。

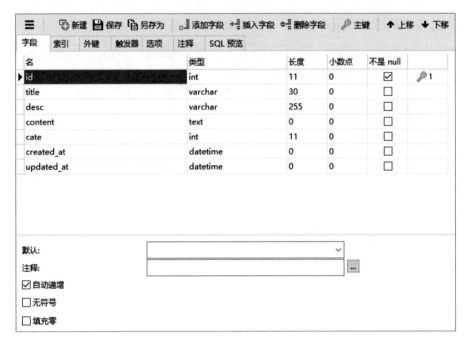

图 4-14　新建 article 表

（2）在打开的新建表窗口中新增 7 个字段，如表 4-3 所示。其中需要注意的是，id 字段要设置成自动递增。

表 4-3　article表各字段及其作用

字　段　名	类　　型	作　　用
id	int	文章id
title	varchar	文章标题
desc	varchar	摘要
content	text	内容
cate	int	所属分类
created_at	datetime	创建时间
updated_at	datetime	更新时间

（3）添加完毕后单击"保存"按钮，输入数据表名 article，即可保存成功。

4.4.4　创建数据表 info

（1）在数据库 blog 弹出的快捷菜单中继续选择"新建表"命令，打开新建表窗口，如图 4-15 所示。

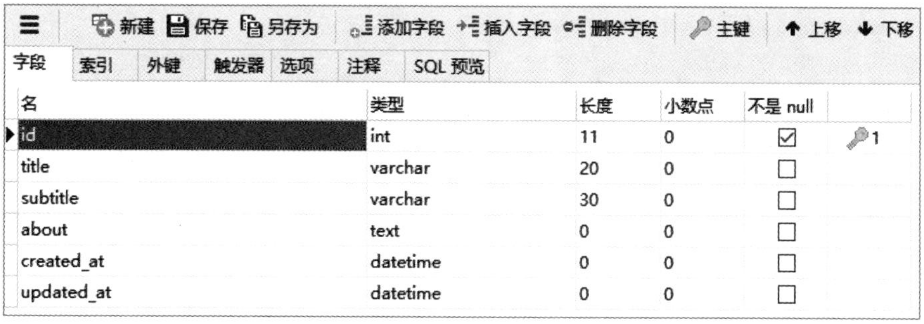

图 4-15　新建 info 表

（2）在打开的新建表窗口中新增 6 个字段，如表 4-4 所示。

表 4-4　info表各字段及其作用

字 段 名	类 型	作 用
id	int	主键id
title	varchar	网站标题
subtitle	varchar	网站副标题
about	text	关于我们内容
created_at	datetime	创建时间
updated_at	datetime	更新时间

（3）添加完毕后单击"保存"按钮，输入数据表名 info，即可保存成功。

4.4.5　添加模拟数据

为了便于之后的列表展示、查看效果，在前端没有提交表单添加数据的情况下，需要在数据库表中添加一些模拟数据。

使用数据库可视化工具 Navicat 在数据表 cate 中添加数据。如图 4-16 所示，添加两个分类模拟数据便于演示。

图 4-16　向 cate 表中添加模拟数据

使用数据库可视化工具 Navicat 在数据表 article 中添加数据。如图 4-17 所示，添加 5 篇文章的模拟数据便于演示。

图 4-17　向 article 表中添加模拟数据

同样，使用数据库可视化工具 Navicat 在数据表 info 中添加数据。如图 4-18 所示，这个表用来存放博客的基本信息，只需要添加固定 id 为 1 的数据即可。

图 4-18　向 info 表中添加模拟数据

4.5　前台展示系统创建项目

4.5.1　生成项目文件

和前面的项目开发一样，先使用 Express 框架创建一个项目，在命令行中输入以下命令，在工作目录中生成一个名为 blog 的 Express 项目。

```
$ express blog
```

此时在工作目录中就多了一个 blog 文件夹。使用开发工具打开 blog 项目，目录结构如图 4-19 所示。

4.5.2　安装依赖包

如同其他项目一样，先执行 npm install 命令，安装项目需要的基础包。另外，针对此项目引用 6 个依赖包，如表 4-5 所示。

图 4-19　blog 项目初始目录结构

表 4-5　项目引用的依赖包

依 赖 包 名	作　　用
art-template	模板引擎
express-art-template	模板引擎
async	异步处理方法库
mysql2	MySQL数据库支持
sequelize	操作MySQL的ORM框架
dateformat	时间处理方法库

分别执行以下命令安装表 4-5 中给出的 6 个依赖包。

```
$ npm install art-template -S
$ npm install express-art-template -S
$ npm install async -S
$ npm install mysql2 -S
$ npm install sequelize -S
$ npm install dateformat -S
```

4.5.3　更改默认端口

由于 Express 创建项目后的默认端口为 3000，所以为了方便演示并避免与其他项目冲突，将端口号改为 3003。更改方法是修改项目根目录下 bin 目录中的 www.js 文件，将其中的代码

```
var port = normalizePort(process.env.PORT || '3000');
app.set('port', port);
```

更改如下：

```
var port = normalizePort(process.env.PORT || '3003');
app.set('port', port);
```

这样使用 npm start 命令启动项目，在浏览器中打开 http://localhost:3003 即可访问项目的首页。

4.5.4　更换模板引擎

由于 Express 框架默认的渲染模板引擎是 jade，需要将它更换成 art-template。art-template 模板引擎具有优秀的渲染性能和简洁的语法。

更换的方法很简单，打开项目根目录下的 app.js 文件，找到下面这行代码：

```
app.set('view engine', 'jade');
```

将它替换成下面这段代码：

```
app.engine('html', require('express-art-template'));
app.set('view engine', 'html');
```

这样就已经替换成功了。现在就可以将项目目录中 views 中的文件全部删掉，重新加入一些 HTML 文件。

4.5.5 新增 route（路由）

本项目中需要新增以下 4 个路由：

（1）首页路由：用户打开首页，后端接收数据处理的路由。

（2）分类页路由：用户打开分类页，后端接收数据处理的路由。

（3）文章页路由：用户打开某篇文章，后端接收数据处理的路由。

（4）"关于我们页"路由：用户打开"关于我们页"，后端接收数据处理的路由。

为了便于管理，本项目将上述 4 个路由全部放在项目根目录下路由目录 routes 中的 index.js 文件中。

打开 index.js 文件，修改其中的代码如下：

```
var express = require ('express');              // 引入 Express 对象
var router = express.Router ();                 // 引入路由对象
// 引入自定义的 controller
const IndexController = require('../controllers/index');
router.get ('/', IndexController.index);        // 定义首页路由
router.get ('/cate/:cateId', IndexController.cate);    // 定义分类页路由
// 定义文章页路由
router.get ('/article/:articleId', IndexController.article);
router.get ('/about', IndexController.about);  // 定义"关于我们"的路由
module.exports = router;                        // 导出路由，供 app.js 文件调用
```

4.5.6 新增 controller（处理方法）

在项目根目录下创建一个 controllers 目录，用来存放 controller 文件。将路由的方法放在其中，以避免页面路由太多而导致查看不便的问题。

为了便于管理，需要将所有的路由处理方法都放在一个文件里，本项目中放在 controllers 目录下的 index.js 文件中，其中有一些公共的方法放在了 common.js 文件中。

如图 4-20 所示为新增各类文件之后的目录结构。

本节先讲解一下公共方法 common.js 文件，其余的 controller 放在后面的章节中讲解。

在开发过程中经常会遇到重复编写代码的情况，每次都编写的话，耗时又耗力。为了提高开发效率，省时省力，需要将一些常用的方法提取出来存放到一个公共方法的文件中，以方便其他的 controller 方法引用。

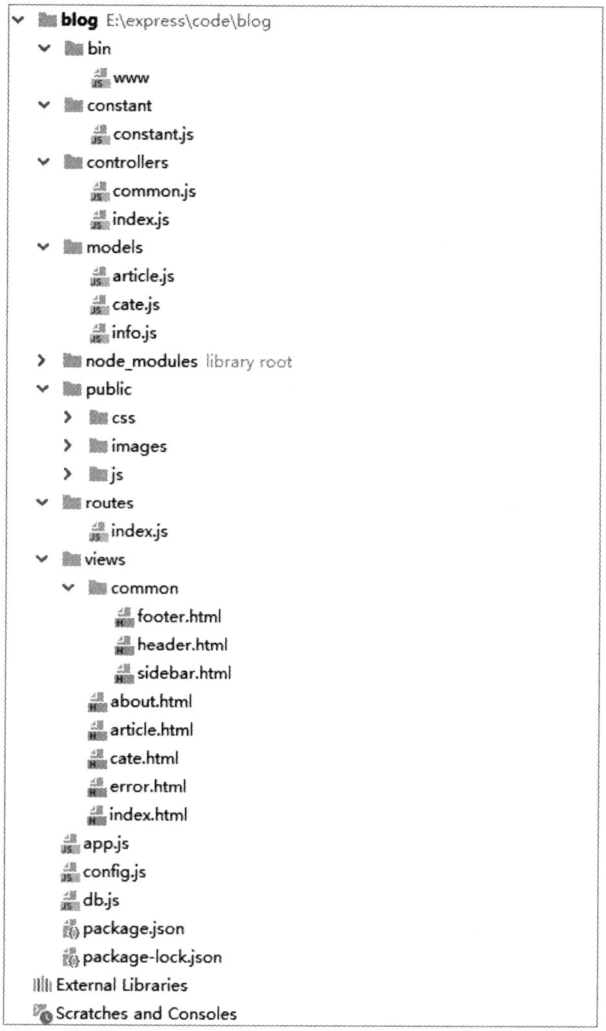

图 4-20　blog 项目新增修改后的目录结构

在本项目的公共方法 common.js 文件中定义了三个公共方法：克隆方法 clone、校验参数方法 checkParams 和返回统一方法 autoFn。代码如下：

```
const async = require ('async');                 // 引入 async
const db = require ('../db');                     // 引入数据库实例
const Constant = require ('../constant/constant');  // 引入常量 constant
const dateFormat = require ('dateformat');       // 引入 dateformat 模块
const CateModel = require ('../models/cate');    // 引入 cate 表的 model 实例
const InfoModel = require ('../models/info');    // 引入 info 表的 model 实例
// 引入 article 表的 model 实例
const ArticleModel = require ('../models/article');
// 配置导出对象
const exportObj = {
```

```
    autoFn,
    getNavigation,
    getRandomArticle,
    getBlogInfo
};
module.exports = exportObj;               // 导出对象，供其他模块调用
/**
 * 返回公共方法
 * @param tasks   当前 controller 执行 tasks
 * @param res     当前 controller responese
 * @param returnObj 当前 controller 返回 json 对象
 */
function autoFn (tasks, res, returnObj) {
  async.auto (tasks, function (err) {
    if (err) {
      console.log (err);                  // 如果错误存在，则打印错误
      res.render ('error', {
        msg: '出现错误啦!'
      })
    } else {
      // 定义一个 async 子任务
      let _tasks = {
        // 获取导航
        getNavigation: cb => {
          getNavigation (cb)
        },
        // 获取随机文章
        getRandomArticle: cb => {
          getRandomArticle (cb)
        },
        // 获取博客基本信息
        getBlogInfo: cb => {
          getBlogInfo (cb)
        }
      };
      async.auto (_tasks, function (err, result) {
        if (err) {
          console.log (err);
          res.render ('error', {
            msg: '出现错误啦!'
          })
        } else {
          // 如果没有错误，则渲染数据到页面模板上
          res.render (returnObj.template, {
            cateList: result['getNavigation'],        // 导航分类列表
            // 侧边栏随机文章列表
            randomArticleList: result['getRandomArticle'],
            blogInfo: result['getBlogInfo'],          // 博客基本信息
            curCate: returnObj.curCate,               // 当前分类
            path: returnObj.path,                     // 当前访问路径
            title: returnObj.title,                   // 页面标题
            data: returnObj.data                      // 页面数据
```

```
        });
      }
    })
  }
})
}
/**
 * 获取导航栏分类方法
 * @param cb 回调函数
 */
function getNavigation (cb) {
  // 查询 cate 表中的所有分类
  CateModel
    .findAll ()
    .then (function (result) {
      // 查询结果处理
      let list = [];                        // 定义一个空数组 list，用来存放最终的结果
      // 遍历 SQL 查询出来的结果，处理后装入 list
      result.forEach ((v, i) => {
        let obj = {
          id: v.id,
          name: v.name,
          path: v.path
        };
        list.push (obj);
      });
      cb (null, list);                      // 继续后续操作
    })
    .catch (function (err) {
      // 错误处理
      console.log (err);                    // 打印错误日志
      cb (Constant.DEFAULT_ERROR);          // 传递错误信息到 async 的最终方法中
    });
}
/**
 * 获取侧边栏随机文章的方法
 * @param cb 回调函数
 */
function getRandomArticle (cb) {
  // 查询 article 表中的 5 条随机文章
  ArticleModel
    .findAll ({
      limit: 5,
      order: db.random ()
    })
    .then (function (result) {
      // 查询结果处理
      let list = [];                        // 定义一个空数组 list，用来存放最终结果
      // 遍历 SQL 查询出来的结果，处理后装入 list
      result.forEach ((v, i) => {
        let obj = {
          id: v.id,
          title: v.title,
```

```
    };
    list.push (obj);
  });
  cb (null, list);              // 继续后续操作
})
.catch (function (err) {
  // 错误处理
  console.log (err);            // 打印错误日志
  cb (Constant.DEFAULT_ERROR);  // 传递错误信息到 async 的最终方法中
});
}
/**
 * 查询博客基本信息的方法
 * @param cb 回调函数
 */
function getBlogInfo (cb) {
  // 查询 info 表中主键为 1 的数据
  InfoModel
    .findByPk(1)
    .then (function (result) {
      // 查询结果处理
      let obj = {     // 将查询结果分别赋值给一个对象，输出给下一个 async 方法
        id: result.id,
        title: result.title,
        subtitle: result.subtitle,
        about: result.about,
        createdAt: dateFormat (result.createdAt, 'yyyy-mm-dd HH:MM:ss')
      };
      cb (null, obj);              // 继续后续操作
    })
    .catch (function (err) {
      // 错误处理
      console.log (err);                // 打印错误日志
      cb (Constant.DEFAULT_ERROR);      // 传递错误信息到 async 的最终方法中
    });
}
```

4.5.7 新增 constant（常量）

为了便于管理返回值，在项目根目录下新建一个 constant 文件夹（见图 4-20），用来存放项目中用到的常量。

在 constant 目录下新建一个 constant.js 文件，新增代码如下：

```
// 定义一个对象
const obj = {
  // 默认请求成功
  DEFAULT_SUCCESS: {
    code: 10000,
    msg: ''
  },
```

```
  // 默认请求失败
  DEFAULT_ERROR: {
    code: 188,
    msg: '系统错误'
  },
  // 定义错误返回-缺少必要的参数
  LACK: {
    code: 199,
    msg: '缺少必要的参数'
  },
  // 暂时先定义这么多，后面用到时会继续添加
};
// 导出对象，供其他方法调用
module.exports = obj;
```

4.5.8　新增配置文件

为了便于更换数据库域名等信息，将数据库的连接信息放到项目根目录下的 config.js
文件中保存（见图 4-20）。文件代码如下：

```
// 默认 dev 配置
const config = {
  DEBUG: true,                           // 是否调试模式
  // MySQL 数据库连接配置
  MYSQL: {
    host: 'localhost',
    database: 'blog',
    username: 'root',
    password: 'root'
  }
};
if (process.env.NODE_ENV === 'production') {
  // 生产环境 MySQL 数据库连接配置
  config.MYSQL = {
    host: 'aaa.mysql.rds.aliyuncs.com',
    database: 'aaa',
    username: 'aaa',
    password: 'aaa'
  };
}
module.exports = config;                  // 导出配置
```

本项目默认使用的是开发环境的 MySQL 连接配置，当环境变成生产环境的时候，再
使用生产环境的 MySQL 连接配置。

4.5.9　新增数据库配置文件

为了便于其他文件引用数据库对象，需要将数据库对象实例化放在一个单独的文件

中。在项目根目录下新建一个 db.js 文件，用来存放 Sequelize 的实例化对象。代码如下：

```
var Sequelize = require('sequelize');              // 引入 Sequelize 模块
var CONFIG = require('./config');                  // 引入数据库连接配置
// 实例化数据库对象
var sequelize = new Sequelize(
CONFIG.MYSQL.database,
CONFIG.MYSQL.username,
CONFIG.MYSQL.password, {
  host: CONFIG.MYSQL.host,
  dialect: 'mysql',                                // 数据库类型
  logging: CONFIG.DEBUG ? console.log : false,     // 是否打印日志
  // 配置数据库连接池
  pool: {
    max: 5,
    min: 0,
    idle: 10000
  },
  timezone: '+08:00'                               // 时区设置
});
module.exports = sequelize;                         // 导出实例化数据库对象
```

4.5.10 新增 model 文件（数据库映射）

在安装完数据库支持、增加了数据库配置之后，还需要定义 model，用来实现数据库表的映射。在项目根目录下新建一个 models 目录（见图 4-20）用来存放 model 文件。

在 models 目录里新建 3 个 model 文件。

（1）新建一个 cate.js 文件，用来存放 MySQL 数据表 cate 的映射 model。

（2）新建一个 article.js 文件，用来存放 MySQL 数据表 article 的映射 model。

（3）新建一个 info.js 文件，用来存放 MySQL 数据表 info 的映射 model。

在 cate.js 文件中定义一个 Cate model，代码如下：

```
const Sequelize = require('sequelize');            // 引入 Sequelize 模块
const db = require('../db');                       // 引入数据库实例
// 定义 model
const Cate = db.define('Cate', {
  id: {type: Sequelize.INTEGER, primaryKey: true, allowNull: false,
autoIncrement: true},                              // 分类 id
  name: {type: Sequelize.STRING(20), allowNull: false},   // 分类名称
}, {
  underscored: true,                               // 是否支持驼峰
  tableName: 'cate',                               // MySQL 数据库表名
});
module.exports = Cate;                             // 导出 model
```

在 article.js 文件中定义一个 Article model，代码如下：

```
const Sequelize = require('sequelize');            // 引入 Sequelize 模块
```

```
const CateModel = require('./cate');          // 引入 cate 表 model
const db = require('../db');                   // 引入数据库实例
// 定义 model
const Article = db.define('Article', {
  id: {type: Sequelize.INTEGER, primaryKey: true, allowNull: false,
autoIncrement: true},                         // 文章 id
  title: {type: Sequelize.STRING(30), allowNull: false},  // 文章标题
  desc: {type: Sequelize.STRING, allowNull: false},      // 文章摘要
  content: {type: Sequelize.TEXT, allowNull: false},     // 文章内容
  cate: {type: Sequelize.INTEGER, allowNull: false}      // 所属分类
}, {
  underscored: true,                          // 是否支持驼峰
  tableName: 'article',                       // MySQL 数据库表名
});
module.exports = Article;                       // 导出 model
// 文章所属分类，一个分类包含多个文章，将文章表和分类表进行关联
Article.belongsTo(CateModel, {foreignKey: 'cate', constraints: false});
```

在 info.js 文件中定义一个 Info model，代码如下：

```
const Sequelize = require('sequelize');       // 引入 Sequelize 模块
const db = require('../db');                   // 引入数据库实例
// 定义 model
const Info = db.define('Info', {
  id: {type: Sequelize.INTEGER, primaryKey: true, allowNull: false,
autoIncrement: true},                         // 主键
  title: {type: Sequelize.STRING(20), allowNull: false},   // 博客名称
  subtitle: {type: Sequelize.STRING(30), allowNull: false}, // 副标题
  about: {type: Sequelize.TEXT, allowNull: false}        // 关于我们
}, {
  underscored: true,                          // 是否支持驼峰
  tableName: 'info',                          // MySQL 数据库表名
});
module.exports = Info;                          // 导出 model
```

4.6　前台展示系统的渲染页面

在定义完项目的一些基本配置之后，就可以编写页面的主要渲染逻辑了。

首先将前端提供的 HTML 文件全部放入项目根目录下的 views 目录中，然后将 CSS 文件和 JS 文件分别放入项目根目录下 public 目录中的 CSS 目录和 JS 目录下，最后修改 HTML 文件代码相应的引用路径，这样就完成了前端页面和后端项目的整合。

整个博客的所有页面渲染处理方法全部放在项目根目录下 controllers 目录中的 index.js 文件中，也就是放在 IndexController 文件中。

首先来看一下 IndexController 文件的代码主结构如下：

```
const Common = require ('./common');          // 引入公共方法
const async = require ('async');              // 引入 async
const dateFormat = require ('dateformat');    // 引入 dateformat 模块
const CateModel = require ('../models/cate'); // 引入 cate 表的 model 实例
// 引入 article 表的 model 实例
const ArticleModel = require ('../models/article');
const InfoModel = require ('../models/info');  // 引入 info 表的 model 实例
const Constant = require ('../constant/constant'); // 引入常量 constant
// 配置导出对象
let exportObj = {
  index,
  cate,
  article,
  about,
};
module.exports = exportObj;                    // 导出对象，供其他模块调用
// 首页渲染方法
function index (req, res){
  // 首页渲染逻辑
}
// 分类页渲染方法
function cate(req, res){
  // 分类页渲染逻辑
}
// 文章页渲染方法
function article(req, res){
  // 文章页渲染逻辑
}
// "关于我们页"渲染方法
function about(req, res){
  // "关于我们页"渲染逻辑
}
```

文件中引入了一些必要的依赖，声明了 4 个方法，对应 4 个路由，也就是 4 个页面。下面分别针对这 4 个方法讲解每一个页面的数据处理和渲染变量到模板的方法。

4.6.1　公共方法

在介绍页面渲染方法之前，为了让大家能更加明白方法之间的调用关系，需要先介绍一下公共方法，因为本项目中所有的页面渲染方法都需要调用公共方法。

公共方法放在项目根目录下 controllers 目录中的 common.js 文件中（见图 4-20），其中定义了以下 4 个方法：

（1）autoFn()方法：返回的公共方法，所有渲染方法均调用此方法返回页面。

（2）getNavigation()方法：获取导航栏分类。

（3）getRandomArticle()方法：获取侧边栏随机文章。

（4）getBlogInfo()方法：获取博客的基本信息。

common.js 文件的主结构代码如下：

```
const async = require ('async');                    // 引入 async
const db = require ('../db');                       // 引入数据库实例
const Constant = require ('../constant/constant'); // 引入常量 constant
const dateFormat = require ('dateformat');         // 引入 dateformat 模块
const CateModel = require ('../models/cate');      // 引入 cate 表的 model 实例
const InfoModel = require ('../models/info');      // 引入 info 表的 model 实例
// 引入 article 表的 model 实例
const ArticleModel = require ('../models/article');
// 配置导出对象
const exportObj = {
  autoFn,
  getNavigation,
  getRandomArticle,
  getBlogInfo
};
module.exports = exportObj;                         // 导出对象，供其他模块调用
```

autoFn()方法的代码如下：

```
/**
 * 返回公共方法
 * @param tasks   当前 controller 执行 tasks
 * @param res     当前 controller responese
 * @param returnObj 当前 controller 返回 json 对象
 */
function autoFn (tasks, res, returnObj) {
  async.auto (tasks, function (err) {
    if (err) {
      console.log (err);                            // 如果错误存在，则打印错误
      res.render ('error', {
        msg: '出现错误啦!'
      })
    } else {
      // 定义一个 async 的子任务
      let _tasks = {
        // 获取导航
        getNavigation: cb => {
          getNavigation (cb)
        },
        // 获取随机文章
        getRandomArticle: cb => {
          getRandomArticle (cb)
```

```
      },
      // 获取博客基本信息
      getBlogInfo: cb => {
        getBlogInfo (cb)
      }
    };
    async.auto (_tasks, function (err, result) {
      if (err) {
        console.log (err);
        res.render ('error', {
          msg: '出现错误啦!'
        })
      } else {
        // 如果没有错误，则渲染数据到页面模板上
        res.render (returnObj.template, {
          cateList: result['getNavigation'],          // 导航分类列表
          // 侧边栏随机文章列表
          randomArticleList: result['getRandomArticle'],
          blogInfo: result['getBlogInfo'],            // 博客基本信息
          curCate: returnObj.curCate,                 // 当前分类
          path: returnObj.path,                       // 当前访问路径
          title: returnObj.title,                     // 页面标题
          data: returnObj.data                        // 页面数据
        });
      }
    })
  }
  })
}
```

getNavigation()方法的代码如下：

```
/**
 * 获取导航栏分类方法
 * @param cb 回调函数
 */
function getNavigation (cb) {
  // 查询 cate 表中的所有分类
  CateModel
    .findAll ()
    .then (function (result) {
      // 查询结果处理
      let list = [];                       // 定义一个空数组 list，用来存放最终结果
      result.forEach ((v, i) => {          // 遍历 SQL 查询出来的结果，处理后装入 list
        let obj = {
          id: v.id,
          name: v.name,
          path: v.path
```

```
    };
    list.push (obj);
  });
  cb (null, list);                    // 继续后续操作
})
.catch (function (err) {
  // 错误处理
  console.log (err);                  // 打印错误日志
  cb (Constant.DEFAULT_ERROR);        // 传递错误信息到 async 的最终方法中
});
}
```

getRandomArticle()方法的代码如下：

```
/**
 * 获取侧边栏随机文章的方法
 * @param cb 回调函数
 */
function getRandomArticle (cb) {
  // 查询 article 表中的 5 篇随机文章
  ArticleModel
    .findAll ({
      limit: 5,
      order: db.random ()
    })
    .then (function (result) {
      // 查询结果处理
      let list = [];                    // 定义一个空数组 list，用来存放最终结果
      result.forEach ((v, i) => {       // 遍历 SQL 查询出来的结果，处理后装入 list
        let obj = {
          id: v.id,
          title: v.title,
        };
        list.push (obj);
      });
      cb (null, list);                  // 继续后续操作
    })
    .catch (function (err) {
      // 错误处理
      console.log (err);                // 打印错误日志
      cb (Constant.DEFAULT_ERROR);      // 传递错误信息到 async 的最终方法中
    });
}
```

getBlogInfo()方法的代码如下：

```
/**
 * 获取博客基本信息的方法
 * @param cb 回调函数
```

```
 */
function getBlogInfo (cb) {
  // 查询 info 表中主键为 1 的数据
  InfoModel
    .findByPk(1)
    .then (function (result) {
      // 查询结果处理
      // 将查询结果分别赋值给一个对象，输出给下一个 async 方法
      let obj = {
          id: result.id,
          title: result.title,
          subtitle: result.subtitle,
          about: result.about,
          createdAt: dateFormat (result.createdAt, 'yyyy-mm-dd HH:MM:ss')
      };
      cb (null, obj);                        // 继续后续操作
    })
    .catch (function (err) {
      // 错误处理
      console.log (err);                     // 打印错误日志
      cb (Constant.DEFAULT_ERROR);           // 传递错误信息到 async 的最终方法中
    });
}
```

4.6.2 首页

首页是用户在打开博客的时候第一个访问的页面。首页包含 3 种数据：文章列表、分类列表和随机文章列表。其中，分类列表和随机文章列表都编写在了公共方法里，所以这里只需要处理文章列表即可。

另外，首页文章列表下方其实是有分页按钮的，所以首页会有一个默认的页码和默认的条数，当用户单击"翻页"按钮时才会传入分页的相关参数进行分页查询。

首页的渲染处理方法放在 IndexController 文件的 index()方法中，代码如下：

```
function index (req, res) {                // 首页方法
  let returnObj = {};                      // 设定一个对象，用于保存方法返回的数据
  let rows = 2;                            // SQL 语句中需要的 limit，即查询多少条
  let page = req.query.page || 1;          // 当前页码
  // 定义一个 async 任务
  let tasks = {
    // 查询文章方法
    queryArticle: cb => {
      // 根据前端提交参数计算 SQL 语句中需要的 offset，即从多少条开始查询
      let offset = rows * (page - 1);
      // 通过 offset 和 limit 使用 admin 的 model 到数据库中查询
      // 并按照创建时间排序
      ArticleModel
        .findAndCountAll ({
          offset: offset,
```

```
            limit: rows,
            order: [['created_at', 'DESC']],
            // 关联 cate 表进行联表查询
            include: [{
              model: CateModel
            }]
          })
          .then (function (result) {
            // 查询结果处理
            let list = [];                 // 定义一个空数组 list，用来存放最终的结果
            // 遍历 SQL 查询出来的结果，处理后装入 list
            result.rows.forEach ((v, i) => {
              // 将结果的每一项给数组 list 每一项赋值
              let obj = {
                id: v.id,
                title: v.title,
                desc: v.desc,
                cate: v.cate,
                cateName: v.Cate.name,
                createdAt: dateFormat (v.createdAt, 'yyyy-mm-dd HH:MM:ss')
              };
              list.push (obj);
            });
            // 推给公共方法的参数
            returnObj.template = 'index';               // 要渲染的模板
            returnObj.path = 'index';                   // 请求的路径
            returnObj.data = {                          // 页面渲染数据
              list: list,                               // 列表数据
              page: Number (page),                      // 当前页码
              pageCount: Math.ceil (result.count / rows)  // 总页数
            };
            cb (null);                                  // 继续后续操作
          })
          .catch (function (err) {
            // 错误处理
            console.log (err);              // 打印错误日志
            cb (Constant.DEFAULT_ERROR);   // 传递错误信息到 async 的最终方法中
          });
      }
    };
  Common.autoFn (tasks, res, returnObj);      // 执行公共方法中的 autoFn 方法
}
```

将以上首页处理方法代码插入 IndexController 中，接着修改前端首页模板，将数据填入模板中。修改首页模板 index.html 文件的代码如下：

```
<!--引入公共头部-->
{{include './common/header.html'}}
<div class="content">
  <div class="content_resize">
    <div class="mainbar">
      <!--循环文章列表-->
```

```
{{each data.list item}}
<div class="article">
  <!--获取标题和链接-->
  <h2><a href="/article/{{item.id}}">{{item.title}}</a></h2>
  <div class="clr"></div>
  <!--获取文章创建时间-->
  <p> 张三  <span> &bull; </span> {{item.createdAt}} </p>
  <div class="clr"></div>
  <!--获取文章摘要-->
  {{item.desc}}
  <!--获取文章 id 拼接链接-->
  <p><a href="/article/{{item.id}}">阅读更多</a></p>
</div>
{{/each}}
<!--分页-->
<div class="article" style="padding:5px 20px 2px 20px; background:
none; border:0;">
    <p>
        <span class="buttons">
            <!--判断当前页是否为第 1 页-->
            {{if data.page > 1}}
            <!--将上一页按钮设置为可单击-->
            <a href="?page={{data.page-1}}" class="active">上一页</a>
            {{else}}
            <!--将上一页按钮禁止-->
            <a class="disabled">上一页</a>
            {{/if}}
            <!--获取当前页码-->
            <a class="disabled">当前第{{data.page}}页</a>
            <!--判断当前页是否为最后一页-->
            {{if data.page < data.pageCount}}
            <!--将下一页按钮设置为可单击-->
            <a href="?page={{data.page+1}}" class="active">下一页</a>
            {{else}}
            <!--将下一页按钮禁止-->
            <a class="disabled">下一页</a>
            {{/if}}
        </span>
    </p>
</div>
</div>
<!--引入公共侧边栏-->
{{include './common/sidebar.html'}}
</div>
</div>
<!--引入公共底部-->
{{include './common/footer.html'}}
```

修改完成后，使用 npm start 命令启动项目。项目启动后，通过浏览器打开 http://localhost: 3003 博客首页查看结果，会看到如图 4-1 所示的首页。

4.6.3　分类页

当用户单击导航栏上的分类名称按钮时，会跳转到分类页。分类页包含 3 处数据：文章列表、分类列表和随机文章列表。其中，分类列表和随机文章列表都编写在了公共方法里，所以这里只需要处理文章列表即可。

和首页一样，分类页文章列表下方也是有分页按钮的，所以当用户打开某一个分类的分类页时，会有一个默认的页码和默认的条数，当用户单击翻页按钮时才会传入分页的相关参数进行分页查询。

分类页的渲染处理方法放在 IndexController 文件的 cate()方法中，代码如下：

```
// 分类页面方法
function cate (req, res) {
  let returnObj = {};              // 设定一个对象，用于保存方法返回的数据
  let rows = 2;                    // SQL 语句中需要的 limit，即查询多少条
  let page = req.query.page || 1;  // 当前页码
  let curCate = req.params.cateId; // 当前分类 id
  // 定义一个 async 任务
  let tasks = {
    // 查询文章方法
    queryArticle: cb => {
      // 根据前端提交参数计算 SQL 语句中需要的 offset，即从多少条开始查询
      let offset = rows * (page - 1);
      // 通过 offset 和 limit 使用 admin 的 model 去数据库中查询
      // 并按照创建时间排序
      ArticleModel
        .findAndCountAll ({
          // 按分类查询
          where: {
            cate: curCate
          },
          offset: offset,
          limit: rows,
          order: [['created_at', 'DESC']],
          // 关联 cate 表进行联表查询
          include: [{
            model: CateModel
          }]
        })
        .then (function (result) {
          // 查询结果处理
          let list = [];            // 定义一个空数组 list，用来存放最终结果
          let curCateName = '';     // 设定变量，保存当前分类名称
          // 遍历 SQL 查询出来的结果，处理后装入 list
          result.rows.forEach ((v, i) => {
            // 查询出当前分类对应的分类名称
            if(v.cate == curCate){
              curCateName = v.Cate.name
```

```
      }
      // 将结果的每一项给数组 list 的每一项赋值
      let obj = {
        id: v.id,
        title: v.title,
        desc: v.desc,
        cate: v.cate,
        cateName: v.Cate.name,
        createdAt: dateFormat (v.createdAt, 'yyyy-mm-dd HH:MM:ss')
      };
      list.push (obj);
    });
    // 推给公共方法的参数
    returnObj.template = 'cate';                  // 要渲染的模板
    returnObj.path = 'cate';                      // 请求的路径
    returnObj.curCate = curCate;                  // 当前分类
    returnObj.title = curCateName;                // 当前分类名称
    returnObj.data = {                            // 页面渲染数据
      list: list,                                 // 列表数据
      page: Number (page),                        // 当前页码
      pageCount: Math.ceil (result.count / rows)  // 总页数
    };
    cb (null);                                    // 继续后续操作
  })
  .catch (function (err) {
    // 错误处理
    console.log (err);              // 打印错误日志
    cb (Constant.DEFAULT_ERROR);    // 传递错误信息到 async 的最终方法中
  });
  }
};
Common.autoFn (tasks, res, returnObj)// 执行公共方法中的 autoFn 方法
}
```

将以上分类页处理方法代码插入 IndexController 中，接着修改前端分类页模板，将数据填入模板中。修改分类页模板 cate.html 文件的代码如下：

```html
<!--引入公共头部-->
{{include './common/header.html'}}
<div class="content">
  <div class="content_resize">
    <div class="mainbar">
      <!--循环文章列表-->
      {{each data.list item}}
      <div class="article">
        <!--获取标题和链接-->
        <h2><a href="/article/{{item.id}}">{{item.title}}</a></h2>
        <div class="clr"></div>
        <!--获取文章创建时间-->
        <p> 张三  <span> &bull; </span>  {{item.createdAt}} </p>
        <div class="clr"></div>
        <!--获取文章摘要-->
```

```
        {{item.desc}}
        <!--获取文章 id 拼接链接-->
        <p><a href="/article/{{item.id}}">阅读更多</a></p>
      </div>
      {{/each}}
      <!--分页-->
      <div class="article" style="padding:5px 20px 2px 20px; background:
none; border:0;">
        <p>
          <span class="buttons">
            <!--判断当前页是否为第 1 页-->
            {{if data.page > 1}}
            <!--将上一页的按钮设置为可单击-->
            <a href="?page={{data.page-1}}" class="active">上一页</a>
            {{else}}
            <!--将上一页的按钮禁止-->
            <a class="disabled">上一页</a>
            {{/if}}
            <!--获取当前页码-->
            <a class="disabled">当前第{{data.page}}页</a>
            <!--判断当前页是否为最后一页-->
            {{if data.page < data.pageCount}}
            <!--将下一页按钮设置为可单击-->
            <a href="?page={{data.page+1}}" class="active">下一页</a>
            {{else}}
            <!--将下一页按钮禁止-->
            <a class="disabled">下一页</a>
            {{/if}}
          </span>
        </p>
      </div>
    </div>
    <!--引入公共侧边栏-->
    {{include './common/sidebar.html'}}
  </div>
</div>
<!--引入公共底部-->
{{include './common/footer.html'}}
```

修改完成后，使用 npm start 命令启动项目。项目启动后，通过浏览器打开 http://localhost:3003 博客首页，接着单击任意一个分类名称链接，进入分类页查看结果，会看到如图 4-2 所示的分类页展示效果。

4.6.4　文章页

文章页是用户在单击任意一篇文章标题或者"阅读更多"按钮时会跳转到相应的文章页。文章页面包含 3 种数据：文章内容、分类列表和随机文章列表。其中，分类列表和随机文章列表都编写在了公共方法里，所以这里只需要处理文章内容即可。

文章页的渲染处理方法放在了 IndexController 文件的 article()方法中，代码如下：

```
// 文章页方法
function article (req, res) {
  let returnObj = {};                      // 设定一个对象，用于保存方法返回的数据
  // 定义一个 async 任务
  let tasks = {
    // 通过文章 id，从数据库中查询
    queryArticle: cb => {
      ArticleModel
        .findByPk (
          req.params.articleId,
          {
          include: [{
            model: CateModel          // 关联 cate 表进行查询
          }]
        })
        .then (function (result) {
          // 查询结果处理
          // 将结果中的属性值给保存对象赋值
          let obj = {
            id: result.id,
            title: result.title,
            content: result.content,
            cate: result.cate,
            cateName: result.Cate.name,
            createdAt: dateFormat (result.createdAt, 'yyyy-mm-dd HH:MM:ss')
          };
          // 推给公共方法的参数
          returnObj.template = 'article';         // 要渲染的模板
          returnObj.curCate = obj.cate;           // 当前文章所属分类
          returnObj.title = obj.cateName;         // 当前文章所属分类的名称
          returnObj.path = 'article';             // 请求的路径
          returnObj.title = obj.title;            // 页面标题 title
          returnObj.data = obj;                   // 查询结果赋值
          cb (null);                              // 继续后续操作
        })
        .catch (function (err) {
          // 错误处理
          console.log (err);                        // 打印错误日志
          cb (Constant.DEFAULT_ERROR);   // 传递错误信息到 async 的最终方法中
        });
    }
  };
  Common.autoFn (tasks, res, returnObj)// 执行公共方法中的 autoFn 方法
}
```

将以上文章页处理方法代码插入 IndexController 中，接着修改前端文章页模板，将数据填入模板中。修改文章页模板 article.html 文件的代码如下：

```
<!--引入公共头部-->
{{include './common/header.html'}}
<div class="content">
```

```
<div class="content_resize">
  <div class="mainbar">
    <div class="article">
      <!--获取文章标题-->
      <h2>{{data.title}}</h2>
      <div class="clr"></div>
      <!--获取分类名称和链接-->
      <p><a href="/cate/{{data.cate}}">{{data.cateName}}</a></p>
      <!--获取文章创建时间-->
      <p> 张三 <span> &bull; </span> {{data.createdAt}} </p>
      <!--获取文章内容-->
      {{data.content}}
    </div>
  </div>
  <!--引入公共侧边栏-->
  {{include './common/sidebar.html'}}
  </div>
</div>
<!--引入公共底部-->
{{include './common/footer.html'}}
```

修改完成后，使用 npm start 命令启动项目。项目启动后，通过浏览器打开 http://localhost:3003 博客首页，接着单击任意一篇文章标题链接，即可进入文章页查看结果，会看到如图 4-3 所示的文章页展示效果。

4.6.5 关于我们页

当用户单击导航栏中的"关于我们"按钮时，会跳转到"关于我们"页面。页面包含 3 种数据：关于我们内容、分类列表和随机文章列表。其中，分类列表和随机文章列表都写在了公共方法里，所以这里只需要处理"关于我们"的内容即可。

"关于我们"页的渲染处理方法放在 IndexController 文件的 about()方法中，代码如下：

```
// "关于我们"的方法
function about (req, res) {
  let returnObj = {};                    // 设定一个对象，用于保存方法返回的数据
  // 定义一个 async 任务
  let tasks = {
    // 查询方法
    query: cb => {
      // 去数据库中查询固定 id 为 1 的数据
      InfoModel
        .findByPk(1)
        .then (function (result) {
          // 查询结果处理
          // 将结果中的属性值给保存对象赋值
          let obj = {
            id: result.id,
            title: result.title,
            subtitle: result.subtitle,
            about: result.about,
```

```
                createdAt: dateFormat (result.createdAt, 'yyyy-mm-dd HH:MM:ss')
            };
            // 推给公共方法的参数
            returnObj.template = 'about';   // 要渲染的模板
            returnObj.path = 'about';       // 请求的路径
            returnObj.data = obj;           // 查询结果赋值
            cb (null);                      // 继续后续操作
        })
        .catch (function (err) {
            // 错误处理
            console.log (err);              // 打印错误日志
            cb (Constant.DEFAULT_ERROR);    // 传递错误信息到 async 的最终方法中
        });
    }
    };
    Common.autoFn (tasks, res, returnObj)// 执行公共方法中的 autoFn 方法
}
```

将以上"关于我们"页的处理方法代码插入 IndexController 中，接着修改前端"关于我们"页的模板，将数据填入模板中。

修改"关于我们"页模板 about.html 文件，代码如下：

```
<!--引入公共头部-->
{{include './common/header.html'}}
  <div class="content">
    <div class="content_resize">
      <div class="mainbar">
        <div class="article">
          <h2>关于我们</h2><div class="clr"></div>
          <!--获取关于我们的内容-->
          {{data.about}}
        </div>
      </div>
      <!--引入公共侧边栏-->
      {{include './common/sidebar.html'}}
    </div>
  </div>
<!--引入公共底部-->
{{include './common/footer.html'}}
```

修改完成后，使用 npm start 命令启动项目。项目启动后，通过浏览器打开 http://localhost: 3003 博客首页，接着单击导航栏中的"关于我们"按钮，进入关于我们页查看结果，将会看到如图 4-4 所示的"关于我们"页的展示效果。

4.7　后台管理系统需求分析

根据产品规划，博客后台管理系统主要有 6 个模块：登录模块、首页模块、分类管理模块、文章管理模块、博客信息管理模块和管理员管理模块。

开发人员根据产品规划和 UI 设计图已经开发完毕前端，在实现的页面效果图中，登录模块如图 4-21 所示，首页模块如图 4-22 所示。

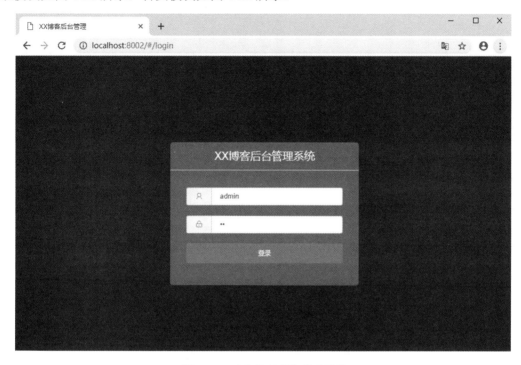

图 4-21　后台管理系统登录模块

图 4-22　后台管理系统首页模块

分类管理模块如图 4-23 所示，文章管理模块如图 4-24 所示，博客信息管理模块如图 4-25 所示，管理员管理模块如图 4-26 所示。

图 4-23　后台管理系统的分类管理模块

图 4-24　后台管理系统的文章管理模块

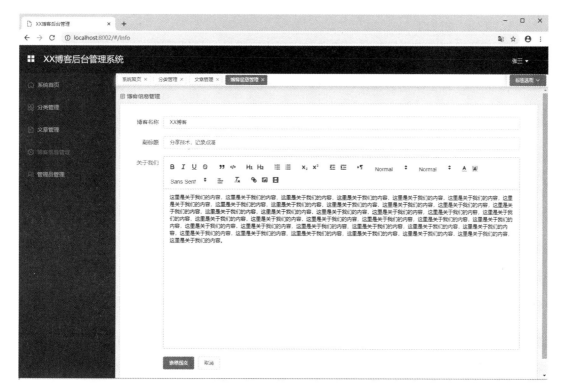

图 4-25　后台管理系统的博客信息管理模块

图 4-26　后台管理系统的管理员管理模块

产品需求分析如下：

（1）登录验证，使用正确的用户名和密码方可登录，如果错误则提示用户。

（2）登录之后的管理页面均需要进行校验，非登录用户不允许访问。

（3）页面头部展示当前登录管理员姓名。

（4）页面头部管理员姓名下拉菜单有退出功能，单击后可退出系统。

（5）首页展示当前登录的管理员信息，包括姓名、角色和上次登录时间。

（6）分类管理模块默认打开分类列表页面，分页展示所有分类信息，包括分类 id、分类名称和创建时间，并可通过分类名称进行搜索。

（7）分类管理模块可以新增分类，必填信息为分类名称。

（8）分类管理模块可以修改分类，单击分类列表中的某一条分类信息可进行修改。

（9）分类管理模块可以删除分类，单击分类列表中的某一条分类信息可进行删除。

（10）文章管理模块默认打开文章列表页面，分页展示所有文章信息，包括文章标题、摘要、所属分类、内容、创建时间，并可通过文章标题进行搜索。

（11）文章管理模块可以新增文章，必填信息为文章标题、摘要、所属分类和内容。

（12）文章管理模块可以修改文章，单击文章列表中的某一条文章信息可进行修改。

（13）文章管理模块可以删除文章，单击文章列表中的某一条文章信息可进行删除。

（14）博客信息管理模块展示表单页面，默认填入博客信息，包括博客名称、副标题和"关于我们"的内容。

（15）博客信息管理模块可以修改博客信息并进行保存。

（16）管理员管理模块只有超级管理员才有权限访问。

（17）管理员管理模块默认打开管理员列表页面，分页展示所有管理员信息，包括用户名、姓名、角色和创建时间，并可通过用户名进行搜索。

（18）管理员管理模块可以新增管理员，必填信息为用户名、姓名和角色。

（19）管理员管理模块可以修改管理员，单击管理员列表中的某一条管理员信息可进行修改。

（20）管理员管理模块可以删除管理员，单击管理员列表中的某一条管理员信息可进行删除。

4.8　后台管理系统设计

在整个系统的设计过程中，通过和前端开发人员讨论，决定了实现方案：使用前后端分离方式。针对本项目而言，系统的设计方案：前端开发人员根据 UI 图编写好 HTML 页面，通过 Ajax 发送 HTTP 请求到后端编写好的 API 接口，后端处理请求，封装好数据，将数据以 JSON 格式返回前端，前端再通过 JS 将数据渲染到页面上。

4.8.1　实现目标

根据产品需求，确定实现目标如下：

（1）登录验证接口：如果正确则返回登录成功和当前登录管理员信息，如果错误则返回提示信息。

（2）分类列表接口：分页返回所有的分类信息，可通过分类名称筛选。

（3）分类下拉列表接口：返回所有的分类信息，不需要分页。

（4）单条分类信息接口：获取某一条分类信息。

（5）新增分类接口：添加一条新的分类信息。

（6）修改分类接口：修改某一条分类信息。

（7）删除分类接口：删除某一条分类信息。

（8）文章列表接口：分页返回所有的文章信息，可通过文章标题进行筛选。

（9）单条文章信息接口：获取某一条文章信息。

（10）新增文章接口：添加一条新的文章信息。

（11）修改文章接口：修改某一条文章信息。

（12）删除文章接口：删除某一条文章信息。

（13）查看博客信息接口：查看博客信息。

（14）修改博客信息接口：修改博客信息。

（15）管理员列表接口：分页返回所有的管理员信息，可通过用户名筛选。

（16）单条管理员信息接口：获取某一条管理员信息。

（17）新增管理员接口：添加一条新的管理员信息。

（18）修改管理员接口：修改某一条管理员信息。

（19）删除管理员接口：删除某一条管理员信息。

（20）除登录外，所有的接口必须验证是否登录。

4.8.2　解决方案

下面针对以上实现目标进行一一分析。

（1）登录验证接口：如果正确则返回登录成功和当前登录的管理员信息，如果错误则返回提示信息。

登录验证就是提交表单的过程，前端会将用户名和密码登录请求发送过来，后端需要验证传过来的用户名和密码是否合法。

什么是合法？当然是在数据库中存在。当前端将用户名和密码发送过来的时候，后端需要根据用户名和密码到 MySQL 数据库中查询是否匹配。如果能够查询到，说明用户名和密码合法，返回成功提示及当前登录的管理员信息；如果查询不到，则说明用户名和密码不合法，返回错误提示信息。

根据前端发送的用户名和密码到 MySQL 数据库中查询，只需要特定的 SQL 语句就可以实现。

（2）分类列表接口：分页返回所有的分类信息，可通过分类名称筛选。

我们在前面开发前台展示系统的时候已经在 MySQL 数据库中写入了一些分类信息，现在要做的就是将它们从数据库中提取出来。

前端在请求本接口时，会将当前页码、每页多少条数据及需要筛选的分类名称信息发送过来，后端根据这些参数，使用 SQL 语句到 MySQL 数据库中查询出符合条件的数据，然后进行数据处理、组装。如果筛选成功则返回包含成功信息的 JSON 数据，如果筛选失败则返回包含失败信息的 JSON 数据。

（3）分类下拉列表接口：返回所有的分类信息，不需要分页。

分类下拉列表接口和上述分类列表接口类似，需要根据前端传过来的参数判断是否需要分页返回。如果不需要分页返回，则还是获取分页分类列表的逻辑；如果需要分页返回，就使用 SQL 语句到 MySQL 数据库中查询出所有的分类数据然后进行处理、组装。如果成功则返回包含成功信息的 JSON 数据，如果失败则返回包含失败信息的 JSON 数据。

在实际开发中，可以将分类下拉列表接口与分类列表接口进行合并，通过前端传入的参数进行区分逻辑。

（4）单条分类信息接口：获取某一条分类信息。

单条分类信息接口其实就是获取数据库中指定的一条分类数据。前端在发送请求时会带上这一条分类信息的唯一标识 id，后端根据这个 id，使用 SQL 语句到 MySQL 数据库中查询主键等于 id 的一条数据，然后处理、组装数据。如果查询成功则返回包含成功信息的 JSON 数据，如果查询失败则返回包含失败信息的 JSON 数据。

（5）新增分类接口：添加一条新的分类信息。

新增分类接口其实就是向数据库中插入一条分类数据。前端在发送请求时会带上分类的信息，包括分类名称，后端获取到这些数据后处理、组装，使用 SQL 语句到 MySQL 数据库中插入一条新的数据，如果插入成功则返回包含成功信息的 JSON 数据，如果插入失败则返回包含失败信息的 JSON 数据。

（6）修改分类接口，修改某一条分类信息。

修改分类接口其实就是更新数据库中的某一条分类数据。前端发送请求时会带上这一条分类的唯一标识 id 和新的分类信息，后端根据这个 id，使用 SQL 语句到 MySQL 数据库中查询出这一条数据，接着将数据更新为新的分类数据。如果更新成功则返回包含成功信息的 JSON 数据，如果更新失败则返回包含失败信息的 JSON 数据。

（7）删除分类接口：删除某一条分类信息。

删除分类接口其实就是将数据库中的某一条分类数据删除。前端发送请求时会带上这一条分类的唯一标识 id，后端根据这个 id，使用 SQL 语句去 MySQL 数据库中删除主键等于 id 的一条数据。如果删除成功则返回包含成功信息的 JSON 数据，如果删除失败则返回包含失败信息的 JSON 数据。

（8）文章列表接口：分页返回所有的文章信息，可通过文章标题筛选。

在前面开发前台展示系统的时候已经在 MySQL 数据库中写入了一些文章信息，现在要做的就是将它们从数据库中提取出来。

前端在发送请求时，会带上当前页码和每页多少条数据，以及需要筛选的文章标题信息，后端根据这些参数，使用 SQL 语句到 MySQL 数据库中查询出符合条件的数据，接着处理、组装数据。如果查询成功则返回包含成功信息的 JSON 数据，如果查询失败则返回包含失败信息的 JSON 数据。

（9）单条文章信息接口：获取某一条文章信息。

单条文章信息接口其实就是获取数据库中指定的一条文章数据。前端在发送请求时会带上这一条文章信息的唯一标识 id，后端根据这个 id 使用 SQL 语句到 MySQL 数据库中查询主键等于 id 的一条数据，接着处理、组装数据。如果获取成功则返回包含成功信息的 JSON 数据，如果获取失败则返回包含失败信息的 JSON 数据。

（10）新增文章接口：添加一条新的文章信息。

新增文章接口其实就是向数据库中插入一条文章数据。前端在发送请求时会带上文章的信息，包括文章标题、所属分类、摘要和内容，后端获取到这些数据后进行处理、组装，然后使用 SQL 语句到 MySQL 数据库中插入一条新的数据。如果插入成功则返回包含成功信息的 JSON 数据，如果插入失败则返回包含失败信息的 JSON 数据。

（11）修改文章接口：修改某一条文章信息。

修改文章接口其实就是更新数据库中的某一条文章数据。前端发送请求时会带上这一条文章的唯一标识 id 和新的文章信息，后端根据这个 id 使用 SQL 语句到 MySQL 数据库中查询出这一条数据，然后将数据更新为新的文章数据。如果更新成功则返回包含成功信息的 JSON 数据，如果更新失败则返回包含失败信息的 JSON 数据。

（12）删除文章接口：删除某一条文章信息。

删除文章接口其实就是将数据库中的某一条文章数据删除。前端发送请求时会带上这一条文章的唯一标识 id，后端根据这个 id 使用 SQL 语句到 MySQL 数据库中删除主键等于 id 的一条数据。如果删除成功则返回包含成功信息的 JSON 数据，如果删除失败则返回包含失败信息的 JSON 数据。

（13）查看博客信息接口：查看博客信息。

查看博客信息接口其实就是获取数据库中指定的 id 为 1 的博客信息数据，前端发送请求过来，后端使用 SQL 语句到 MySQL 数据库中查询主键 id 等于 1 的指定数据，然后处理、组装数据。如果成功则返回包含成功信息的 JSON 数据，如果失败则返回包含失败信息的 JSON 数据。

（14）修改博客信息接口：修改博客信息。

修改博客信息接口其实就是更新数据库中指定的 id 为 1 的博客信息数据。前端发送请求时会带上新的博客信息，后端使用 SQL 语句到 MySQL 数据库中查询出主键 id 为 1 的数据，然后将数据更新为新的博客信息数据。如果更新成功则返回包含成功信息的 JSON 数据，如果更新失败则返回包含失败信息的 JSON 数据。

（15）管理员列表接口：分页返回所有的管理员信息，可通过用户名筛选。

管理员列表接口其实就是去数据库中根据条件查询出所有符合条件的管理员数据。前端在发送请求时会带上当前页码、每页多少条数据及需要筛选的姓名信息，后端根据这些参数，使用 SQL 语句到 MySQL 数据库中查询出符合条件的数据，接着对数据进行处理、组装。如果查询成功则返回包含成功信息的 JSON 数据，失败则返回包含失败信息的 JSON 数据。

（16）单条管理员信息接口：获取某一条管理员信息。

单条管理员信息接口其实就是获取数据库中指定的一条管理员数据。前端在发送请求时会带上这一条管理员信息的唯一标识 id，后端根据这个 id 使用 SQL 语句到 MySQL 数据库中查询主键等于 id 的一条数据，然后进行处理、组装。如果获取成功则返回包含成功信息的 JSON 数据，如果获取失败则返回包含失败信息的 JSON 数据。

（17）新增管理员接口：添加一条新的管理员信息。

新增管理员接口其实就是向数据库中插入一条管理员数据。前端在发送请求时会带上管理员的信息，包括用户名、姓名和角色，后端获取到这些数据后进行处理、组装。然后使用 SQL 语句到 MySQL 数据库中插入一条新的数据。如果插入成功则返回包含成功信息的 JSON 数据，如果插入失败则返回包含失败信息的 JSON 数据。

（18）修改管理员接口：修改某一条管理员信息。

修改管理员接口其实就是更新数据库中的某一条管理员数据，前端发送请求时会带上这一条管理员的唯一标识 id 和新的管理员信息，后端根据这个 id 使用 SQL 语句到 MySQL 数据库中查询出这一条数据，然后将数据更新为新的管理员数据。如果更新成功则返回包含成功信息的 JSON 数据，如果更新失败则返回包含失败信息的 JSON 数据。

（19）删除管理员接口：删除某一条管理员信息。

删除管理员接口其实就是将数据库中的某一条管理员数据删除，前端发送请求时会带上这一条管理员的唯一标识 id，后端根据这个 id 使用 SQL 语句到 MySQL 数据库中删除主键等于 id 的一条数据。如果删除成功则返回包含成功信息的 JSON 数据，如果删除失败则返回包含失败信息的 JSON 数据。

（20）除登录外：所有接口必须验证是否登录。

接口验证是否登录，通过一个令牌（Token）来判断。在前端登录的时候，后端会颁发一个 Token 给前端，前端将 Token 保存起来，在后续的请求中都必须携带这个 Token。后端会在请求处理之前验证前端传过来的这个 Token 是否合法。是，则认为已经登录；否，就认为没有登录。

Token 是否合法的判断依据是是否伪造及是否过期。验证 Token 的方法可以放在 Express 中间件中去做。

经过对所有实现目标的分析，得出针对实现目标的解决方案如下：

（1）登录验证接口：使用 SQL 语句查询用户名和密码是否存在于 MySQL 数据库中。

（2）分类列表接口：使用 SQL 语句去 MySQL 数据库中查询出符合条件（分页、筛选）的数据。

（3）分类下拉列表接口：同（2）合并，使用 SQL 语句到 MySQL 数据库中查询出所有的数据。

（4）单条分类信息接口：使用 SQL 语句到 MySQL 数据库中查询主键等于 id 的一条数据。

（5）新增分类接口：使用 SQL 语句到 MySQL 数据库中插入一条新的数据。

（6）修改分类接口：使用 SQL 语句到 MySQL 数据库中查询出这一条数据，并将数据更新为新的数据。

（7）删除分类接口：使用 SQL 语句到 MySQL 数据库中删除主键等于 id 的一条数据。

（8）文章列表接口：同（2）。

（9）单条文章信息接口：同（4）。

（10）新增文章接口：同（5）。

（11）修改文章接口：同（6）。

（12）删除文章接口：同（7）。

（13）查看博客信息接口：同（4）。

（14）修改博客信息接口：同（6）。

（15）管理员列表接口：同（2）。

（16）单条管理员信息接口：同（4）。

（17）新增管理员接口：同（5）。

（18）修改管理员接口：同（6）。

（19）删除管理员接口：同（7）。

（20）除登录外的接口验证：在 Express 中间件中添加验证 Token 方法。

4.8.3　系统流程图

根据制定的解决方案，绘制流程图。

1．登录模块

如图 4-27 所示为登录模块流程图。

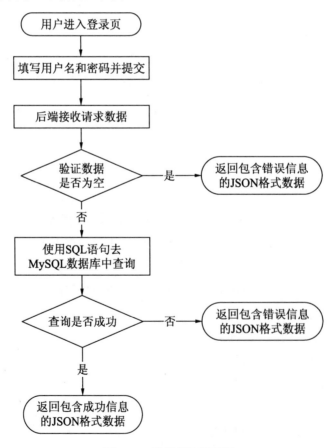

图 4-27　登录模块流程图

2．分类管理模块

分类管理模块流程图包括分类列表流程图（如图 4-28 所示）、添加分类流程图（如图 4-29 所示）、修改分类流程图（如图 4-30 所示）和删除分类流程图（如图 4-31 所示）。

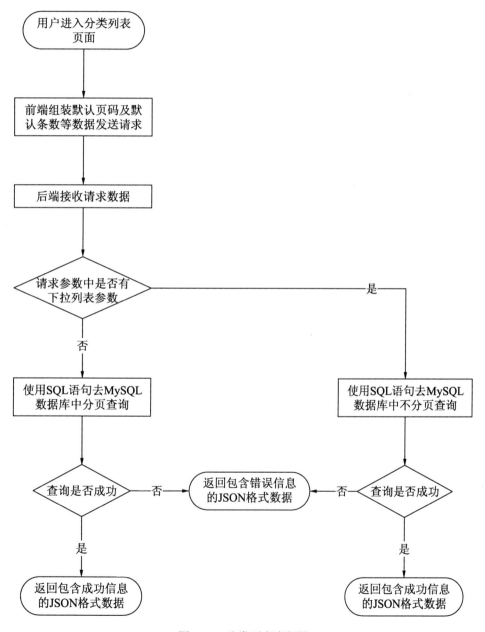

图 4-28　分类列表流程图

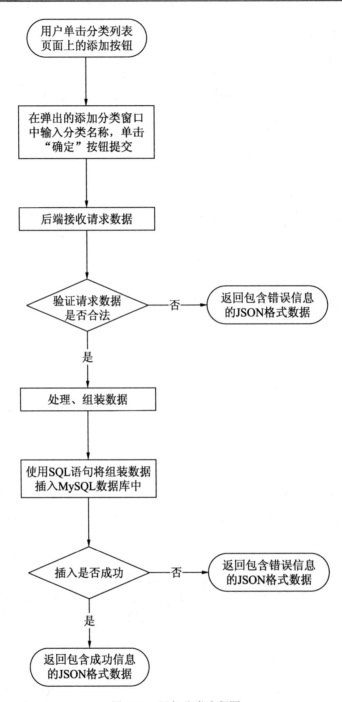

图 4-29 添加分类流程图

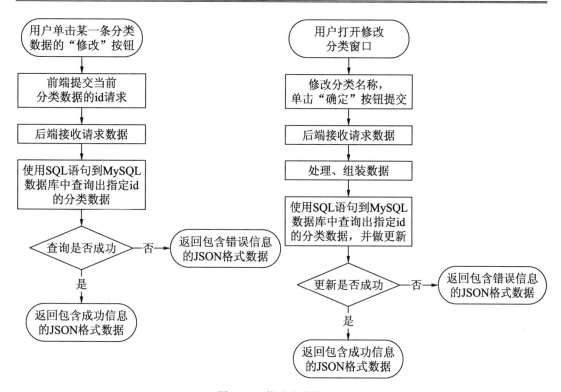

图 4-30 修改分类流程图

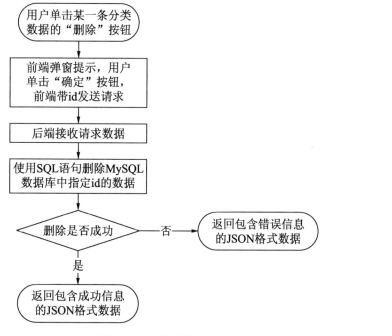

图 4-31 删除分类流程图

3.文章管理模块

文章管理模块流程图包括文章列表流程图（如图 4-32 所示）、添加文章流程图（如图 4-33 所示）、修改文章流程图（如图 4-34 所示）和删除文章流程图（如图 4-35 所示）。

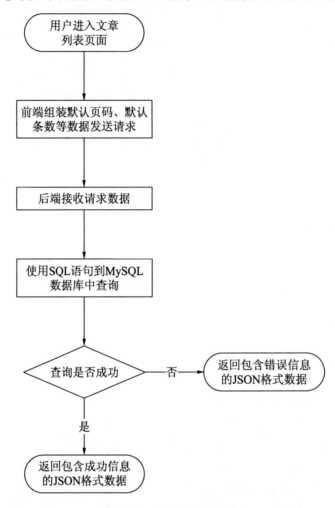

图 4-32　文章列表流程图

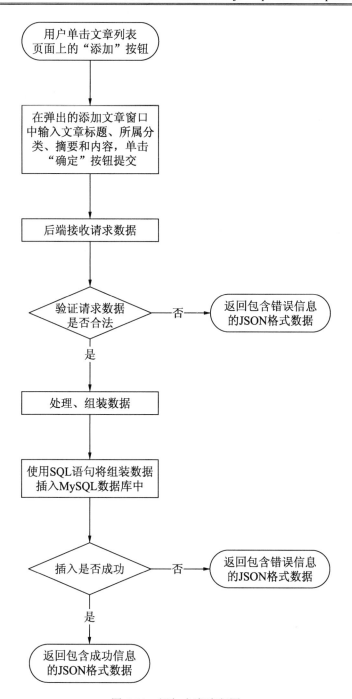

图 4-33　添加文章流程图

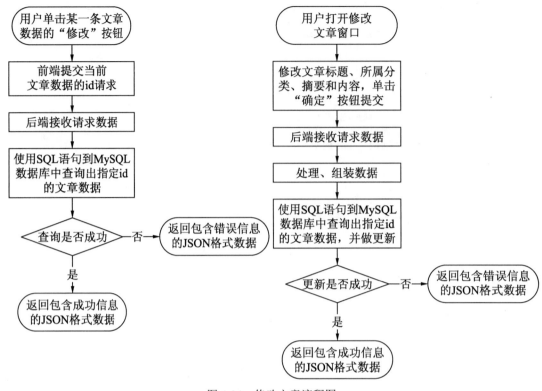

图 4-34   修改文章流程图

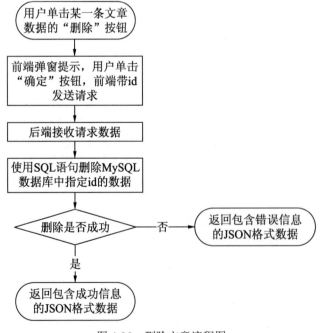

图 4-35   删除文章流程图

4．博客信息管理模块

博客信息模块流程图包括查看博客信息流程图（如图 4-36 所示）和修改博客信息流程图（如图 4-37 所示）。

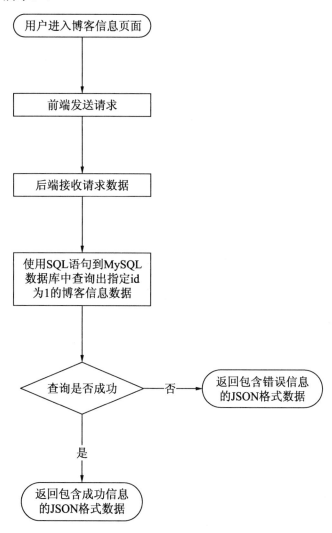

图 4-36　查看博客信息流程图

5.管理员管理模块

管理员模块流程图包括管理员列表流程图（如图 4-38 所示）、添加管理员流程图（如图 4-39 所示）、修改管理员流程图（如图 4-40 所示）和删除管理员流程图（如图 4-41 所示）。

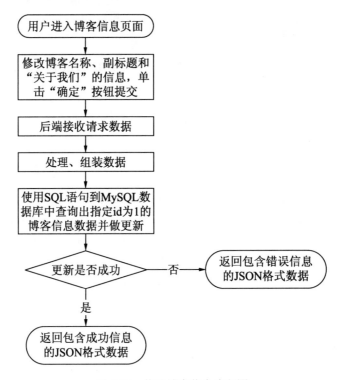

图 4-37　修改博客信息流程图

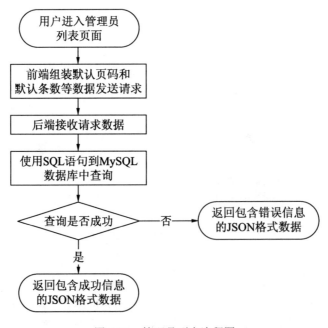

图 4-38　管理员列表流程图

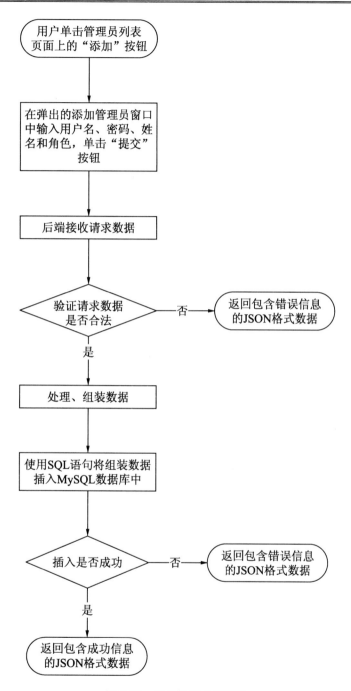

图 4-39　添加管理员流程图

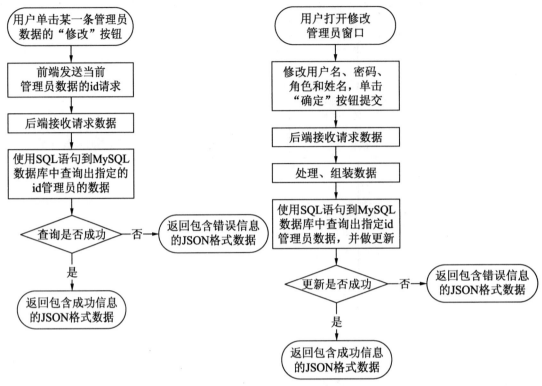

图 4-40　修改管理员流程图

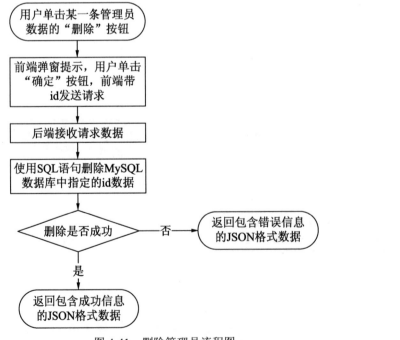

图 4-41　删除管理员流程图

4.8.4　开发环境

项目所使用的开发环境及软件版本如表 4-6 所示。

表 4-6　开发环境及软件版本

操作系统	Windows 10
Node.js版本	10.14.0
Express版本	4.16.0
Vue.js版本	2.5.21
MySQL版本	5.6
浏览器	Chrome 73.0
开发工具	WebStorm 2018.3

4.9　后台管理系统的前端页面分析

前端页面已经开发完毕。下面结合前面的解决方案和页面效果图分别对模块进行分析。

4.9.1　登录模块

登录模块（见图 4-21）就是提交表单操作，后端接收数据之后需要判断用户名和密码是否正确，如果正确则返回成功信息和登录管理员信息，如果错误则返回错误信息。成功信息和错误信息由前端来判断，给用户展现不同的信息。

4.9.2　首页模块

首页模块（见图 4-22）内的信息由前端渲染，前端在登录模块获取到数据之后将其存储在本地，然后将信息展示在首页上，不需要调用 API 接口。

4.9.3　分类管理模块

1. 分类列表

分类列表（见图 4-23）是由分类数据组成的列表，其每页显示的条数和页码数都可以通过前端控制，后端只需要根据传过来的参数到数据库中查询出分类数据，并返回需要的字段（id、分类名称和创建时间）即可。

2．添加分类

当用户单击页面上的"添加"按钮时会弹出一个"添加分类"的表单窗口，如图 4-42 所示。需要填写的内容有分类名称，在用户单击"确定"按钮的时候，前端会将这些数据发送过来，后端接收到发送请求后将数据处理、组装，插入 MySQL 数据库中。

3．修改分类

当用户单击某一条分类数据操作区域中的"修改"按钮时，会弹出一个"修改分类"的表单窗口，如图 4-43 所示。与添加分类不同的是，这个表单里已经自动填写了单击这一条分类的原信息。这是因为在用户单击"修改"按钮的时候，前端会将该条分类数据的唯一标识 id 请求发送过来，然后后端将 MySQL 数据库中的相关数据提取出来返回给前端，最后前端将数据渲染到表单中。

图 4-42　添加分类窗口　　　　　　　　图 4-43　修改分类窗口

用户在修改完分类名称单击"确定"按钮的时候，前端会将这些信息及该条分类数据的唯一标识 id 发送过来，后端接收到前端发送的请求后，使用 SQL 语句到 MySQL 数据库中将相关的数据进行更新。

4．删除分类

当用户单击某一条分类数据操作区域中的"删除"按钮时，会弹出一个确认提示框，如图 4-44 所示。当用户单击"确认"按钮时，前端会将该条分类数据的唯一标识 id 请求发送过来，后端接收到前端发送的请求，到 MySQL 数据库中将相关的数据删除。

图 4-44　删除分类提示

4.9.4　文章管理模块

1．文章列表

文章列表（见图 4-24）是由文章数据组成的列表，每页显示的条数和页码数都可以通过前端控制，后端只需要根据前端传过来的参数去数据库中查询出文章数据，并返回需要的字段（id、文章标题、摘要、所属分类和创建时间）即可。

2．添加文章

当用户单击页面上的"添加"按钮时，会弹出一个"添加文章"的表单窗口，如图 4-45 所示。需要填写的内容有文章标题、所属分类、摘要和内容，当用户单击"确定"按钮的时候，前端会将这些数据请求发送过来，后端接收到请求后将对数据进行处理、组装，然后插入 MySQL 数据库中。

图 4-45　添加文章窗口

3．修改文章

当用户单击某一条文章数据操作区域中的"修改"按钮时会弹出一个"修改文章"的表单窗口，如图 4-46 所示。与添加文章不同的是，这个表单中已经自动填写了单击这一条文章的原信息。这是因为在用户单击"修改"按钮的时候，前端会将该条文章数据的唯一标识 id 请求发送过来，后端接收到请求信息后将 MySQL 数据库中的相关数据提取出来返回给了前端，然后前端将数据渲染到了表单中。

图 4-46　修改文章窗口

用户在修改完表单内容，单击"确定"按钮的时候，前端会将表单内容及该条文章数据的唯一标识 id 请求发送过来，后端接收到前端发送的请求数据后使用 SQL 语句到

MySQL 数据库中更新相关的数据。

图 4-47 删除文章提示

4．删除文章

当用户单击某一条文章数据操作区域中的"删除"按钮时，会弹出一个确认对话框，如图 4-47 所示。当用户单击"确认"按钮时，前端会将该条文章数据的唯一标识 id 发送过来，后端接收到请求后到 MySQL 数据库中将相关的数据删除。

4.9.5　博客信息管理模块

1．查看博客信息

博客信息页面展示博客信息的表单，如图 4-48 所示。其内容根据前端控制，后端接收到前端请求到数据库中查询出指定 id 为 1 的博客信息数据，并返回需要的字段（博客名称、副标题和关于我们），前端接收到这些数据后将数据渲染到表单中。

图 4-48　查看博客信息

2．修改博客信息

如图 4-48 所示，当用户在修改完博客名称、副标题和"关于我们"的这些信息单击"提交"按钮时，前端会将这些信息发送过来，后端接收到前端发送的请求信息后使用 SQL 语句到 MySQL 数据库中更新相关的数据。

4.9.6　管理员管理模块

1．管理员列表

管理员列表是由管理员数据组成的列表，如图 4-26 所示。每页显示的条数和页码数都可以通过前端控制，后端只需要根据传过来的参数去数据库中查询出管理员数据，并返回需要的字段（id、用户名、姓名、角色和创建时间）即可。

2．添加管理员

当用户单击页面上的"添加"按钮时会弹出一个"添加管理员"的表单窗口，如图 4-49 所示。需要填写的内容有用户名、密码、姓名和角色，当用户单击"确定"按钮的时候，前端会将这些数据发送过来，后端接收到发送的请求后将数据进行处理、组装，然后插入 MySQL 数据库中。

图 4-49　添加管理员窗口

3．修改管理员

当用户单击某一条管理员数据操作区域中的"修改"按钮时，会弹出一个"修改管理员"的表单窗口，如图 4-50 所示。与添加管理员不同的是，这个表单中已经自动填写了单击这一条管理员原始数据。这是因为在用户单击"修改"按钮的时候，前端会将该条管理员数据的唯一标识 id 请求发送过来，后端接收到数据后会将 MySQL 数据库中的相关数据提取出来返回给了前端，前端再将数据渲染到了表单中。

图 4-50　修改管理员窗口

用户在修改完表单内容单击"确定"按钮的时候，前端会将表单内容及该条管理员数据的唯一标识 id 发送过来，后端接收到前端发送的请求信息后使用 SQL 语句到 MySQL 数据库中更新相关的数据。

4．删除管理员

当用户单击某一条管理员数据操作区域中的"删除"按钮时，会弹出一个确认的对话框，如图 4-51 所示。当用户单击"确认"按钮时，前端会将该条管理员数据的唯一标识 id 发送过来，后端接收到前端发送的请求信息后到 MySQL 数据库中将相关的数据删除。

图 4-51　删除管理员提示

4.10　后台管理系统创建 MySQL 数据库表

在前面的章节中已经创建了数据库 blog、数据表 cate、数据表 article 和数据表 info，本节只需要在数据库 blog 中创建一张数据表 admin 用来存放管理员信息即可。

4.10.1　创建数据表 admin

（1）双击打开 blog 数据库，然后右击 blog 数据库下的"表"，弹出快捷菜单，如图 4-52

所示。

（2）选择"新建表"命令，打开新建表窗口，如图 4-53 所示。

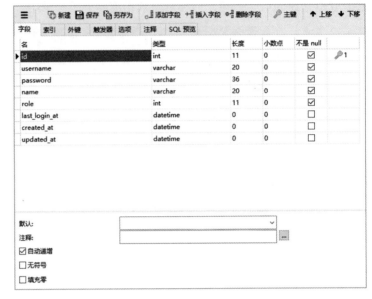

图 4-52　blog 数据库弹出的快捷菜单　　　　图 4-53　新建 admin 表

（3）在打开的新建表窗口中新增 8 个字段，如表 4-7 所示。其中需要注意的是，id 字段要设置成自动递增。

表 4-7　admin表各字段及其作用

字　段　名	类　　型	作　　用
id	int	数据表主键
username	varchar	用户名
password	varchar	密码
name	varchar	姓名
role	int	角色
last_login_at	datetime	上次登录时间
created_at	datetime	创建时间
updated_at	datetime	更新时间

添加完毕后单击"保存"按钮，输入数据表名 admin，即可保存成功。

4.10.2　添加模拟数据

为了便于之后的列表展示查看效果，在前端没有提交表单添加数据的情况下，需要在数据库表中添加一些模拟数据。

前面已经向 blog 数据库的其他数据表中添加了一些数据，本节主要向数据表 admin 中添加一些数据。使用数据库可视化工具 Navicat 直接在数据表 admin 中添加数据，如图 4-54 所示。

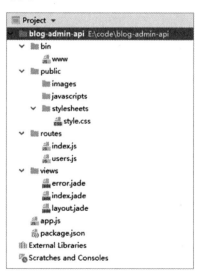

id	username	password	name	role	last_login_at	created_at	updated_at
1	admin	11	张三	1	2019-05-24 10:38:19	2019-05-07 17:52:19	2019-05-24 10:38:19
2	zhaoliu	22	赵六	1	(Null)	2019-05-07 20:40:05	0000-00-00 00:00:00
3	chenqi	33	陈七	2	(Null)	2019-05-07 20:41:06	(Null)

图 4-54　向 admin 表中添加模拟数据

这里添加了 3 条模拟数据用于演示，项目完成后可以根据需要删除这些模拟数据。

4.11　后台管理系统创建项目

4.11.1　生成项目文件

使用 Express 框架创建一个项目，在命令行中输入以下命令，在工作目录中生成一个名为 blog-admin-api 的 Express 项目。

```
$ express blog-admin-api
```

此时在工作目录中就多了一个 blog-admin-api 文件夹，使用开发工具打开 blog-admin-api 项目，目录结构如图 4-55 所示。

图 4-55　blog-admin-api 项目初始目录结构

4.11.2 安装依赖包

如同所有的项目一样，首先执行 npm install 命令安装项目需要的基础包。另外，针对此项目引用 5 个依赖包，如表 4-8 所示。

表 4-8 项目引用的依赖包

依 赖 包 名	作　　用
async	异步处理方法库
mysql2	MySQL数据库支持
sequelize	操作MySQL的ORM框架
dateformat	时间处理方法库
jsonwebtoken	Token生成及验证

分别执行以下命令安装这 5 个依赖包：

```
$ npm install async -S
$ npm install mysql2 -S
$ npm install sequelize -S
$ npm install dateformat -S
$ npm install jsonwebtoken -S
```

4.11.3 更改默认端口

由于 Express 创建项目后的默认端口为 3000，为了方便演示及避免与其他项目冲突，将端口号改为 3004。更改方法是修改项目根目录下 bin 目录中的 www.js 文件，将其中的代码

```
var port = normalizePort(process.env.PORT || '3000');
app.set('port', port);
```

更改如下：

```
var port = normalizePort(process.env.PORT || '3004');
app.set('port', port);
```

这样使用 npm start 命令启动项目后，在浏览器打开 http://localhost:3004 即可访问项目的首页。

4.11.4 新增 route（路由）

本项目中主要提供的是 API 接口，定义一个路由就代表一个接口，需要新增以下 18 个路由。

（1）登录：用户打开博客后台管理系统登录页，输入用户名和密码后单击"登录"按

钮时，后端接收数据处理的路由。

（2）分类列表：用户访问分类列表页及请求分类下拉列表时，后端接收数据处理的路由。

（3）添加分类：用户单击添加分类窗口的"确定"按钮时，后端接收数据处理的路由。

（4）获取单条分类信息：用户单击某一条分类信息的"修改"按钮时，后端接收数据处理的路由。

（5）修改分类信息：用户单击修改分类窗口的"确定"按钮时，后端接收数据处理的路由。

（6）删除分类信息：用户单击删除分类窗口的"确定"按钮时，后端接收数据处理的路由。

（7）文章列表：用户访问文章列表页时，后端接收数据处理的路由。

（8）添加文章：用户单击添加文章窗口的"确定"按钮时，后端接收数据处理的路由。

（9）获取单条文章信息：用户单击某一条文章信息的"修改"按钮时，后端接收数据处理的路由。

（10）修改文章信息：用户单击修改文章窗口的"确定"按钮时，后端接收数据处理的路由。

（11）删除文章信息：用户单击删除文章窗口的"确定"按钮时，后端接收数据处理的路由。

（12）查看博客信息：用户单击主菜单中的博客信息管理时，后端接收数据处理的路由。

（13）修改博客信息：用户单击博客信息页面上的"提交"按钮时，后端接收数据处理的路由。

（14）管理员列表：用户访问管理员列表页，后端接收数据处理的路由。

（15）添加管理员：用户单击添加管理员窗口的"确定"按钮时，后端接收数据处理的路由。

（16）获取单条管理员信息：用户单击某一条管理员信息的"修改"按钮时，后端接收数据处理的路由。

（17）修改管理员信息：用户单击修改管理员窗口的"确定"按钮时，后端接收数据处理的路由。

（18）删除管理员信息：用户单击删除管理员窗口的"确定"按钮时，后端接收数据处理的路由。

1. 登录模块路由

将登录模块路由存放在项目根目录下 routes 目录的 index.js 文件里，修改代码如下：

```
var express = require ('express');          // 引入 Express 对象
var router = express.Router ();             // 引入路由对象
```

```
const IndexController = require('../controllers/index'); // 引入自定义的 controller
router.post ('/login', IndexController.login); // 定义登录路由, POST 请求
module.exports = router;                       // 导出路由, 供 app.js 文件调用
```

2. 分类管理模块路由

在项目根目录下的 routes 目录中新建一个 cate.js 文件，用来存放分类管理模块路由。其代码如下：

```
var express = require ('express');                      // 引入 Express 对象
var router = express.Router ();                         // 引入路由对象
const CateController = require('../controllers/cate');  // 引入自定义的 controller
router.get ('/', CateController.list);          // 定义分类列表路由, GET 请求
router.get ('/:id', CateController.info);       // 定义单条分类路由, GET 请求
router.post ('/', CateController.add);          // 定义添加分类路由, POST 请求
router.put ('/', CateController.update);        // 定义修改分类路由, PUT 请求
router.delete ('/', CateController.remove);     // 定义删除分类路由, DELETE 请求
module.exports = router;                        // 导出路由, 供 app.js 文件调用
```

3. 文章管理模块路由

在项目根目录下的 routes 目录中新建一个 article.js 文件，用来存放文章管理模块路由，其代码如下：

```
var express = require ('express');              // 引入 Express 对象
var router = express.Router ();                 // 引入路由对象
// 引入自定义的 controller
const ArticleController = require('../controllers/article');
router.get ('/', ArticleController.list);          // 定义文章列表路由, GET 请求
router.get ('/:id', ArticleController.info);       // 定义单条文章路由, GET 请求
router.post ('/', ArticleController.add);          // 定义添加文章路由, POST 请求
router.put ('/', ArticleController.update);        // 定义修改文章路由, PUT 请求
router.delete ('/', ArticleController.remove);     // 定义删除文章路由, DELETE 请求
module.exports = router;                           // 导出路由, 供 app.js 文件调用
```

4. 博客信息管理模块路由

在项目根目录下的 routes 目录中新建一个 info.js 文件，用来存放博客信息管理模块路由，其代码如下：

```
var express = require ('express');              // 引入 Express 对象
var router = express.Router ();                 // 引入路由对象
// 引入自定义的 controller
const InfoController = require('../controllers/info');
router.get ('/', InfoController.info);          // 定义获取博客信息路由, GET 请求
router.put ('/', InfoController.update);        // 定义修改博客信息路由, PUT 请求
module.exports = router;                        // 导出路由, 供 app.js 文件调用
```

5．管理员管理模块路由

在项目根目录下的 routes 目录中新建一个 admin.js 文件，用来存放管理员管理模块路由，其代码如下：

```
var express = require ('express');            // 引入 Express 对象
var router = express.Router ();               // 引入路由对象
// 引入自定义的 controller
const AdminController = require('../controllers/admin');
router.get ('/', AdminController.list);       // 定义管理员列表路由，GET 请求
router.get ('/:id', AdminController.info);    // 定义单条管理员路由，GET 请求
router.post ('/', AdminController.add);        // 定义添加管理员路由，POST 请求
router.put ('/', AdminController.update);      // 定义修改管理员路由，PUT 请求
router.delete ('/', AdminController.remove);   // 定义删除管理员路由，DELETE 请求
module.exports = router;                       // 导出路由，供 app.js 文件调用
```

6．路由配置生效

在添加完模块路由之后，想让刚刚新增的路由生效，还需要修改根目录下的 app.js 文件。将刚刚定义的路由文件引入并进行 path 配置，在代码：

```
var indexRouter = require('./routes/index');
```

之后添加如下代码：

```
var cateRouter = require('./routes/cate');      // 引入分类管理模块路由文件
var articleRouter = require('./routes/article'); // 引入文章管理模块路由文件
var InfoRouter = require('./routes/info');      // 引入博客信息管理模块路由文件
var adminRouter = require('./routes/admin');     // 引入管理员管理模块路由文件
```

在代码：

```
app.use('/', indexRouter);
```

之后添加如下代码：

```
app.use('/cate', cateRouter);                   // 配置分类管理模块路由 path
app.use('/article', articleRouter);             // 配置文章管理模块路由 path
app.use('/info', InfoRouter);                   // 配置博客信息管理模块路由 path
app.use('/admin', adminRouter);                 // 配置管理员管理模块路由 path
```

4.11.5　新增 controller（处理方法）

在项目根目录下创建一个 controllers 目录，用来存放 controller 文件，将路由的方法放在其中，这样可以避免页面路由太多而导致查看不便的问题。

在 controllers 目录下创建登录模块的处理方法 index.js 文件、分类管理模块的处理方法 cate.js 文件、文章管理模块的处理方法 article.js 文件、博客信息管理模块的处理方法 info.js 文件和管理员管理模块的处理方法 admin.js 文件，以及公共方法 common.js 文件和

Token 处理方法 token.js 文件。

如图 4-56 所示为新增各类文件之后的目录结构。

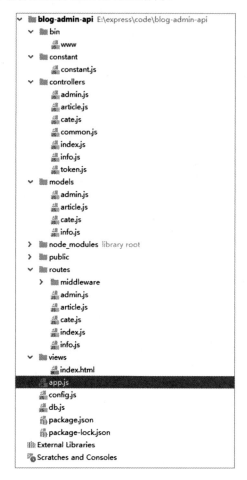

图 4-56　新增修改后的目录结构

本节先讲解公共方法 common.js 文件和 Token 处理方法 token.js 文件，其余的 controller 放在之后的接口开发中讲解。

1. 公共方法文件common.js

如同前面的项目开发一样，将一些常用到的方法提取出来，存放到一个公共方法的文件中，以方便其他的 controller 方法引用。

在本项目的公共方法 common.js 文件中定义了 3 个公共方法：克隆方法 clone()、校验参数方法 checkParams()和返回统一方法 autoFn()，代码如下：

```
const async = require('async');                    // 引入 async 模块
const Constant = require('../constant/constant');  // 引入常量模块
```

```
// 定义一个对象
const exportObj = {
  clone,
  checkParams,
  autoFn
};
module.exports = exportObj;                      // 导出对象，方便其他方法调用
/**
 * 克隆方法，克隆一个对象
 * @param obj
 * @returns {any}
 */
function clone(obj) {
  return JSON.parse(JSON.stringify(obj));
}
/**
 * 校验参数全局方法
 * @param params    请求的参数集
 * @param checkArr  需要验证的参数
 * @param cb        回调
 */
function checkParams (params, checkArr, cb) {
  let flag = true;
  checkArr.forEach(v => {
    if (!params[v]) {
      flag = false;
    }
  });
  if (flag) {
    cb(null);
  }else{
    cb(Constant.LACK);
  }
}
/**
 * 返回统一方法，返回 JSON 格式数据
 * @param tasks   当前 controller 执行 tasks
 * @param res     当前 controller responese
 * @param resObj  当前 controller 返回 json 对象
 */
function autoFn (tasks, res, resObj) {
  async.auto(tasks, function (err){
    if (!!err) {
      console.log (JSON.stringify(err));
      res.json({
        code: err.code || Constant.DEFAULT_ERROR.code,
        msg: err.msg || JSON.stringify(err)
      });
    } else {
      res.json(resObj);
    }
  });
}
```

2．Token处理方法文件token.js

因本项目是前后端分离架构，根据产品需求，除了登录页面外，访问其他页面均需要是登录状态，所以需要设计一个令牌（Token）机制，在用户登录成功之后，后端会返回一个 Token 给前端，前端将其保存起来，在请求后续接口的时候带上这个 Token。而除了登录接口无须验证外，其他接口均需对前端发送过来的请求数据中的 Token 进行校验和解析，这一系列操作都会使用到 Token 处理方法，所以需要将方法定义在一个单独的 token.js 文件中，以方便其他模块调用。

在本项目的 Token 处理方法 token.js 文件中定义了两个公共方法：加密 Token 方法 encrypt 和解密 Token 方法 decrypt。代码如下：

```
const jwt = require ('jsonwebtoken');   // 引入 jsonwebtoken 包
const tokenKey = 'UT9zo#W7!@50ETnk';    // 设定一个密钥，用来加密和解密 Token
// 定义一个对象
const Token = {
  /**
   * Token 加密方法
   * @param data 需要加密在 Token 中的数据
   * @param time Token 的过期时间，单位: s
   * @returns {*} 返回一个 Token
   */
  encrypt: function (data, time) {
    return jwt.sign (data, tokenKey, {expiresIn: time})
  },
  /**
   * Token 解密方法
   * @param token 加密之后的 Token
   * @returns 返回对象
   * {{token: boolean (true 表示 Token 合法，false 则不合法),
   * data: * (解密出来的数据或错误信息)}}
   */
  decrypt: function (token) {
    try {
      let data = jwt.verify (token, tokenKey);
      return {
        token: true,
        data: data
      };
    } catch (e) {
      return {
        token: false,
        data: e
      }
    }
  }
};
module.exports = Token;                      // 导出对象，方便其他模块调用
```

4.11.6　新增 middleware（中间件）

在前面的解决方案里也提到了，由于本项目是前后端分离项目，所以除了登录接口以外的其他接口都要进行 Token 验证。

既然是在很多接口的处理上都要添加一套相同的处理方法，那么最好的方式就是使用 Express 的中间件。在中间件中定义 Token 验证的方法，然后在需要 Token 验证的接口路由上添加验证中间件，即可完成接口的 Token 验证。

在项目根目录下的路由目录 routes 中新建一个 middleware 目录，在该目录中创建一个 verify.js 文件，用来存放 Token 验证的中间件。代码如下：

```
const Token = require ('../../controllers/token');// 引入Token处理的controller
const Constant = require ('../../constant/constant'); // 引入常量
// 配置对象
const exportObj = {
  verifyToken
};
module.exports = exportObj;                        // 导出对象，供其他模块调用
// 验证 Token 中间件
function verifyToken (req, res, next) {
  // 如果请求路径是/login，即登录页，则跳过，继续下一步
  if ( req.path === '/login') return next();
  let token = req.headers.token;                   // 从请求头中获取参数 token
  // 调用 TokenController 中的 Token 解密方法，对参数 token 进行解密
  let tokenVerifyObj = Token.decrypt(token);
  if(tokenVerifyObj.token){
    next()                                         // 如果 Token 验证通过则继续下一步
  }else{
    res.json(Constant.TOKEN_ERROR)  // 如果 Token 验证不通过，则返回错误 JSON
  }
}
```

定义过中间件之后，需要到 Token 验证的路由中添加这个中间件。首先在项目根目录下的 app.js 文件顶部引入 verify.js 文件，代码如下：

```
// 引入 Token 验证中间件
const verifyMiddleware = require('./routes/middleware/verify');
```

然后将 app.js 文件中的代码

```
app.use('/cate', cateRouter);          // 配置分类管理模块路由 path
app.use('/article', articleRouter);    // 配置文章管理模块路由 path
app.use('/info', InfoRouter);          // 配置博客信息管理模块路由 path
app.use('/admin', adminRouter);        // 配置管理员管理模块路由 path
```

这段代码修改如下：

```
// 配置分类管理模块路由 path，添加 Token 验证中间件
app.use('/cate', verifyMiddleware.verifyToken, cateRouter);
// 配置文章管理模块路由 path，添加 Token 验证中间件
app.use('/article', verifyMiddleware.verifyToken, articleRouter);
// 配置博客信息管理模块路由 path，添加 Token 验证中间件
app.use('/info', verifyMiddleware.verifyToken, InfoRouter);
// 配置管理员管理模块路由 path，添加 Token 验证中间件
app.use('/admin', verifyMiddleware.verifyToken, adminRouter);
```

由于登录接口放在了 IndexController 中是相对独立的，所以可以直接在分类管理模块、文章管理模块、博客信息模块和管理员管理模块的顶层路由上添加中间件即可。

4.11.7 新增 constant（常量）

为了便于管理返回值，在项目的根目录下新建一个 constant 文件夹，用来存放项目中用到的常量，如图 4-56 所示。

在 constant 目录下新建一个 constant.js 文件，新增代码如下：

```
// 定义一个对象
const obj = {
  // 默认请求成功
  DEFAULT_SUCCESS: {
    code: 10000,
    msg: ''
  },
  // 默认请求失败
  DEFAULT_ERROR: {
    code: 188,
    msg: '系统错误'
  },
  // 定义错误返回-缺少必要的参数
  LACK: {
    code: 199,
    msg: '缺少必要的参数'
  },
  // 定义错误返回-Token 验证失败
  TOKEN_ERROR: {
    code: 401,
    msg: 'Token 验证失败'
  },
  // 定义错误返回-用户名或密码错误
  LOGIN_ERROR: {
    code: 101,
    msg: '用户名或密码错误'
  },
  // 定义错误返回-文章信息不存在
  ARTICLE_NOT_EXSIT: {
    code: 102,
```

```
      msg: '文章信息不存在'
    },
    // 定义错误返回-管理员信息不存在
    ADMIN_NOT_EXSIT: {
      code: 103,
      msg: '管理员信息不存在'
    },
    // 定义错误返回-分类信息不存在
    CATE_NOT_EXSIT: {
      code: 104,
      msg: '分类信息不存在'
    },
    // 定义错误返回-博客信息不存在
    BLOG_INFO_NOT_EXSIT: {
      code: 105,
      msg: '博客信息不存在'
    },
};
module.exports = obj;                   // 导出对象，给其他方法调用
```

4.11.8　新增配置文件

为了便于更换数据库域名等信息，将数据库的连接信息放到项目根目录下的 config.js 文件中进行保存，如图 4-56 所示。文件代码如下：

```
const config = {                        // 默认的 dev 配置
  DEBUG: true,                          // 是否调试模式
  // MySQL 数据库连接配置
  MYSQL: {
    host: 'localhost',
    database: 'blog',
    username: 'root',
    password: 'root'
  }
};
if (process.env.NODE_ENV === 'production') {
  // 生产环境的 MySQL 数据库连接配置
  config.MYSQL = {
    host: 'aaa.mysql.rds.aliyuncs.com',
    database: 'aaa',
    username: 'aaa',
    password: 'aaa'
  };
}
module.exports = config;                // 导出配置
```

本项目默认使用的是开发环境的 MySQL 连接配置，当环境变成生产环境的时候，再使用生产环境的 MySQL 连接配置。

4.11.9 新增数据库配置文件

为了便于其他文件引用数据库对象，将数据库对象实例化放在一个单独的文件中，如图 4-56 所示。在项目的根目录下新建一个 db.js 文件，用来存放 Sequelize 的实例化对象，代码如下：

```
var Sequelize = require('sequelize');                    // 引入 Sequelize 模块
var CONFIG = require('./config');                        // 引入数据库连接配置
// 实例化数据库对象
var sequelize = new Sequelize(
CONFIG.MYSQL.database,
CONFIG.MYSQL.username,
CONFIG.MYSQL.password, {
  host: CONFIG.MYSQL.host,
  dialect: 'mysql',                                      // 数据库类型
  logging: CONFIG.DEBUG ? console.log : false,          // 是否打印日志
  // 配置数据库连接池
  pool: {
    max: 5,
    min: 0,
    idle: 10000
  },
  timezone: '+08:00'                                     // 时区设置
});
module.exports = sequelize;                              // 导出实例化数据库对象
```

4.11.10 新增 model 文件（数据库映射）

在安装完数据库支持并增加了数据库配置之后，还需要定义 model，用来实现数据库表的映射。在根目录下新建一个 models 目录，用来存放 model 文件，如图 4-56 所示。

在 models 目录中新建以下 4 个 model 文件：

（1）新建一个 cate.js 文件，用来存放 MySQL 数据表 cate 的映射 model。

（2）新建一个 article.js 文件，用来存放 MySQL 数据表 article 的映射 model。

（3）新建一个 info.js 文件，用来存放 MySQL 数据表 info 的映射 model。

（4）新建一个 admin.js 文件，用来存放 MySQL 数据表 admin 的映射 model。

在 cate.js 文件中定义一个 Cate model，代码如下：

```
const Sequelize = require('sequelize');         // 引入 Sequelize 模块
const db = require('../db');                     // 引入数据库实例
// 定义 model
const Cate = db.define('Cate', {
  id: {type: Sequelize.INTEGER, primaryKey: true, allowNull: false,
autoIncrement: true},                           // 分类 id
  name: {type: Sequelize.STRING(20), allowNull: false},    // 分类名称
```

```
}, {
  underscored: true,                              // 是否支持驼峰
  tableName: 'cate',                              // MySQL 数据库表名
});
module.exports = Cate;                            // 导出 model
```

在 article.js 文件中定义了一个 Article model，代码如下：

```
const Sequelize = require('sequelize');           // 引入 Sequelize 模块
const CateModel = require('./cate');              // 引入 cate 表 model
const db = require('../db');                      // 引入数据库实例
// 定义 model
const Article = db.define('Article', {
  id: {type: Sequelize.INTEGER, primaryKey: true, allowNull: false,
autoIncrement: true},                            // 文章 id
  title: {type: Sequelize.STRING(30), allowNull: false},   // 文章标题
  desc: {type: Sequelize.STRING, allowNull: false},        // 文章摘要
  content: {type: Sequelize.TEXT, allowNull: false},       // 文章内容
  cate: {type: Sequelize.INTEGER, allowNull: false}        // 所属分类
}, {
  underscored: true,                              // 是否支持驼峰
  tableName: 'article',                           // MySQL 数据库表名
});
module.exports = Article;                         // 导出 model
// 文章所属分类，一个分类包含多篇文章，将文章表和分类表进行关联
Article.belongsTo(CateModel, {foreignKey: 'cate', constraints: false});
```

在 info.js 文件中定义一个 Info model，代码如下：

```
const Sequelize = require('sequelize');           // 引入 Sequelize 模块
const db = require('../db');                      // 引入数据库实例
// 定义 model
const Info = db.define('Info', {
  id: {type: Sequelize.INTEGER, primaryKey: true, allowNull: false,
autoIncrement: true},                            // 主键
  title: {type: Sequelize.STRING(20), allowNull: false},     // 博客名称
  subtitle: {type: Sequelize.STRING(30), allowNull: false},  // 副标题
  about: {type: Sequelize.TEXT, allowNull: false}            // 关于我们
}, {
  underscored: true,                              // 是否支持驼峰
  tableName: 'info',                              // MySQL 数据库表名
});
module.exports = Info;                            // 导出 model
```

在 admin.js 文件中定义一个 Admin model，代码如下：

```
const Sequelize = require('sequelize');           // 引入 Sequelize 模块
const db = require('../db');                      // 引入数据库实例
// 定义 model
const Admin = db.define('Admin', {
  id: {type: Sequelize.INTEGER, primaryKey: true, allowNull: false,
autoIncrement: true},                            // 主键
```

```
    username: {type: Sequelize.STRING(20), allowNull: false},      // 用户名
    password: {type: Sequelize.STRING(36), allowNull: false},      // 密码
    name: {type: Sequelize.INTEGER, allowNull: false},             // 姓名
    role: {type: Sequelize.STRING(20), allowNull: false},          // 角色
    lastLoginAt: {type: Sequelize.DATE}              // 上次登录时间
}, {
    underscored: true,                               // 是否支持驼峰
    tableName: 'admin',                              // MySQL 数据库表名
});
module.exports = Admin;                              // 导出 model
```

4.12 API 接口开发

由于是前后端分离项目，所以后端的主要工作是开发 API 接口。在定义完成项目的一些基本配置之后，就可以进行接口的业务逻辑开发了。

API 接口开发的主要工作在于路由请求处理方法，也就是 controller 方法的编写。本节主要讲解本项目中使用到的 controller 方法。

在前面已经定义了 18 个路由，也就是说本项目需要开发 18 个 API 接口，下面针对这些接口的处理方法一一进行讲解。

4.12.1 登录接口

登录接口是用户在登录页面输入用户名和密码并单击"登录"按钮后前端提交过来的接口请求。接口请求的参数如表 4-9 所示。

表 4-9 登录接口的请求参数

参　　数	类　　型	是 否 必 传	描　　述
username	字符串	是	用户名
password	字符串	是	密码

登录接口对应的处理方法放在了项目根目录下 controllers 目录的 index.js 文件中，也就是放在了 IndexController 文件中。

首先来看一下 IndexController 文件的代码主结构，如下：

```
const Common = require ('./common');                  // 引入公共方法
const AdminModel = require ('../models/admin');        // 引入 admin 表的 model
const Constant = require ('../constant/constant'); // 引入常量
const dateFormat = require ('dateformat');            // 引入 dateformat 包
const Token = require ('./token');                    // 引入 Token 处理方法
const TOKEN_EXPIRE_SENCOND = 3600;       // 设定默认 Token 的过期时间，单位为 s
// 配置对象
```

```
let exportObj = {
  login
};
module.exports = exportObj;            // 导出对象，供其他模块调用
function login(req, res){               // 登录方法
  // 登录处理逻辑
}
```

文件中引入了一些必要的依赖，声明了一个 login() 方法，下面来编写这个方法。

根据前面指定的解决方案，后端接收到前端传过来的用户名和密码，首先进行参数校验，然后通过 SQL 语句从 MySQL 数据库中查询匹配的数据，如果查询到，则组装 JSON 格式数据返回成功，如果查询失败，则返回错误的 JSON 格式数据。代码如下：

```
//登录方法
function login (req, res) {
  // 定义一个返回对象
  const resObj = Common.clone (Constant.DEFAULT_SUCCESS);
  // 定义一个 async 任务
  let tasks = {
    // 校验参数方法
    checkParams: (cb) => {
      // 调用公共方法中的校验参数方法，如果成功则继续后面的操作
      // 如果失败则传递错误信息到 async 的最终方法中
      Common.checkParams (req.body, ['username', 'password'], cb);
    },
    // 查询方法
    query: ['checkParams', (results, cb) => {
      // 通过用户名和密码到数据库中查询
      AdminModel
        .findOne ({
          where: {
            username: req.body.username,
            password: req.body.password
          }
        })
        .then (function (result) {
          // 查询结果处理
          if(result){
            // 如果查询到了结果
            // 组装数据，将查询结果组装到成功返回的数据中
            resObj.data = {
              id: result.id,
              username: result.username,
              name: result.name,
              role: result.role,
              lastLoginAt: dateFormat (result.lastLoginAt, 'yyyy-mm-dd HH:MM:ss'),
              createdAt: dateFormat (result.createdAt, 'yyyy-mm-dd HH:MM:ss')
            };
            // 将 admin 的 id 保存在 Token 中
            const adminInfo = {
```

```
                id: result.id
              };
              // 生成 Token
              let token = Token.encrypt(adminInfo, TOKEN_EXPIRE_SENCOND);
              resObj.data.token = token;      // 将 Token 保存在返回对象中，返回前端
              cb (null, result.id);           // 继续后续操作，传递 admin 的 id 参数
            }else{
              // 没有查询到结果，传递错误信息到 async 的最终方法
              cb (Constant.LOGIN_ERROR);
            }
          })
          .catch (function (err) {
            // 错误处理
            console.log (err);              // 打印错误日志
            cb (Constant.DEFAULT_ERROR);    // 传递错误信息到 async 的最终方法中
          });
      }],
      // 写入上次登录日期
      writeLastLoginAt: ['query', (results, cb) => {
        let adminId = results['query'];      // 获取前面传递过来的参数 admin 的 id
        // 通过 id 查询，将当前时间更新为数据库中的上次登录时间
        AdminModel
          .update ({
            lastLoginAt: new Date()
          }, {
            where: {
              id: adminId
            }
          })
          .then (function (result) {
            // 更新结果处理
            if(result){
              cb (null);                      // 如果更新成功，就继续后续操作
            }else{
              // 如果更新失败，就传递错误信息到 async 最终方法
              cb (Constant.DEFAULT_ERROR);
            }
          })
          .catch (function (err) {
            // 错误处理
            console.log (err);              // 打印错误日志
            cb (Constant.DEFAULT_ERROR);    // 传递错误信息到 async 的最终方法中
          });
      }]
    };
    Common.autoFn (tasks, res, resObj)      // 执行公共方法中的 autoFn 方法，返回数据
}
```

将以上登录处理方法的代码插入 IndexController 中，接着使用 npm start 命令启动项目。项目启动后使用 Postman 发送 POST 请求 http://localhost:3004/login 查看结果。其中，登录成功返回信息如图 4-57 所示，登录失败返回的信息如图 4-58 所示。

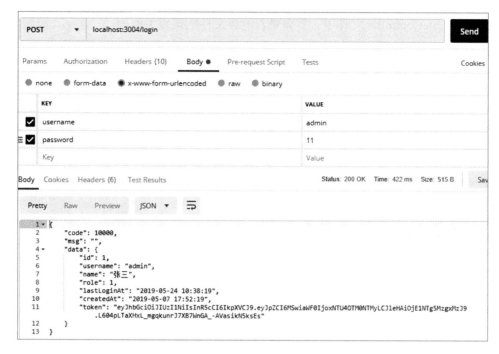

图 4-57　登录接口返回的登录成功信息

图 4-58　登录接口返回的登录失败信息

4.12.2　分类列表接口

将分类管理模块的几个接口全部放在项目根目录下 controllers 目录的 cate.js 文件中，

也就是放在 CateController 文件中。首先来看看该文件的代码主结构：

```javascript
const Common = require ('./common');                    // 引入公共方法
const CateModel = require ('../models/cate');           // 引入 cate 表的 model
const Constant = require ('../constant/constant'); // 引入常量
const dateFormat = require ('dateformat');              // 引入 dateformat 包
// 配置对象
let exportObj = {
  list,
  info,
  add,
  update,
  remove
};
module.exports = exportObj;                             // 导出对象，供其他模块调用
// 获取分类列表方法
function list (req, res){
  // 获取分类列表逻辑
}
// 获取单条分类方法
function info(req, res){
  // 获取单条分类逻辑
}
// 添加分类方法
function add(req, res){
  // 添加分类逻辑
}
// 修改分类方法
function update(req, res){
  // 修改分类逻辑
}
// 删除分类方法
function remove(req, res){
  // 删除分类逻辑
}
```

分类列表接口是用户单击后台管理界面上的分类管理模块，在打开分类列表页面时前端发送过来的接口请求。该接口的请求参数如表 4-10 所示。

表 4-10　分类列表接口的请求参数

参　　数	类　　型	是 否 必 传	描　　述
page	数字	是	页码
rows	数字	是	每页条数
name	字符串	否	分类名称
dropList	布尔	否	是否为下拉列表

分类列表接口对应的处理方法是 CateController 文件中的 list()方法，代码如下：

```javascript
// 获取分类列表方法
function list (req, res) {
```

```
// 定义一个返回对象
const resObj = Common.clone (Constant.DEFAULT_SUCCESS);
// 定义一个async任务
let tasks = {
  // 校验参数方法
  checkParams: (cb) => {
    // 如果传入了dropList参数，代表需要下拉列表，跳过分页逻辑
    if(req.query.dropList){
      cb(null);
    }else{
      // 调用公共方法中的校验参数方法，如果成功，则继续后面的操作
      // 如果失败则传递错误信息到async的最终方法中
      Common.checkParams (req.query, ['page', 'rows'], cb);
    }
  },
  // 查询方法，依赖校验参数方法
  query: ['checkParams', (results, cb) => {
    let searchOption;                          // 设定搜索对象
    if(req.query.dropList){                     // 判断是否传入了dropList参数
      searchOption = {                         // 如果传入了，则不分页查询
        order: [['created_at', 'DESC']]
      }
    }else{
      // 如果没传入，则分页查询
      // 根据前端提交的参数计算SQL语句中需要的offset，即从多少条开始查询
      let offset = req.query.rows * (req.query.page - 1) || 0;
      // 根据前端提交的参数计算SQL语句中需要的limit，即查询多少条
      let limit = parseInt (req.query.rows) || 20;
      let whereCondition = {};                 // 设定一个查询条件对象
      // 如果查询姓名存在，查询对象增加姓名
      if(req.query.name){
        whereCondition.name = req.query.name;
      }
      searchOption = {
        where: whereCondition,
        offset: offset,
        limit: limit,
        order: [['created_at', 'DESC']]
      }
    }
    // 通过offset和limit使用cate的model去数据库中查询
    // 并按照创建时间排序
    CateModel
      .findAndCountAll (searchOption)
      .then (function (result) {
        // 查询结果处理
        let list = [];                // 定义一个空数组list，用来存放最终结果
        result.rows.forEach ((v, i) => {
        // 遍历SQL查询出来的结果，处理后装入list
          let obj = {
            id: v.id,
            name: v.name,
```

```
                createdAt: dateFormat (v.createdAt, 'yyyy-mm-dd HH:MM:ss')
            };
            list.push (obj);
        });
        resObj.data = {                        // 给返回结果赋值，包括列表和总条数
            list,
            count: result.count
        };
        cb (null);                             // 继续后续操作
    })
    .catch (function (err) {
        // 错误处理
        console.log (err);                     // 打印错误日志
        cb (Constant.DEFAULT_ERROR);           // 传递错误信息到 async 的最终方法中
    });
    }]
};
Common.autoFn (tasks, res, resObj)          // 执行公共方法中的 autoFn 方法, 返回数据
}
```

将以上分类列表接口处理方法代码插入 CateController 中，接着使用 npm start 命令启动项目。项目启动后使用 Postman 发送 GET 请求 http://localhost:3004/cate?page=1&rows=4 查看结果可以得到正确的返回结果，如图 4-59 所示。

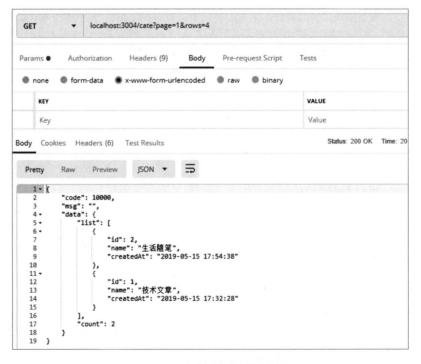

图 4-59　分类列表的返回结果

还可以加上分类名称筛选，只需在参数上增加 name 字段即可。例如，使用 Postman

发送 GET 请求 http://localhost:3004/cate?page=1&rows=4&name=生活随笔，结果如图 4-60 所示。

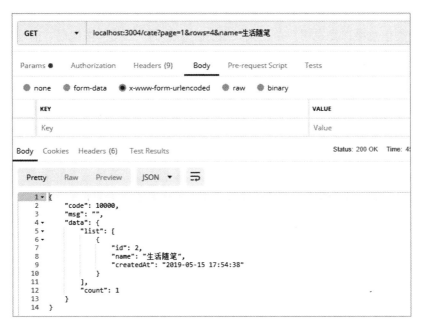

图 4-60 分类列表按分类名称搜索的返回结果

如果查询到了一个数据库中没有的分类名称，则会返回一个空数组，代表没有查询到结果，同时总条数也是 0，如图 4-61 所示。

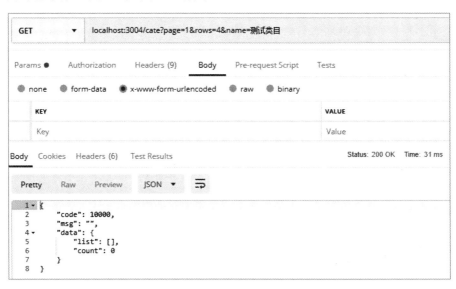

图 4-61 分类列表按分类名称搜索没有搜索到结果

4.12.3　单条分类信息接口

单条分类信息接口是在用户单击某一条分类信息的"修改"按钮时，前端发送过来的
接口请求。该接口的请求参数如表 4-11 所示。

表 4-11　单条分类信息接口的请求参数

参　　数	类　　型	是 否 必 传	描　　述
id	数字	是	分类id

单条分类信息接口对应的处理方法是 CateController 文件中的 info()方法，代码如下：

```
// 获取单条分类方法
function info (req, res) {
  // 定义一个返回对象
  const resObj = Common.clone (Constant.DEFAULT_SUCCESS);
  // 定义一个 async 任务
  let tasks = {
  // 校验参数方法
  checkParams: (cb) => {
    // 调用公共方法中的校验参数方法，如果成功则继续后面的操作
    // 如果失败则传递错误信息到 async 的最终方法中
    Common.checkParams (req.params, ['id'], cb);
  },
  // 查询方法，依赖校验参数方法
  query: ['checkParams', (results, cb) => {
    // 使用 cate 的 model 中的方法查询
    CateModel
      .findByPk (req.params.id)
      .then (function (result) {
        // 查询结果处理
        // 如果查询到结果
        if(result){
          // 将查询到的结果给返回对象赋值
          resObj.data = {
            id: result.id,
            name: result.name,
            createdAt: dateFormat (result.createdAt, 'yyyy-mm-dd HH:MM:ss')
          };
          cb(null);                        // 继续后续操作
        }else{
          // 查询失败，传递错误信息到 async 最终方法中
          cb (Constant.CATE_NOT_EXSIT);
        }
      })
      .catch (function (err) {
        // 错误处理
        console.log (err);               // 打印错误日志
        cb (Constant.DEFAULT_ERROR);     // 传递错误信息到 async 最终方法中
```

```
        });
    }]
};
Common.autoFn (tasks, res, resObj)      // 执行公共方法中的 autoFn 方法，返回数据
}
```

将以上单条分类信息接口的处理方法代码插入 CateController 中，接着使用 npm start 命令启动项目。项目启动后使用 Postman 发送 GET 请求 http://localhost:3004/cate/1 查看结果，会得到指定 id 的分类信息，如图 4-62 所示。

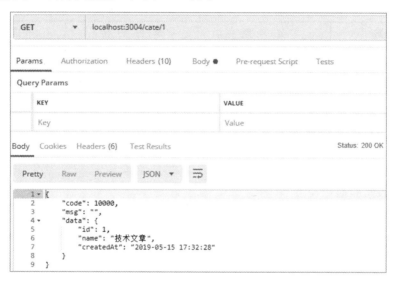

图 4-62　单条分类信息接口的返回结果

如果请求了一个在数据库中不存在的 id，那么就会找不到数据，会返回错误的状态码和错误信息，如图 4-63 所示。

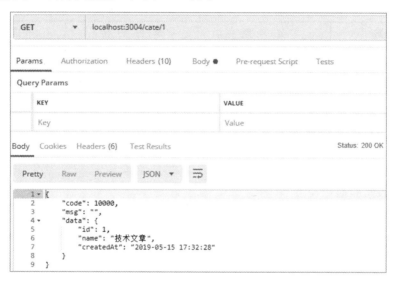

图 4-63　单条分类信息接口返回失败

4.12.4 添加分类接口

添加分类接口是指用户在分类列表上单击"添加"按钮，在弹出的添加分类窗口中输入了分类名称之后单击"确定"按钮的时候，前端发送过来的接口请求。该接口请求的参数如表 4-12 所示。

表 4-12　添加分类接口的请求参数

参　　数	类　　型	是 否 必 传	描　　述
name	字符串	是	分类名称

添加分类接口对应的处理方法是 CateController 文件中的 add()方法，代码如下：

```
// 添加分类方法
function add (req, res) {
  // 定义一个返回对象
  const resObj = Common.clone (Constant.DEFAULT_SUCCESS);
  let tasks = {                          // 定义一个 async 任务
    // 校验参数方法
    checkParams: (cb) => {
      // 调用公共方法中的校验参数方法，如果成功则继续后面操作
      // 如果失败则传递错误信息到 async 的最终方法中
      Common.checkParams (req.body, ['name'], cb);
    },
    // 添加方法，依赖校验参数方法
    add: ['checkParams', (results, cb)=>{
      // 使用 cate 的 model 中的方法插入到数据库中
      CateModel
        .create ({
          name: req.body.name
        })
        .then (function (result) {
          // 插入结果处理
          cb (null);                      // 继续后续操作
        })
        .catch (function (err) {
          // 错误处理
          console.log (err);              // 打印错误日志
          cb (Constant.DEFAULT_ERROR);    // 传递错误信息到 async 的最终方法中
        });
    }]
  };
  Common.autoFn (tasks, res, resObj)      // 执行公共方法中的 autoFn 方法,返回数据
}
```

将以上添加分类接口的处理方法代码插入 CateController 中，接着使用 npm start 命令启动项目。项目启动后使用 Postman 发送 POST 请求 http://localhost:3004/cate 查看结果。

结果如图 4-64 所示，返回的 code 值是 10000，代表添加成功，可以再次请求分类列

表接口，查看是否真的添加了进去。

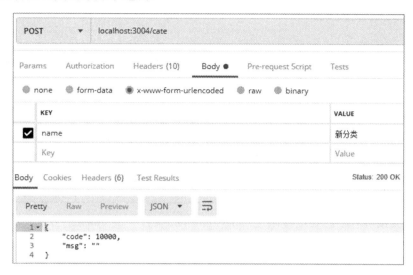

图 4-64　添加分类接口的返回结果

如图 4-65 所示，可以看到刚才添加的分类信息已经排在了第一位。因为是按照分类的创建时间倒序排序的，所以这也证实了刚才的那一条分类信息已经添加成功。

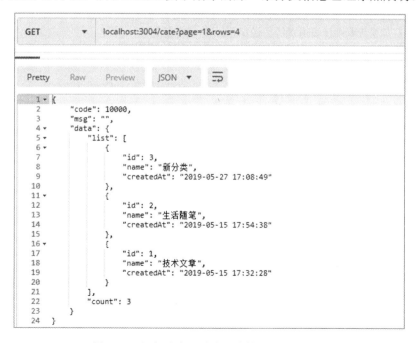

图 4-65　添加分类后分类列表接口的返回结果

4.12.5 修改分类接口

修改分类接口是用户在分类列表页面单击某一条分类信息上的"修改"按钮，在弹出的修改分类窗口中修改了分类名称之后单击"确定"按钮时前端发送过来的接口请求。该接口的请求参数如表 4-13 所示。

表 4-13 修改分类接口请求参数

参　　数	类　　型	是 否 必 传	描　　述
id	数字	是	分类id
name	字符串	是	分类名称

修改分类接口对应的处理方法是 CateController 文件中的 update()方法，代码如下：

```
// 修改分类方法
function update (req, res) {
  // 定义一个返回对象
  const resObj = Common.clone (Constant.DEFAULT_SUCCESS);
  // 定义一个 async 任务
  let tasks = {
  // 校验参数方法
  checkParams: (cb) => {
    // 调用公共方法中的校验参数方法，如果成功则继续后面的操作
    // 如果失败则传递错误信息到 async 的最终方法
    Common.checkParams (req.body, ['id', 'name'], cb);
  },
  // 更新方法，依赖校验参数方法
  update: ['checkParams', (results, cb)=>{
    // 使用 cate 的 model 中的方法更新
    CateModel
      .update ({
        name: req.body.name
      }, {
        where: {
          id: req.body.id
        }
      })
      .then (function (result) {
        // 更新结果处理
        if(result[0]){
          // 如果更新成功
          cb (null);                          // 继续后续操作
        }else{
          // 更新失败，传递错误信息到 async 的最终方法中
          cb (Constant.CATE_NOT_EXSIT);
        }
      })
      .catch (function (err) {
```

```
        // 错误处理
        console.log (err);                // 打印错误日志
        cb (Constant.DEFAULT_ERROR);      // 传递错误信息到async的最终方法中
      });
    }]
  };
  Common.autoFn (tasks, res, resObj)      // 执行公共方法中的autoFn方法,返回数据
}
```

将以上修改分类接口的处理方法代码插入 CateController 中，接着使用 npm start 命令启动项目。项目启动后可以使用 Postman 查看接口返回结果。

首先获取 id 为 3 的这一条分类信息，使用 Postman 发送 GET 请求 http://localhost:3004/cate/3，结果如图 4-66 所示，可以看到是正常返回。

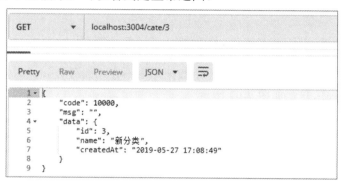

图 4-66　id 为 3 的分类修改前信息

接着修改内容，发送 PUT 请求 http://localhost:3004/cate，返回 code 的值为 10000，代表修改成功，如图 4-67 所示。

图 4-67　修改 id 为 3 的分类信息

然后再次请求 id 为 3 的分类信息,发现已经是刚刚修改之后的信息,代表修改分类接口调用成功,如图 4-68 所示。

图 4-68　修改后的 id 为 3 的分类信息

同样,如果修改的时候传入的是一个数据库中不存在的分类 id,则会返回错误,返回错误状态码和错误信息,如图 4-69 所示。

图 4-69　修改不存在的分类 id 信息

4.12.6　删除分类接口

删除分类接口是指用户在分类列表页面单击某一条分类信息上的删除按钮,在弹出的删除分类提示窗口中单击"确定"按钮的时候前端发送的接口请求。该接口的请求参数如表 4-14 所示。

表 4-14 删除分类接口的请求参数

参 数	类 型	是 否 必 传	描 述
id	数字	是	分类id

删除分类接口对应的处理方法是 CateController 文件中的 remove()方法，代码如下：

```
// 删除分类方法
function remove (req, res) {
  // 定义一个返回对象
  const resObj = Common.clone (Constant.DEFAULT_SUCCESS);
  // 定义一个 async 任务
  let tasks = {
    // 校验参数方法
    checkParams: (cb) => {
      // 调用公共方法中的校验参数方法，如果成功则继续后面的操作
      // 如果失败则传递错误信息到 async 的最终方法中
      Common.checkParams (req.body, ['id'], cb);
    },
    // 删除方法，依赖校验参数方法
    remove: ['checkParams', (results, cb)=>{
      // 使用 cate 的 model 中的方法更新
      CateModel
        .destroy ({
          where: {
            id: req.body.id
          }
        })
        .then (function (result) {
          // 删除结果处理
          if(result){
            // 如果删除成功
            cb (null);                     // 继续后续操作
          }else{
            // 删除失败，传递错误信息到 async 的最终方法中
            cb (Constant.CATE_NOT_EXSIT);
          }
        })
        .catch (function (err) {
          // 错误处理
          console.log (err);              // 打印错误日志
          cb (Constant.DEFAULT_ERROR);    // 传递错误信息到 async 的最终方法中
        });
    }]
  };
  Common.autoFn (tasks, res, resObj)      // 执行公共方法中的 autoFn 方法, 返回数据
}
```

将以上删除分类接口的处理方法代码插入 CateController 中，接着使用 npm start 命令启动项目。项目启动后使用 Postman 查看接口返回结果。

首先看一下删除前分类列表接口返回的结果, 使用 Postman 发送 GET 请求 http://localhost:

3004/cate?page=1&rows=4，结果如图 4-70 所示。

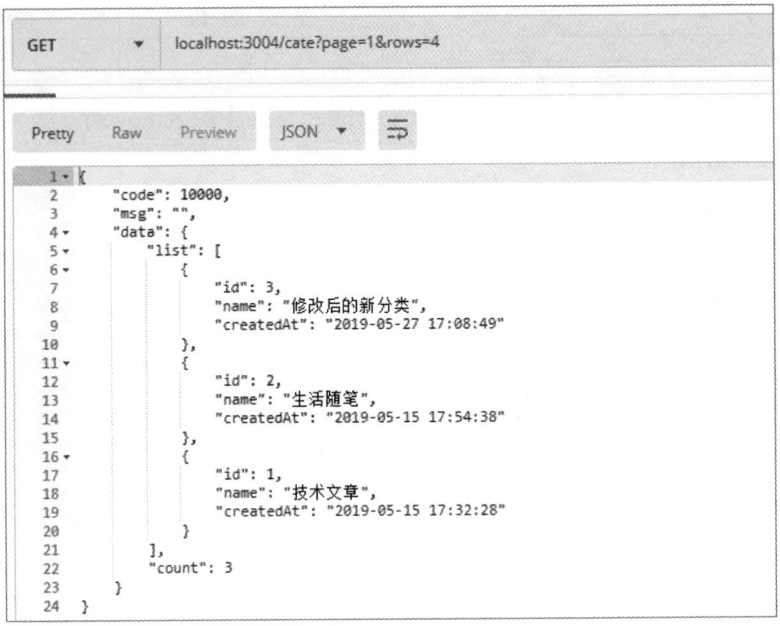

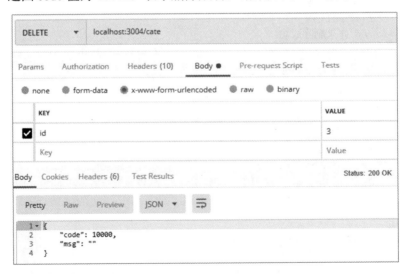

图 4-70   删除 id 为 3 分类信息前的分类列表

接着删除 id 为 3 的分类信息，使用 Postman 发送 DELETE 请求 http://localhost: 3004/cate，返回 code 值为 10000，表示删除成功，结果如图 4-71 所示。

图 4-71   删除 id 为 3 的分类信息

然后再次查看分类列表，会发现 id 为 3 的分类信息已经不存在了，如图 4-72 所示。

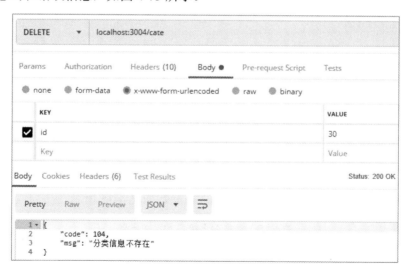

图 4-72　删除 id 为 3 的分类信息后的分类列表

同样，如果在删除的时候传入的是一个数据库不存在的分类 id，则会返回错误，会返回错误状态码和错误信息，如图 4-73 所示。

图 4-73　删除不存在的分类 id 信息

4.12.7　文章列表接口

将文章管理模块的几个接口全部放在项目根目录下controllers目录的article.js文件中，

也就是放在 ArticleController 文件中。首先来看看该文件的代码主结构。代码如下：

```
const Common = require ('./common');                    // 引入公共方法
const ArticleModel = require ('../models/article'); // 引入 article 表的 model
const CateModel = require ('../models/cate');  // 引入 cate 表的 model
const Constant = require ('../constant/constant');     // 引入常量
const dateFormat = require ('dateformat');       // 引入 dateformat 包
// 配置对象
let exportObj = {
  list,
  info,
  add,
  update,
  remove
};
module.exports = exportObj;                    // 导出对象，供其他模块调用
// 获取文章列表方法
function list (req, res) {
  // 获取文章列表逻辑
}
// 获取单条文章方法
function info(req, res){
  // 获取单条文章逻辑
}
// 添加文章方法
function add(req, res){
  // 添加文章逻辑
}
// 修改文章方法
function update(req, res){
  // 修改文章逻辑
}
// 删除文章方法
function remove(req, res){
  // 删除文章逻辑
}
```

文章列表接口是指在用户单击后台管理界面上的文章管理模块打开的文章列表页面时，前端发送过来的接口请求。该接口的请求的参数如表 4-15 所示。

表 4-15　文章列表接口的请求参数

参　　数	类　　型	是 否 必 传	描　　述
page	数字	是	页码
rows	数字	是	每页条数
title	字符串	否	文章标题

文章列表接口对应的处理方法是 ArticleController 文件中的 list()方法，代码如下：

```
// 获取文章列表方法
function list (req, res) {
```

```
// 定义一个返回对象
const resObj = Common.clone (Constant.DEFAULT_SUCCESS);
// 定义一个 async 任务
let tasks = {
  // 校验参数方法
  checkParams: (cb) => {
    // 调用公共方法中的校验参数方法，如果成功则继续后面的操作
    // 如果失败则传递错误信息到 async 的最终方法中
    Common.checkParams (req.query, ['page', 'rows'], cb);
  },
  // 查询方法，依赖校验参数方法
  query: ['checkParams', (results, cb) => {
    // 根据前端提交的参数计算 SQL 语句中需要的 offset，即从多少条开始查询
    let offset = req.query.rows * (req.query.page - 1) || 0;
    // 根据前端提交的参数计算 SQL 语句中需要的 limit，即查询多少条
    let limit = parseInt (req.query.rows) || 20;
    let whereCondition = {};          // 设定一个查询条件对象
    // 如果查询标题存在，则查询对象增加标题
    if(req.query.title){
      whereCondition.title = req.query.title;
    }
    // 通过 offset 和 limit 使用 article 的 model 去数据库中查询并按照创建时间排序
    ArticleModel
      .findAndCountAll ({
        where: whereCondition,
        offset: offset,
        limit: limit,
        order: [['created_at', 'DESC']],
        // 关联 cate 表进行联表查询
        include: [{
          model: CateModel
        }]
      })
      .then (function (result) {
        // 查询结果处理
        let list = [];                // 定义一个空数组 list，用来存放最终结果
        // 遍历 SQL 查询出来的结果，处理后装入 list
        result.rows.forEach ((v, i) => {
          let obj = {
            id: v.id,
            title: v.title,
            desc: v.desc.substr(0, 20) + '...',
            cate: v.cate,
            cateName: v.Cate.name, // 获取联表查询中 cate 表中的 name
            content: v.content,
            createdAt: dateFormat (v.createdAt, 'yyyy-mm-dd HH:MM:ss')
          };
          list.push (obj);
        });
        resObj.data = {                // 给返回结果赋值，包括列表和总条数
          list,
```

```
        count: result.count
      };
      cb (null);                        // 继续后续操作
    })
    .catch (function (err) {
      // 错误处理
      console.log (err);                // 打印错误日志
      cb (Constant.DEFAULT_ERROR);      // 传递错误信息到 async 最终方法中
    });
  }]
};
Common.autoFn (tasks, res, resObj)     // 执行公共方法中的 autoFn 方法, 返回数据
}
```

将以上文章列表接口的处理方法代码插入 ArticleController 中，接着使用 npm start 命令启动项目。项目启动后使用 Postman 发送 GET 请求 http://localhost:3004/article?page=1&rows=2 查看结果，可以得到正确的返回结果，如图 4-74 所示。

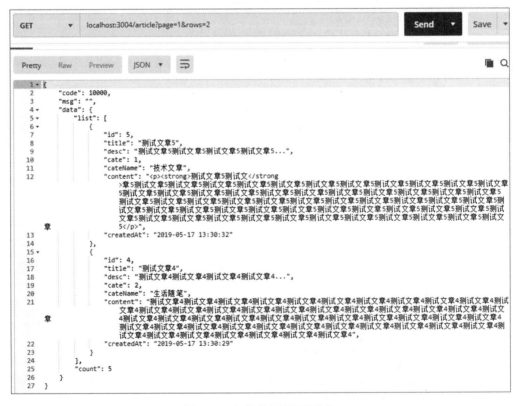

图 4-74　文章列表的返回结果

还可以加上标题筛选，只需在参数上增加 title 字段即可。例如，使用 Postman 发送 GET 请求 http://localhost:3004/article?page=1&rows=2&title=测试文章 4，如图 4-75 所示。

```
GET          ▼   http://localhost:3004/article?page=1&rows=2&title=测试文章4        Send  ▼    Save  ▼

Body  Cookies  Headers (6)  Test Results                Status: 200 OK  Time: 19 ms  Size: 1.08 KB   Save   Download

Pretty  Raw  Preview   JSON  ▼   ⇥                                                          📋  Q

  1 ▾ {
  2        "code": 10000,
  3        "msg": "",
  4 ▾      "data": {
  5 ▾          "list": [
  6 ▾              {
  7                      "id": 4,
  8                      "title": "测试文章4",
  9                      "desc": "测试文章4测试文章4测试文章4测试文章4...",
 10                      "cate": 2,
 11                      "cateName": "生活随笔",
 12                      "content": "测试文章4测试文章4测试文章4测试文章4测试文章4测试文章4测试文章4测试文章4测试文章4测试文章4测试文
    章          4测试文章4测试文章4测试文章4测试文章4测试文章4测试文章4测试文章4测试文章4测试文章4测试文章4测试文章
                4测试文章4测试文章4测试文章4测试文章4测试文章4测试文章4测试文章4测试文章4测试文章4测试文章4测试文章4
                测试文章4测试文章4测试文章4测试文章4测试文章4测试文章4",
 13                      "createdAt": "2019-05-17 13:30:29"
 14              }
 15          ],
 16          "count": 1
 17      }
 18 }
```

图 4-75　文章列表按文章标题搜索的返回结果

如果查询到了一个数据库中没有的文章标题，则会返回一个空数组，代表没有查询到结果，同时总条数也是 0，如图 4-76 所示。

```
GET          ▼   http://localhost:3004/article?page=1&rows=2&title=测试文章12


Pretty  Raw  Preview   JSON  ▼   ⇥

  1 ▾ {
  2        "code": 10000,
  3        "msg": "",
  4 ▾      "data": {
  5          "list": [],
  6          "count": 0
  7      }
  8 }
```

图 4-76　文章列表按文章标题搜索没有搜索到结果

4.12.8　单条文章信息接口

单条文章信息接口是在用户单击某一条文章信息的"修改"按钮时前端发送过来的接口请求。该接口的请求的参数如表 4-16 所示。

表 4-16　单条文章信息接口的请求参数

参　　数	类　　型	是 否 必 传	描　　述
id	数字	是	文章id

单条文章信息接口对应的处理方法是 ArticleController 文件中的 info()方法，代码如下：

```
// 获取单条文章的方法
function info (req, res) {
  // 定义一个返回对象
  const resObj = Common.clone (Constant.DEFAULT_SUCCESS);
  // 定义一个 async 任务
  let tasks = {
    // 校验参数方法
    checkParams: (cb) => {
      // 调用公共方法中的校验参数方法，如果成功则继续后面的操作
      // 如果失败则传递错误信息到 async 的最终方法中
      Common.checkParams (req.params, ['id'], cb);
    },
    // 查询方法，依赖校验参数方法
    query: ['checkParams', (results, cb) => {
      // 使用 article 的 model 中的方法查询
      ArticleModel
        .findByPk (req.params.id, {
          include: [{
            model: CateModel
          }]
        })
        .then (function (result) {
          // 查询结果处理
          if(result){                         // 如果查询到结果
            // 将查询到的结果给返回对象赋值
            resObj.data = {
              id: result.id,
              name: result.name,
              desc: result.desc,
              content: result.content,
              cate: result.cate,
              cateName: result.Cate.name,// 获取联表查询中的 cate 表中的 name
              createdAt: dateFormat (result.createdAt, 'yyyy-mm-dd HH:MM:ss')
            };
            cb(null);                          // 继续后续操作
          }else{
            // 查询失败，传递错误信息到 async 的最终方法中
            cb (Constant.ARTICLE_NOT_EXSIT);
          }
        })
        .catch (function (err) {
          // 错误处理
          console.log (err);                   // 打印错误日志
          cb (Constant.DEFAULT_ERROR);         // 传递错误信息到 async 的最终方法中
        });
    }]
  };
  Common.autoFn (tasks, res, resObj)           // 执行公共方法中的 autoFn 方法,返回数据
}
```

将以上单条文章信息接口处理方法代码插入 ArticleController 中，接着使用 npm start 命令启动项目。项目启动后使用 Postman 发送 GET 请求 http://localhost:3004/article/5 查看结果，会得到指定 id 的文章信息，如图 4-77 所示。

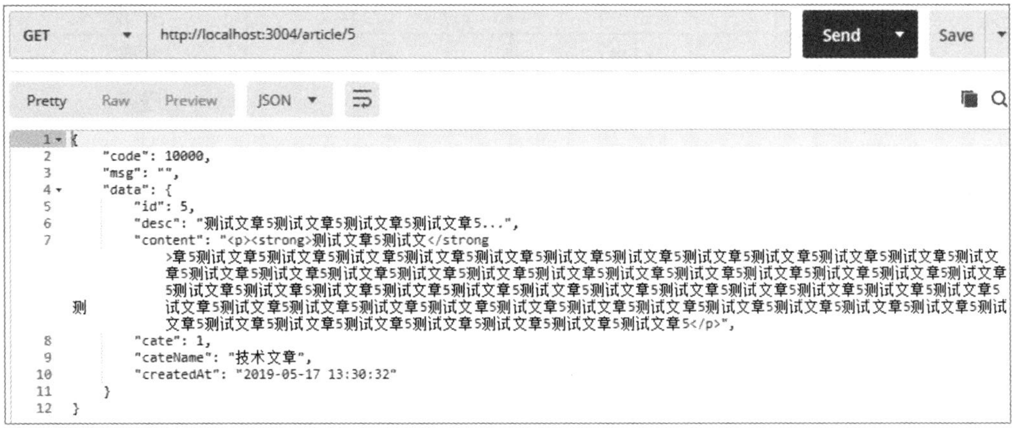

图 4-77　单条文章信息接口的返回结果

如果请求了一个在数据库中不存在的 id，那么就会找不到数据，而返回错误的状态码和错误信息，如图 4-78 所示。

图 4-78　单条文章信息接口返回失败

4.12.9　添加文章接口

添加文章接口是用户在文章列表上单击"添加"按钮，在弹出的添加文章窗口中输入了文章标题、所属分类、摘要和内容之后，单击"确定"按钮时前端发送过来的接口请求。该接口的请求参数如表 4-17 所示。

表 4-17　添加文章接口的请求参数

参　数	类　型	是 否 必 传	描　述
title	字符串	是	文章标题
cate	数字	是	所属分类
desc	字符串	是	摘要
content	字符串	是	内容

添加文章接口对应的处理方法是 ArticleController 文件中的 add()方法，代码如下：

```
// 添加文章方法
function add (req, res) {
  // 定义一个返回对象
  const resObj = Common.clone (Constant.DEFAULT_SUCCESS);
  // 定义一个 async 任务
  let tasks = {
    // 校验参数方法
    checkParams: (cb) => {
      // 调用公共方法中的校验参数方法，如果成功则继续后面的操作
      // 如果失败则传递错误信息到 async 的最终方法中
      Common.checkParams (req.body, ['title', 'cate', 'desc', 'content'], cb);
    },
    // 添加方法，依赖校验参数方法
    add: ['checkParams', (results, cb)=>{
      // 使用 article 的 model 中的方法插入到数据库中
      ArticleModel
        .create ({
          title: req.body.title,
          desc: req.body.desc,
          content: req.body.content,
          cate: req.body.cate
        })
        .then (function (result) {
          // 插入结果处理
          cb (null);                      // 继续后续操作
        })
        .catch (function (err) {
          // 错误处理
          console.log (err);              // 打印错误日志
          cb (Constant.DEFAULT_ERROR);    // 传递错误信息到 async 的最终方法中
        });
    }]
  };
  Common.autoFn (tasks, res, resObj)      // 执行公共方法中的 autoFn 方法,返回数据
}
```

将以上添加文章接口处理方法的代码插入 ArticleController 中，接着使用 npm start 命令启动项目。项目启动后，使用 Postman 发送 POST 请求 http://localhost:3004/article 查看结果。

如图 4-79 所示，返回的 code 的值是 10000，代表添加成功，可以再次请求文章列表接口，查看是否真的添加了进去。

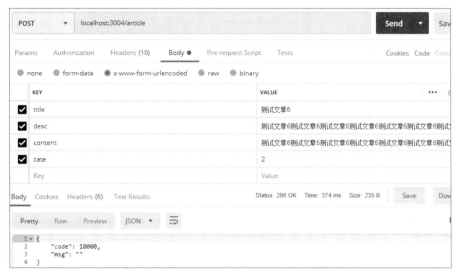

图 4-79　添加文章接口的返回结果

如图 4-80 所示，可以看到刚刚添加的文章信息已经排在了第一位。因为是按照文章创建时间的倒序排序，所以可以证实了刚才那一条文章信息已经添加成功。

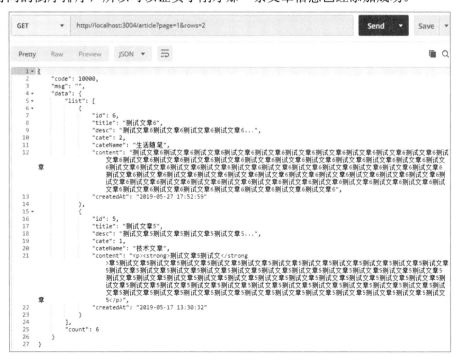

图 4-80　添加文章后文章列表接口的返回结果

4.12.10　修改文章接口

修改文章接口是用户在文章列表页面单击某一条文章信息上的"修改"按钮，在弹出的修改文章窗口中修改了文章标题、所属分类、摘要和内容之后，单击"确定"按钮时，前端发送过来的接口。该接口的请求参数如表 4-18 所示。

表 4-18　修改文章接口的请求参数

参　　数	类　　型	是 否 必 传	描　　述
id	数字	是	文章id
title	字符串	是	文章标题
cate	数字	是	所属分类
desc	字符串	是	摘要
content	字符串	是	内容

修改文章接口对应的处理方法是 ArticleController 文件中的 update()方法，代码如下：

```
// 修改文章方法
function update (req, res) {
  // 定义一个返回对象
  const resObj = Common.clone (Constant.DEFAULT_SUCCESS);
  // 定义一个async任务
  let tasks = {
    // 校验参数方法
    checkParams: (cb) => {
      // 调用公共方法中的校验参数方法，如果成功则继续后面的操作
      // 如果失败则传递错误信息到async的最终方法中
      Common.checkParams (req.body, ['id', 'title', 'cate', 'desc',
'content'], cb);
    },
    // 更新方法，依赖校验参数方法
    update: ['checkParams', (results, cb)=>{
      // 使用article的model中的方法更新
      ArticleModel
        .update ({
          title: req.body.title,
          desc: req.body.desc,
          content: req.body.content,
          cate: req.body.cate
        }, {
          where: {
            id: req.body.id
          }
        })
```

```
.then (function (result) {
    // 更新结果处理
    if(result[0]){
        // 如果更新成功
        cb (null);                          // 继续后续操作
    }else{
        // 更新失败，传递错误信息到 async 的最终方法中
        cb (Constant.ARTICLE_NOT_EXSIT);
    }
})
.catch (function (err) {
    // 错误处理
    console.log (err);                      // 打印错误日志
    cb (Constant.DEFAULT_ERROR);            // 传递错误信息到 async 的最终方法中
});
}]
};
Common.autoFn (tasks, res, resObj)         // 执行公共方法中的 autoFn 方法,返回数据
}
```

将以上修改文章接口处理方法的代码插入 ArticleController 中，接着使用 npm start 命令启动项目。项目启动后，使用 Postman 查看接口返回结果。

首先获取 id 为 5 的这一条文章信息，使用 Postman 发送 GET 请求 http://localhost:3004/article/5，结果如图 4-81 所示，正常返回。

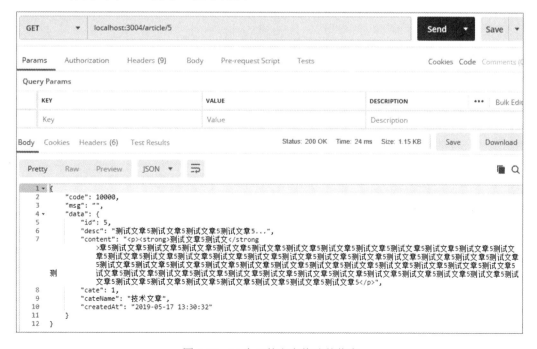

图 4-81　id 为 5 的文章修改前信息

接着修改内容，发送 PUT 请求 http://localhost:3004/article，结果如图 4-82 所示。返回 code 的值为 10000，代表修改成功。

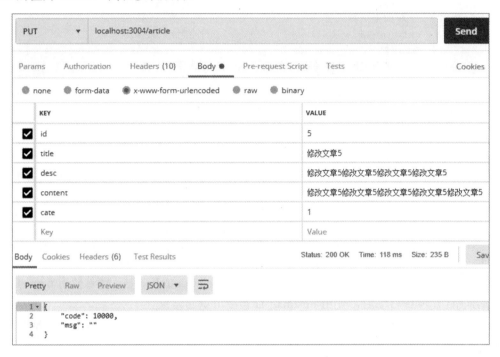

图 4-82　修改 id 为 5 的文章信息

然后再次请求 id 为 5 的文章信息，发现已经是刚才修改之后的信息，如图 4-83 所示，代表修改文章接口调用成功。

图 4-83　修改后的 id 为 5 的文章信息

同样，如果修改的时候传入的是一个数据库中不存在的文章 id，则会返回错误，如图 4-84 所示，返回了错误状态码和错误信息。

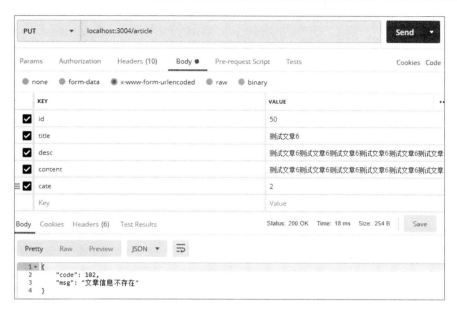

图 4-84　修改不存在的文章 id 信息

4.12.11　删除文章接口

删除文章接口是指用户在文章列表页面单击某一条文章信息上的"删除"按钮，在弹出的删除文章提示窗口中单击"确定"按钮时前端发送过来的接口请求。该接口的请求参数数如表 4-19 所示。

表 4-19　删除文章接口的请求参数

参　　数	类　　型	是 否 必 传	描　　述
id	数字	是	文章id

删除文章接口对应的处理方法是 ArticleController 文件中的 remove()方法，代码如下：

```
// 删除文章方法
function remove (req, res) {
  // 定义一个返回对象
  const resObj = Common.clone (Constant.DEFAULT_SUCCESS);
  // 定义一个 async 任务
  let tasks = {
    // 校验参数方法
    checkParams: (cb) => {
      // 调用公共方法中的校验参数方法，如果成功则继续后面的操作
      // 如果失败则传递错误信息到 async 的最终方法中
      Common.checkParams (req.body, ['id'], cb);
    },
    // 删除方法，依赖校验参数方法
    remove: ['checkParams', (results, cb)=>{
      // 使用 article 的 model 中的方法更新
```

```
ArticleModel
  .destroy ({
    where: {
      id: req.body.id
    }
  })
  .then (function (result) {
    // 删除结果处理
    if(result){
      // 如果删除成功
      cb (null);                    // 继续后续操作
    }else{
      // 如果删除失败，则传递错误信息到 async 的最终方法中
      cb (Constant.ARTICLE_NOT_EXSIT);
    }
  })
  .catch (function (err) {
    // 错误处理
    console.log (err);             // 打印错误日志
    cb (Constant.DEFAULT_ERROR);   // 传递错误信息到 async 的最终方法中
  });
}]
};
Common.autoFn (tasks, res, resObj)    // 执行公共方法中的 autoFn 方法，返回数据
}
```

将以上删除文章接口处理方法的代码插入 ArticleController 中，接着使用 npm start 命令启动项目。项目启动后，使用 Postman 查看接口返回结果。

首先看一下删除前文章接口的返回结果。使用 Postman 发送 GET 请求 http://localhost:3004/article?page=1&rows=2，如图 4-85 所示。

图 4-85　删除 id 为 6 的文章信息前的文章列表

接着删除 id 为 6 的文章信息。使用 Postman 发送 DELETE 请求 http://localhost:3004/article，返回 code 值为 10000，删除成功，如图 4-86 所示。

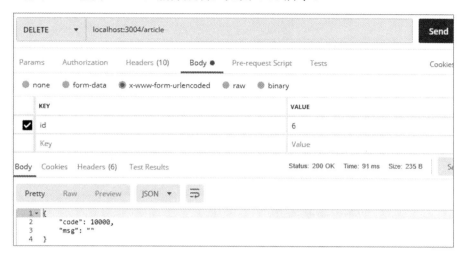

图 4-86　删除 id 为 6 的文章信息

然后再次查看文章列表，会发现 id 为 6 的文章信息已经不存在了，如图 4-87 所示。

图 4-87　删除 id 为 6 的文章信息后的文章列表

同样，如果在删除的时候传入的是一个数据库不存在的文章 id，则会返回错误。如

图 4-88 所示，返回了错误状态码和错误信息。

图 4-88　删除不存在的文章 id 信息

4.12.12　查看博客信息接口

将博客管理模块的几个接口全部放在项目根目录下 controllers 目录的 info.js 文件中，也就是放在 InfoController 文件中。首先来看看该文件的代码主结构。

```
const Common = require ('./common');              // 引入公共方法
const InfoModel = require ('../models/info');     // 引入 info 表的 model
const Constant = require ('../constant/constant'); // 引入常量
const dateFormat = require ('dateformat');        // 引入 dateformat 包
// 配置对象
let exportObj = {
  info,
  update,
};
module.exports = exportObj;                       // 导出对象，供其他模块调用
// 获取博客信息方法
function info (req, res) {   .
  // 获取博客信息逻辑
}
// 修改博客信息方法
function update (req, res) {
  // 修改博客信息逻辑
}
```

查看博客信息接口是指在用户单击后台管理界面上的博客信息管理模块打开博客信息页面时，前端发送过来的接口请求。查看博客信息接口没有请求参数，后端会到 MySQL 数据库中查询 id 为 1 的数据。

该接口对应的处理方法是 InfoController 文件中的 info()方法，代码如下：

```javascript
// 获取博客信息方法
function info (req, res) {
  // 定义一个返回对象
  const resObj = Common.clone (Constant.DEFAULT_SUCCESS);
  // 定义一个 async 任务
  let tasks = {
    // 查询方法，依赖校验参数方法
    query: cb => {
      // 使用 info 的 model 中的方法查询
      InfoModel
        // 查询 id 为 1 的数据
        .findByPk (1)
        .then (function (result) {
          // 查询结果处理
          // 如果查询到结果
          if(result){
            // 将查询到的结果给返回对象赋值
            resObj.data = {
              id: result.id,
              title: result.title,
              subtitle: result.subtitle,
              about: result.about,
              createdAt: dateFormat (result.createdAt, 'yyyy-mm-dd HH:MM:ss')
            };
            cb(null);                    // 继续后续操作
          }else{
            // 查询失败，传递错误信息到 async 的最终方法中
            cb (Constant.BLOG_INFO_NOT_EXSIT);
          }
        })
        .catch (function (err) {
          // 错误处理
          console.log (err);             // 打印错误日志
          cb (Constant.DEFAULT_ERROR);   // 传递错误信息到 async 的最终方法中
        });
    }
  };
  // 执行公共方法中的 autoFn()方法，返回数据
  Common.autoFn (tasks, res, resObj)
}
```

将以上查看博客信息接口处理方法的代码插入 InfoController 中，接着使用 npm start 命令启动项目。项目启动后，使用 Postman 发送 GET 请求 http://localhost:3004/info 查看结果，得到了博客信息的返回，如图 4-89 所示。

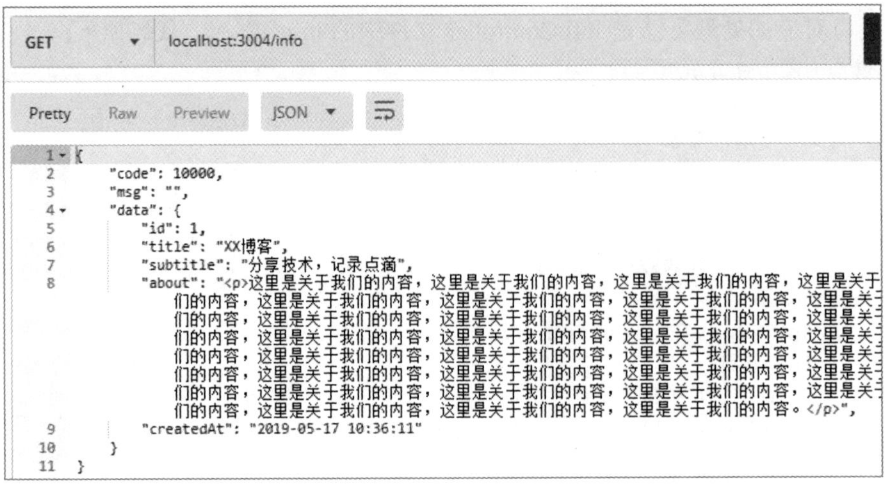

图 4-89　查看博客信息接口的返回结果

4.12.13　修改博客信息接口

修改博客信息接口是用户在博客信息页面中修改了博客名称、副标题和关于我们信息之后，单击"提交"按钮时，前端发送过来的接口请求。接口的请求参数如表 4-20 所示。

表 4-20　修改博客信息接口请求参数

参　　数	类　　型	是 否 必 传	描　　述
title	字符串	是	博客名称
subtitle	字符串	是	副标题
about	字符串	是	关于我们

修改博客信息接口对应的处理方法是 InfoController 文件中的 update()方法，代码如下：

```
// 修改博客信息方法
function update (req, res) {
  // 定义一个返回对象
  const resObj = Common.clone (Constant.DEFAULT_SUCCESS);
  // 定义一个 async 任务
  let tasks = {
    // 更新方法，依赖校验参数方法
    update: cb => {
      // 使用 info 的 model 中的方法更新
      InfoModel
        .update ({
          title: req.body.title,
          subtitle: req.body.subtitle,
          about: req.body.about
        }, {
```

```
      // 查询 id 为 1 的数据进行更新
      where: {
        id: 1
      }
    })
    .then (function (result) {
      // 更新结果处理
      if(result[0]){
        cb (null);                    // 如果更新成功，则继续后续操作
      }else{
        // 如果更新失败，则传递错误信息到 async 的最终方法中
        cb (Constant.BLOG_INFO_NOT_EXSIT);
      }
    })
    .catch (function (err) {
      // 错误处理
      console.log (err);             // 打印错误日志
      cb (Constant.DEFAULT_ERROR);   // 传递错误信息到 async 的最终方法中
    });
  }
};
Common.autoFn (tasks, res, resObj)    // 执行公共方法中的 autoFn 方法,返回数据
}
```

将以上修改博客信息接口处理方法的代码插入 InfoController 中，接着使用 npm start 命令启动项目。项目启动后，使用 Postman 查看接口返回结果。

首先获取博客信息，使用 Postman 发送 GET 请求 http://localhost:3004/info，如图 4-90 所示，表示正常返回。

图 4-90　博客信息修改前的返回结果

接着修改内容，发送 PUT 请求 http://localhost:3004/info，结果如图 4-91 所示。返回 code 的值为 10000，代表修改成功。

然后再次请求博客信息接口，发现已经是刚才修改之后的信息，代表修改博客信息接

口调用成功，如图 4-92 所示。

图 4-91　博客信息被修改

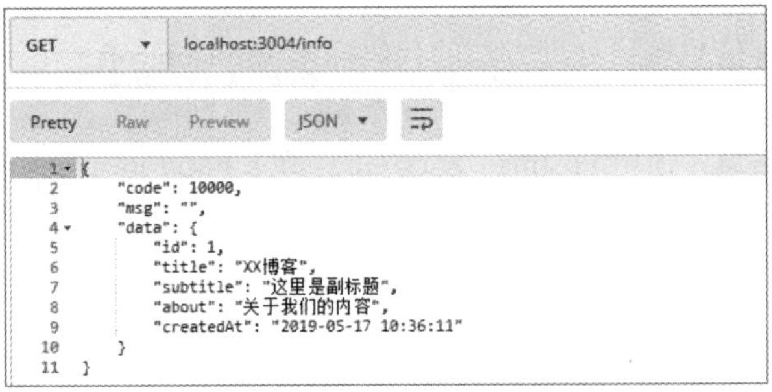

图 4-92　博客信息修改后的返回结果

4.12.14　管理员列表接口

将管理员模块的几个接口全部放在项目根目录下 controllers 目录的 admin.js 文件中，也就是放在 AdminController 文件中。首先来看看该文件的代码主结构。

```
const Common = require ('./common');              // 引入公共方法
const AdminModel = require ('../models/admin');    // 引入 admin 表的 model
const Constant = require ('../constant/constant'); // 引入常量
// 引入 dateformat 包
const dateFormat = require ('dateformat');
// 配置对象
let exportObj = {
  list,
  info,
```

```
  add,
  update,
  remove
};
module.exports = exportObj;                        // 导出对象，供其他模块调用
// 获取管理员列表方法
function list (req, res){
  // 获取管理员列表逻辑
}
// 获取单条管理员方法
function info(req, res){
  // 获取单条管理员逻辑
}
// 添加管理员方法
function add(req, res){
  // 添加管理员逻辑
}
// 修改管理员方法
function update(req, res){
  // 修改管理员逻辑
}
// 删除管理员方法
function remove(req, res){
  // 删除管理员逻辑
}
```

　　管理员列表接口是指用户打开后台管理界面上的管理员管理模块默认展示的页面时，前端发送过来的接口请求。该接口的请求参数如表 4-21 所示。

表 4-21　管理员列表接口的请求参数

参　　数	类　　型	是 否 必 传	描　　述
page	数字	是	页码
rows	数字	是	每页条数
username	字符串	否	用户名

　　管理员列表接口对应的处理方法是 AdminController 文件中的 list()方法，代码如下：

```
// 获取管理员列表方法
function list (req, res) {
  // 定义一个返回对象
  const resObj = Common.clone (Constant.DEFAULT_SUCCESS);
  // 定义一个 async 任务
  let tasks = {
    // 校验参数方法
    checkParams: (cb) => {
      // 调用公共方法中的校验参数方法，如果成功则继续后面的操作
      // 如果失败则传递错误信息到 async 的最终方法中
      Common.checkParams (req.query, ['page', 'rows'], cb);
    },
    // 查询方法，依赖校验参数方法
```

```
   query: ['checkParams', (results, cb) => {
     // 根据前端提交的参数计算 SQL 语句中需要的 offset，即从多少条开始查询
     let offset = req.query.rows * (req.query.page - 1) || 0;
     // 根据前端提交的参数计算 SQL 语句中需要的 limit，即查询多少条
     let limit = parseInt (req.query.rows) || 20;
     let whereCondition = {};          // 设定一个查询条件对象
     if(req.query.username){            // 如果查询用户名存在，则查询对象增加用户名
       whereCondition.username = req.query.username;
     }
     // 通过 offset 和 limit 使用 admin 的 model 到数据库中查询，并按照创建时间排序
     AdminModel
       .findAndCountAll ({
         where: whereCondition,
         offset: offset,
         limit: limit,
         order: [['created_at', 'DESC']],
       })
       .then (function (result) {
         // 查询结果处理
         let list = [];                  // 定义一个空数组 list，用来存放最终的结果
         // 遍历 SQL 查询出来的结果，处理后装入 list
         result.rows.forEach ((v, i) => {
           let obj = {
             id: v.id,
             username: v.username,
             name: v.name,
             role: v.role,
             lastLoginAt: dateFormat (v.lastLoginAt, 'yyyy-mm-dd HH:MM:ss'),
             createdAt: dateFormat (v.createdAt, 'yyyy-mm-dd HH:MM:ss')
           };
           list.push (obj);
         });
         // 给返回结果赋值，包括列表和总条数
         resObj.data = {
           list,
           count: result.count
         };
         cb (null);                      // 继续后续操作
       })
       .catch (function (err) {
         // 错误处理
         console.log (err);              // 打印错误日志
         cb (Constant.DEFAULT_ERROR);    // 传递错误信息到 async 的最终方法中
       });
   }]
 };
 Common.autoFn (tasks, res, resObj)     // 执行公共方法中的 autoFn 方法，返回数据
}
```

将以上管理员列表接口处理方法代码插入 AdminController 中，接着使用 npm start 命令启动项目。项目启动后，使用 Postman 发送 GET 请求 http://localhost:3004/admin?page=

1&rows=4 查看结果。

如图 4-93 所示，可以得到正确的返回结果，因为数据库中只添加了 3 条模拟的管理员数据，所以只返回了 3 条数据。

图 4-93　管理员列表的返回结果

还可以加上用户名筛选，只需在参数上增加 username 字段即可，使用 Postman 发送 GET 请求 http://localhost:3004/admin?page=1&rows=4&username=zhaoliu，结果如图 4-94 所示。

图 4-94　管理员列表按用户名搜索的返回结果

如果查询到了一个数据库中没有的用户名，则会返回一个空数组，代表没有查询到结果，同时总条数也是 0，如图 4-95 所示。

图 4-95   管理员列表按用户名搜索没有搜索到结果

4.12.15 单条管理员信息接口

单条管理员信息接口是在用户单击某一条管理员信息的"修改"按钮时，前端发送过来的接口请求。该接口请求的参数如表 4-22 所示。

表 4-22   单条管理员信息接口的请求参数

参　　数	类　　型	是 否 必 传	描　　述
id	数字	是	管理员id

单条管理员信息接口对应的处理方法是 AdminController 文件中的 info()方法，代码如下：

```
// 获取单条管理员方法
function info (req, res) {
  // 定义一个返回对象
  const resObj = Common.clone (Constant.DEFAULT_SUCCESS);
  // 定义一个 async 任务
  let tasks = {
    // 校验参数方法
    checkParams: (cb) => {
      // 调用公共方法中的校验参数方法，如果成功则继续后面的操作
      // 如果失败则传递错误信息到 async 的最终方法中
      Common.checkParams (req.params, ['id'], cb);
    },
    // 查询方法，依赖校验参数方法
    query: ['checkParams', (results, cb) => {
      // 使用 admin 的 model 中的方法查询
      AdminModel
        .findByPk (req.params.id)
        .then (function (result) {
          // 查询结果处理
          if(result){                                  // 如果查询到结果
```

```
                    // 将查询到的结果给返回对象赋值
                    resObj.data = {
                      id: result.id,
                      username: result.username,
                      name: result.name,
                      role: result.role,
                      lastLoginAt: dateFormat (result.lastLoginAt, 'yyyy-mm-dd HH:MM:ss'),
                      createdAt: dateFormat (result.createdAt, 'yyyy-mm-dd HH:MM:ss')
                    };
                    cb(null);                      // 继续后续操作
                  }else{
                    // 如果查询失败，传递错误信息到 async 最终方法
                    cb (Constant.ADMIN_NOT_EXSIT);
                  }
                })
                .catch (function (err) {
                  // 错误处理
                  console.log (err);               // 打印错误日志
                  cb (Constant.DEFAULT_ERROR);     // 传递错误信息到 async 的最终方法中
                });
            }]
          };
          Common.autoFn (tasks, res, resObj)  // 执行公共方法中的 autoFn 方法, 返回数据
        }
```

　　将以上单个管理员信息接口处理方法的代码插入 AdminController 中，接着使用 npm start 命令启动项目。项目启动后，使用 Postman 发送 GET 请求 http://localhost:3004/admin/2 查看结果，得到了指定 id 为 2 的管理员信息，如图 4-96 所示。

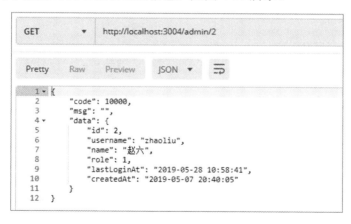

图 4-96　单条管理员信息接口的返回结果

　　如果请求了一个在数据库中不存在的 id，那么就会找不到数据，将返回错误的状态码和错误的信息，如图 4-97 所示。

图 4-97 单条管理员信息接口返回失败

4.12.16 添加管理员接口

添加管理员接口是指用户在管理员列表上单击"添加"按钮，在弹出的添加管理员窗口中输入用户名、密码、姓名和角色之后，单击"确定"按钮时前端发送过来的接口请求。该接口的请求参数如表 4-23 所示。

表 4-23 添加管理员接口的请求参数

参　　数	类　　型	是 否 必 传	描　　述
username	字符串	是	用户名
password	字符串	是	密码
name	字符串	是	姓名
role	字符串	是	角色

添加管理员接口对应的处理方法是 AdminController 文件中的 add()方法，代码如下：

```
// 添加管理员方法
function add (req, res) {
  // 定义一个返回对象
  const resObj = Common.clone (Constant.DEFAULT_SUCCESS);
  // 定义一个 async 任务
  let tasks = {
    // 校验参数方法
    checkParams: (cb) => {
      // 调用公共方法中的校验参数方法，如果成功则继续后面的操作
      // 如果失败则传递错误信息到 async 的最终方法中
      Common.checkParams (req.body, ['username', 'password', 'name', 'role'], cb);
    },
    // 添加方法，依赖校验参数方法
    add: ['checkParams', (results, cb)=>{
      // 使用 admin 的 model 中的方法插入到数据库
      AdminModel
        .create ({
          username: req.body.username,
          password: req.body.password,
          name: req.body.name,
```

```
            role: req.body.role
        })
        .then (function (result) {
          // 插入结果处理
          cb (null);                        // 继续后续操作
        })
        .catch (function (err) {
          // 错误处理
          console.log (err);                // 打印错误日志
          cb (Constant.DEFAULT_ERROR);      // 传递错误信息到 async 的最终方法中
        });
    }]
  };
  Common.autoFn (tasks, res, resObj)   // 执行公共方法中的 autoFn 方法, 返回数据
}
```

将以上添加管理员接口处理方法的代码插入 AdminController 中，接着使用 npm start 命令启动项目。项目启动后，使用 Postman 发送 POST 请求 http://localhost:3004/admin 查看结果。

结果如图 4-98 所示，返回的 code 的值是 10000，代表添加成功。可以再次请求管理员列表接口，查看是否真的添加了进去。

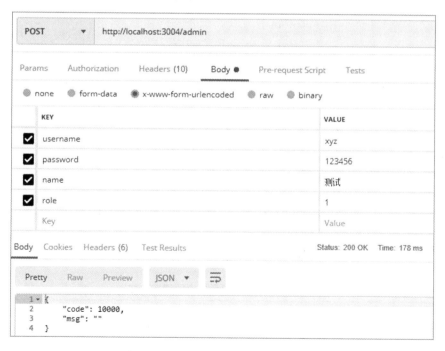

图 4-98 添加管理员接口的返回结果

结果如图 4-99 所示，可以看到刚才添加的管理员信息已经排在了第一位。因为是按照管理员的创建时间倒序排列的，所以可以证实了刚才那一条管理员信息已经添加成功。

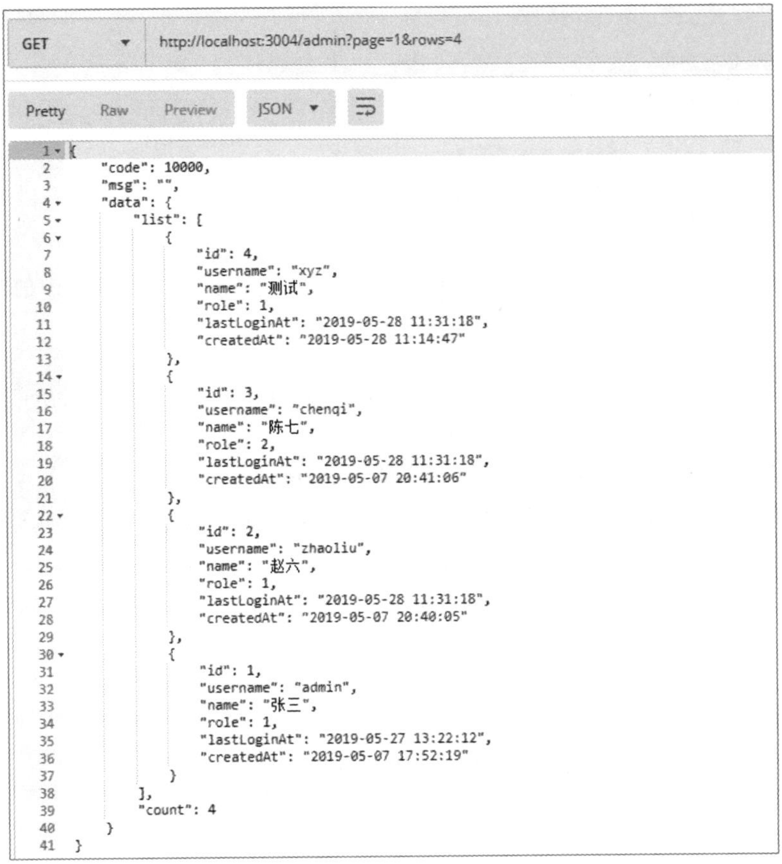

图 4-99　添加管理员后管理员列表接口的返回结果

4.12.17　修改管理员接口

修改管理员接口是指用户在管理员列表页面单击某一条管理员信息上的"修改"按钮，在弹出的修改管理员窗口中修改了用户名、密码、姓名和角色之后，单击"确定"按钮时前端发送过来的接口请求。该接口的请求参数如表 4-24 所示。

表 4-24　修改管理员接口的请求参数

参　　数	类　　型	是 否 必 传	描　　述
id	数字	是	管理员id
username	字符串	是	用户名
password	字符串	是	密码
name	字符串	是	姓名
role	字符串	是	角色

修改管理员接口对应的处理方法是 AdminController 文件中的 update()方法,代码如下:

```
// 修改管理员方法
function update (req, res) {
  // 定义一个返回对象
  const resObj = Common.clone (Constant.DEFAULT_SUCCESS);
  // 定义一个 async 任务
  let tasks = {
    // 校验参数方法
    checkParams: (cb) => {
      // 调用公共方法中的校验参数方法, 如果成功则继续后面的操作
      // 如果失败则传递错误信息到 async 的最终方法中
      Common.checkParams (req.body, ['id', 'username', 'password', 'name',
'role'], cb);
    },
    // 更新方法, 依赖校验参数方法
    update: ['checkParams', (results, cb)=>{
      // 使用 admin 的 model 中的方法更新
      AdminModel
        .update ({
          username: req.body.username,
          password: req.body.password,
          name: req.body.name,
          role: req.body.role
        }, {
          where: {
            id: req.body.id
          }
        })
        .then (function (result) {
          // 更新结果处理
          if(result[0]){
            cb (null);                      // 如果更新成功, 则继续后续操作
          }else{
            // 如果更新失败, 则传递错误信息到 async 的最终方法中
            cb (Constant.ADMIN_NOT_EXSIT);
          }
        })
        .catch (function (err) {
          // 错误处理
          console.log (err);                // 打印错误日志
          cb (Constant.DEFAULT_ERROR);      // 传递错误信息到 async 的最终方法中
        });
    }]
  };
  Common.autoFn (tasks, res, resObj)        // 执行公共方法中的 autoFn 方法, 返回数据
}
```

将以上修改管理员接口处理方法的代码插入 AdminController 中, 接着使用 npm start 命令启动项目。项目启动后, 使用 Postman 查看接口的返回结果。

首先获取 id 为 3 的这一条管理员信息, 使用 Postman 发送 GET 请求 http://localhost: 3004/admin/3, 结果如图 4-100 所示, 表示正常返回。

图 4-100　id 为 3 的管理员修改前信息

接着修改内容，发送 PUT 请求 http://localhost:3004/admin，结果如图 4-101 所示。返回 code 的值为 10000，代表修改成功。

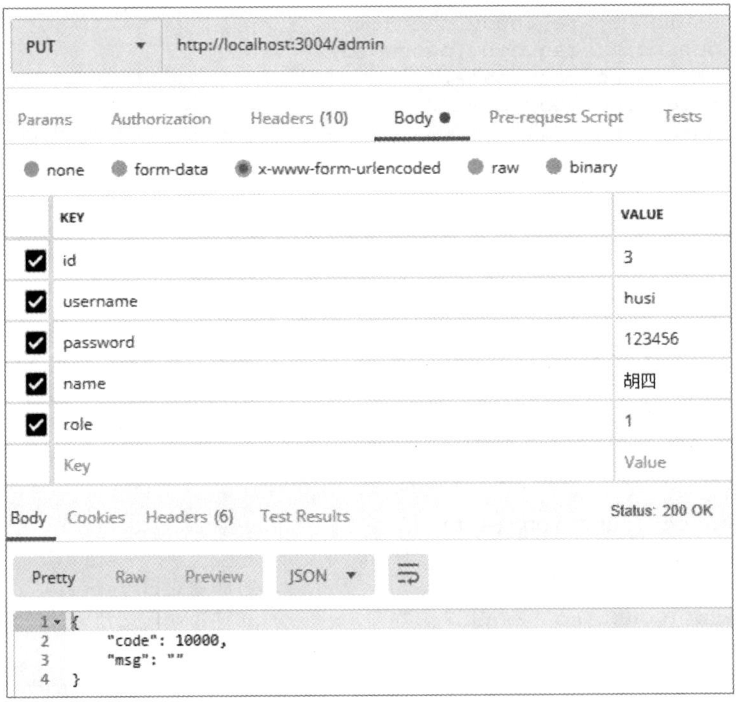

图 4-101　修改 id 为 3 的管理员信息

然后再次请求 id 为 3 的管理员信息，发现已经是刚才修改之后的信息，代表修改管理员接口调用成功，如图 4-102 所示。

同样，如果修改的时候传入的是一个数据库中不存在的管理员 id，则会返回错误。如图 4-103 所示，返回了错误状态码和错误信息。

图 4-102　修改后 id 为 3 的管理员信息

图 4-103　修改不存在的管理员 id 信息

4.12.18　删除管理员接口

　　删除管理员接口是指用户在管理员列表页面单击某一条管理员信息上的"删除"按钮，在弹出的删除管理员提示窗口中单击"确定"按钮时前端发送过来的接口请求。接口的请求参数如表 4-25 所示。

表 4-25　删除管理员接口的请求参数

参　　数	类　　型	是 否 必 传	描　　述
id	数字	是	管理员id

删除管理员接口对应的处理方法是 AdminController 文件中的 remove()方法，代码如下：

```
// 删除管理员方法
function remove (req, res) {
  // 定义一个返回对象
  const resObj = Common.clone (Constant.DEFAULT_SUCCESS);
  // 定义一个 async 任务
  let tasks = {
    // 校验参数方法
    checkParams: (cb) => {
      // 调用公共方法中的校验参数方法，如果成功则继续后面的操作
      // 如果失败则传递错误信息到 async 的最终方法中
      Common.checkParams (req.body, ['id'], cb);
    },
    remove: ['checkParams', (results, cb)=>{
      // 使用 admin 的 model 中的方法更新
      AdminModel
        .destroy ({
          where: {
            id: req.body.id
          }
        })
        .then (function (result) {
          // 删除结果处理
          if(result){
            cb (null);                      // 如果删除成功，则继续后续操作
          }else{
            // 如果删除失败，则传递错误信息到 async 的最终方法中
            cb (Constant.ADMIN_NOT_EXSIT);
          }
        })
        .catch (function (err) {
          // 错误处理
          console.log (err);              // 打印错误日志
          cb (Constant.DEFAULT_ERROR);    // 传递错误信息到 async 的最终方法中
        });
    }]
  };
  Common.autoFn (tasks, res, resObj)      // 执行公共方法中的 autoFn 方法,返回数据
}
```

将以上删除管理员接口处理方法的代码插入 AdminController 中，接着使用 npm start 命令启动项目。项目启动后，使用 Postman 查看接口返回结果。

首先看一下删除前管理员列表接口返回的结果。使用 Postman 发送 GET 请求 http://localhost:3004/admin，结果如图 4-104 所示。

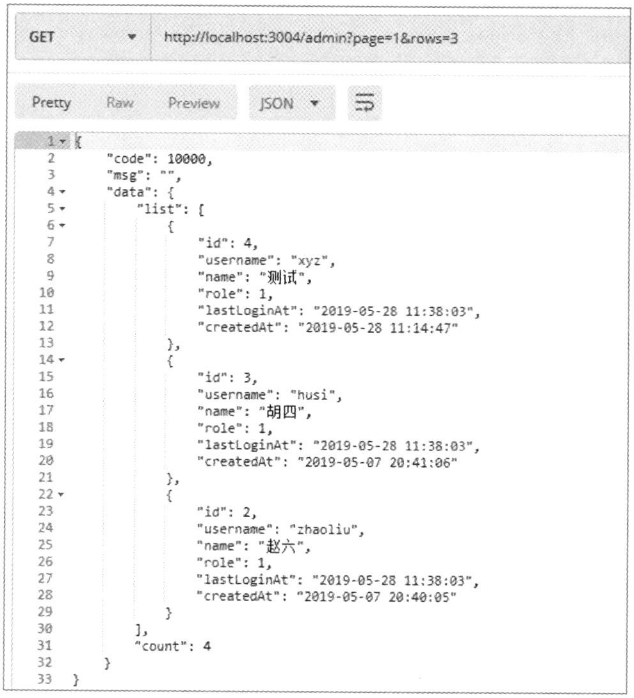

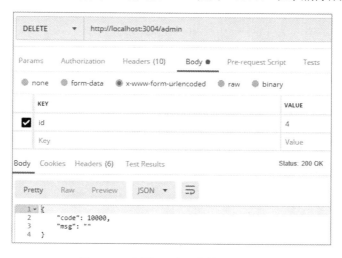

图 4-104　删除 id 为 4 的管理员信息前的管理员列表

接着删除 id 为 4 的管理员信息。使用 Postman 发送 DELETE 请求 http://localhost:3004/admin，结果如图 4-105 所示。返回的 code 值为 10000，表示删除成功。

图 4-105　删除 id 为 4 的管理员信息

然后再次查看管理员列表，会发现 id 为 4 的管理员信息已经不存在了，如图 4-106 所示。

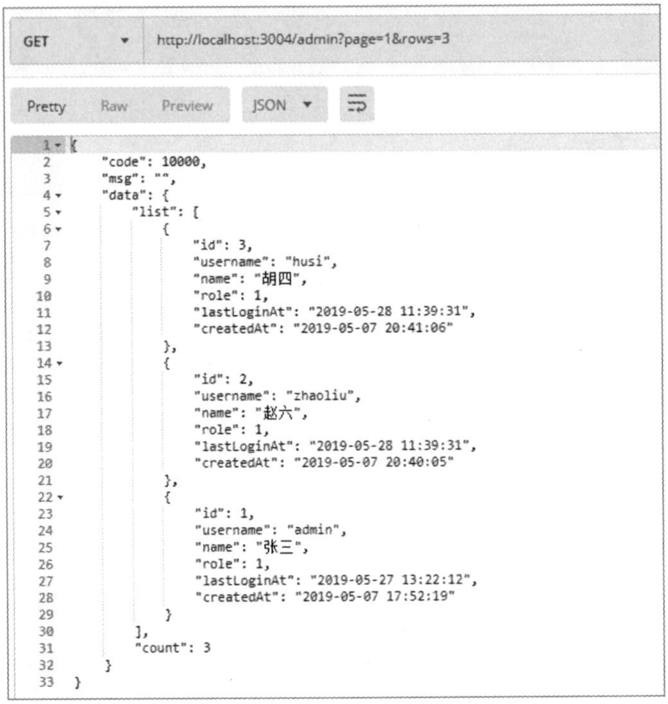

图 4-106　删除 id 为 4 的管理员信息后的管理员列表

同样，如果在删除的时候传入的是一个数据库不存在的管理员 id，则会返回错误状态码和错误信息，如图 4-107 所示。

图 4-107　删除不存在的管理员 id 信息

第 5 章　装修小程序管理系统

（Node.js+Express+Vue.js+MySQL）

前面章节中使用 Express 框架配合 MySQL 数据库开发了一个完整的博客管理项目，实现了博客信息的展示和管理。

本章开发的项目是一套完整的小程序展示管理系统，包含前台展示系统和后台管理系统。由于两个系统功能独立，所以本章将分开讲解，5.1 节至 5.6 节讲解前台展示系统的开发，5.7 节至 5.12 节讲解后台管理系统的开发。

5.1　前台展示系统需求分析

自 2017 年 1 月 9 日小程序正式上线以来，经过将近两年的发展，已经构造了新的小程序开发环境和开发者生态，许许多多的企业也纷纷开发了属于自己的小程序。

本次的产品需求就是开发一个装修小程序及与其相关的后台管理系统，实现用户查看装修攻略、了解装修企业和快速预约等功能。

根据产品规划，本次开发的装修小程序管理系统分为前台展示系统和后台管理系统。其中，前台展示系统即为小程序，分为活动模块、分类模块、文章模块、案例模块、企业信息模块和预约模块。

前端开发人员根据产品规划和 UI 设计图已经开发完毕，实现出了主要页面效果图。其中，首页效果如图 5-1 所示，预约模块效果如图 5-2 所示，案例模块效果如图 5-3 所示，企业信息模块效果如图 5-4 所示。

产品需求如下：

（1）首页展示活动模块、分类模块和案例模块。

（2）活动模块展示所有的活动，以轮播图的形式展示，单击图片可进入活动链接或相关活动文章。

（3）分类模块展示所有的分类，包含分类名称和对应的图片，单击某一分类可进入文章模块。

（4）文章模块分页展示当前分类下的所有文章，单击文章可进入文章详情页。

（5）文章详情页展示文章详情，包含标题、摘要和内容等。

图 5-1　前台首页效果图

图 5-2　预约模块效果图

图 5-3　案例模块效果图

图 5-4　企业信息模块效果图

（6）首页案例模块只展示最新的两个案例，单击可进入案例详情页。

（7）预约模块为提交表单，用户可填写表单进行装修预约，后台需保存用户预约信息，可进行查看管理。

（8）案例模块分页展示所有案例，单击相应的案例可进入案例详情页。

（9）案例详情页展示案例详情，包含案例名称、摘要和内容等。

（10）企业信息模块展示企业的相关信息，包含地理位置坐标、企业名、电话和简介等。

5.2　前台展示系统设计

由于小程序的特殊性，系统设计实现方案只能通过前后端分离的方式，通过 HTTP 协议传输 JSON 格式数据。

针对本项目而言，系统设计方案：前端开发人员根据 UI 图编写好小程序页面，通过 Ajax 发送 HTTP 请求到后端编写好的 API 接口，后端处理请求，封装好数据，将数据以 JSON 格式返回前端，前端再通过 JS 将数据渲染到页面。

5.2.1　实现目标

根据产品需求，确定实现目标如下：

（1）活动列表接口：返回所有的活动信息。

（2）分类列表接口：返回所有的分类信息。

（3）文章列表接口：分页返回某一分类下的所有文章信息。

（4）文章详情接口：返回某一篇文章的详细信息。

（5）首页案例接口：返回两条案例信息，按创建的时间倒序排序。

（6）预约接口：保存预约表单数据。

（7）案例列表接口：分页返回所有的案例信息。

（8）案例详情接口：返回某一案例的详细信息。

（9）企业信息接口：返回企业的详细信息。

5.2.2　解决方案

下面针对以上实现目标进行一一分析。

（1）活动列表接口：返回所有的活动信息。

活动列表就是将所有活动查询出来并返回一个列表。因为这里不需要分页展示，所以只需要通过指定的 SQL 语句到 MySQL 数据库中查询出所有的活动数据，接着处理查询出来的数据，并将数据组装成 JSON 格式返回即可。

（2）分类列表接口：返回所有的分类信息。

分类列表如同活动列表一样，就是将所有的分类信息查询出来，然后返回一个列表。因为这里不需要分页展示，所以只需要通过指定的 SQL 语句到 MySQL 数据库中查询出所有的活动数据，接着处理查询出来的数据，并将数据组装成 JSON 格式返回即可。

（3）文章列表接口：分页返回某一分类下的所有文章信息。

文章列表接口其实就是查询某一分类下的所有文章。前端请求此接口时会带上此分类的 id，需要到 MySQL 数据库中通过指定的 SQL 语句查询出所有文章，并且加上此分类的 id 作为筛选条件即可查询出所需要的数据，接着处理查询出来的数据，并将数据组装成 JSON 格式返回即可。

（4）文章详情接口：返回某一篇文章的详细信息。

文章详情接口就是查询出某一篇文章的数据。前端请求此接口时会带上此文章的 id，需要到 MySQL 数据库中通过指定的 SQL 语句查询出指定 id 的文章数据，接着处理查询出来的数据，将数据组装成 JSON 格式返回。

（5）首页案例列表接口：返回两条案例信息，按创建的时间倒序排序。

因为首页的案例列表接口其实也是查询所有案例，只是限制了两条数据，所以可以和案例列表接口合二为一，让前端传递一个参数标识过来加以区分即可。详细内容将放到案例列表接口部分进行讲解。

（6）预约接口：保存预约表单数据。

预约接口是一个表单的提交接口，接收到前端的请求数据之后，通过处理再用 SQL 语句将处理后的数据插入 MySQL 数据库中，然后返回成功的 JSON 格式数据。

（7）案例列表接口：分页返回所有的案例信息。

案例列表接口其实就是查询所有的案例信息。由于是分页返回，所以前端请求此接口时会带上分页参数，后端到 MySQL 数据库中通过指定的 SQL 语句进行查询。另外，此接口和首页的案例列表接口合二为一后，需要根据参数判断结果，决定是首页还是分页列表。如果是首页就查询出两条最新的数据并返回，否则查询出符合分页条件的所有案例数据，然后处理查询出来的数据，将数据组装成 JSON 格式返回。

（8）案例详情接口：返回某一案例的详细信息。

案例详情接口就是查询出某一案例的数据。前端请求此接口时会带上此案例的 id，后端需要到 MySQL 数据库中通过指定的 SQL 语句查询出指定 id 的案例数据，接着处理查询出来的数据，将数据组装成 JSON 格式返回即可。

（9）企业信息接口：返回企业的详细信息。

企业信息接口就是查询出指定存放企业信息的 id 的数据。后端开发人员需要到 MySQL 数据库中通过指定的 SQL 语句查询出指定 id 的数据，接着处理查询出来的数据，将数据组装成 JSON 格式返回即可。

经过对所有实现目标的分析，得出针对实现目标的解决方案如下：

（1）使用 SQL 语句到 MySQL 数据库中查询出所有的数据。

（2）同（1）。

（3）使用 SQL 语句到 MySQL 数据库中查询出符合条件的数据。

（4）使用 SQL 语句到 MySQL 数据库中查询主键等于 id 的一条数据。

（5）与（7）合并。

（6）使用 SQL 语句到 MySQL 数据库中插入一条新的数据。

（7）同（3）。

（8）同（4）。

（9）同（4）。

5.2.3　系统流程图

根据解决方案绘制流程图。如图 5-5 所示为活动列表接口和分类列表接口流程图，如图 5-6 所示为文章列表和文章详情接口流程图，如图 5-7 所示为案例列表接口流程图，如图 5-8 所示为案例详情接口流程图，如图 5-9 所示为企业信息接口流程图，如图 5-10 所示为预约接口流程图。

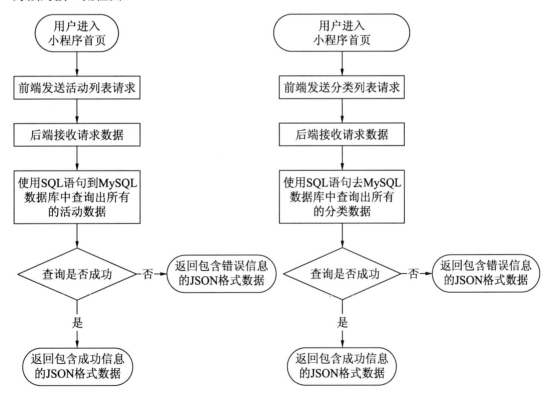

图 5-5　活动列表接口和分类列表接口流程图

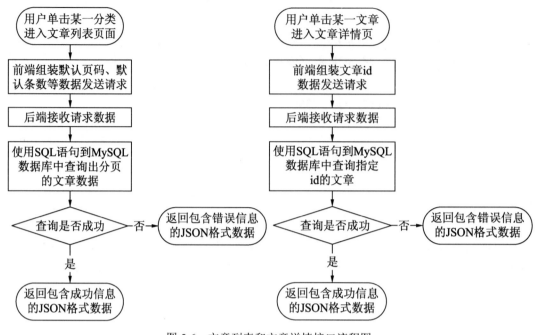

图 5-6　文章列表和文章详情接口流程图

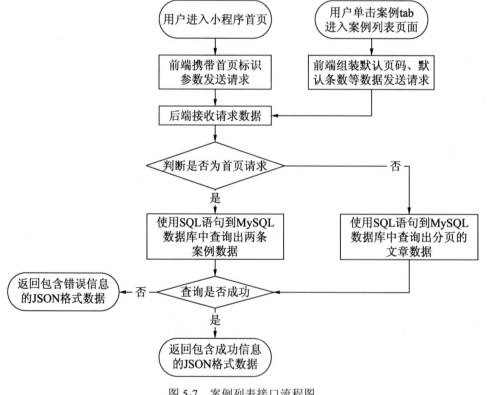

图 5-7　案例列表接口流程图

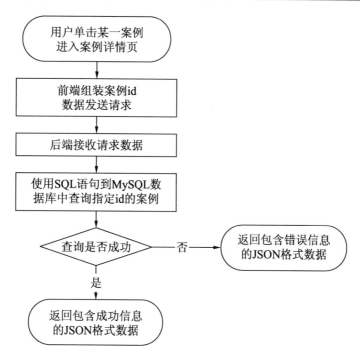

图 5-8　案例详情接口流程图

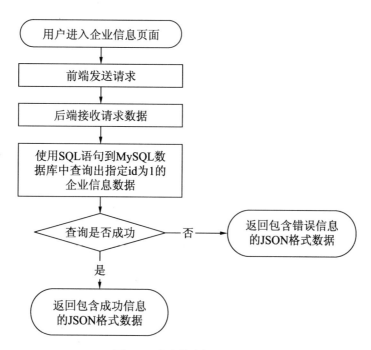

图 5-9　企业信息接口流程图

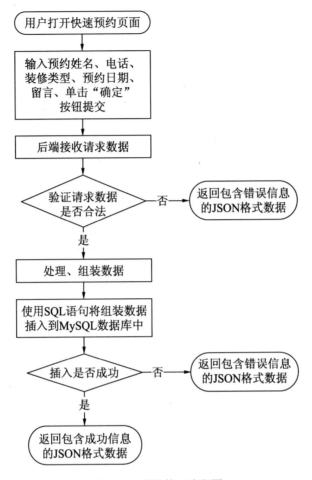

图 5-10　预约接口流程图

5.2.4　开发环境

本项目所使用的开发环境及软件版本如表 5-1 所示。

表 5-1　开发环境及软件版本

操作系统	Windows 10
Node.js版本	10.14.0
Express版本	4.16.0
MySQL版本	5.6
浏览器	Chrome 73.0
开发工具	WebStorm 2018.3

5.3　小程序前端页面分析

前端页面已经开发完毕。本节结合前面的解决方案和页面效果图分别对各个模块进行分析。

5.3.1　活动模块

如图 5-1 所示，首页顶部轮播图即为活动模块。活动模块会展示所有活动的图片，由前端进行轮播，后端接收到请求后从 MySQL 数据库中取出活动列表数据，包含活动 id、活动图片和链接等信息，然后进行组装处理，接着将数据通过 JSON 格式返回给前端，前端将数据渲染出来展示给用户。

5.3.2　分类模块

如图 5-1 所示，首页的中间部分即为分类模块。分类模块会展示所有的分类名称和分类图片，后端接收到请求后从 MySQL 数据库中取出分类列表数据，包含分类 id、分类名称和图片等信息，然后进行组装处理，接着将数据通过 JSON 格式返回给前端，前端将数据渲染出来并展示给用户。

5.3.3　文章模块

1．文章列表

如图 5-11 所示，文章列表页面会展示某一分类下的文章列表。后端接收到前端传入的分类 id 参数后从 MySQL 数据库中取出文章列表数据，包含文章 id、文章标题、图片、摘要和内容等信息，然后进行组装处理，接着将数据通过 JSON 格式返回给前端，前端将数据渲染出来并展示给用户。

2．文章详情

如图 5-12 所示，文章详情页面会展示某一篇文章的详情。后端接收到前端传入的文章 id 参数，后端从 MySQL 数据库中取出文章详情数据，包含文章 id、文章标题、图片、摘要和内容等信息，然后进行组装处理，接着将数据通过 JSON 格式返回给前端，前端将数据渲染出来并展示给用户。

图 5-11　文章列表页面　　　　　　　　　　图 5-12　文章详情页面

5.3.4　案例模块

1．首页案例列表

如图 5-1 所示，首页下方的"推荐案例"部分即为首页案例列表，将会展示最新的两个案例。后端接收到前端传入的代表首页的标识参数后，从 MySQL 数据库中取出数据，包含案例 id、案例名称、图片、摘要和内容等信息，然后进行组装处理，接着将数据通过 JSON 格式返回给前端，前端将数据渲染出来并展示给用户。

2．案例列表

如图 5-3 所示，案例列表页面会分页展示所有案例。后端接收到前端传入的分页参数后，从 MySQL 数据库中取出案例列表数据，包含案例 id、案例名称、图片、摘要和内容等信息，然后进行组装处理，接着将数据通过 JSON 格式返回给前端，前端将数据渲染出来并展示给用户。

3．案例详情

如图 5-13 所示，案例详情页面会展示某一案例的详细信息。后端接收到前端传入的案例 id 参数后，从 MySQL 数据库中取出案例详情数据，包含案例 id、案例名称、图片、摘要和内容等信息，然后进行组装处理，接着将数据通过 JSON 格式返回给前端，前端将数据渲染出来并展示给用户。

5.3.5　预约模块

如图 5-2 所示，预约模块页面会展示预约表单，用户填入信息后单击"提交"按钮，后端接收到前端传入的预约姓名、电话、装修类型、预约时间和留言等参数后，将数据进行处理后插入 MySQL 数据库中，接着返回插入成功的 JSON 格式数据给前端，前端提示用户预约成功。

图 5-13　案例详情页面

5.3.6　企业信息模块

如图 5-4 所示，企业信息页面会展示企业的详细信息。后端从 MySQL 数据库中取出指定 id 的数据，包含企业名称、地址、电话、简介、地理位置等信息，然后进行组装、处理，接着将数据通过 JSON 格式返回给前端，前端将数据渲染出来并展示给用户。

5.4　前台展示系统创建 MySQL 数据库表

本节使用数据库可视化工具 Navicat 来创建库表。

5.4.1　创建数据库 decorate

（1）打开 Navicat 工具，单击"连接"按钮，选择 MySQL，弹出"新建连接"对话框，如图 5-14 所示。在"连接名"文本中输入"本机"，接着输入本地 MySQL 主机名、端口、用户名和密码，单击"连接测试"按钮，即可连接本地 MySQL 数据库。

（2）连接上本地数据库后，右击本地数据库连接，在弹出的快捷菜单中选择"新建数据库"命令，如图 5-15 所示。

（3）在弹出的"新建数据库"对话框中输入数据库名 decorate，字符集选择 utf8mb4 --

UTF-8 Unicode，排序规则选择 utf8mb4_bin，单击"确定"按钮，如图 5-16 所示。

图 5-14　新建 MySQL 本地连接

图 5-15　本地数据库连接菜单

图 5-16　新建数据库 decorate

创建数据库成功后，可以在本地数据库连接列表中看到刚刚创建的 decorate 数据库。

5.4.2　创建数据表 event

（1）双击打开 decorate 数据库，然后右击 decorate 数据库下的"表"，弹出快捷菜单，如图 5-17 所示。

（2）选择"新建表"命令，打开新建表窗口，如图 5-18 所示。

（3）在打开的新建表窗口中新增了 7 个字段，如表 5-2 所示。其中需要注意的是，id 字段要设置成自动递增。

图 5-17　右击 decorate 数据库
弹出的快捷菜单

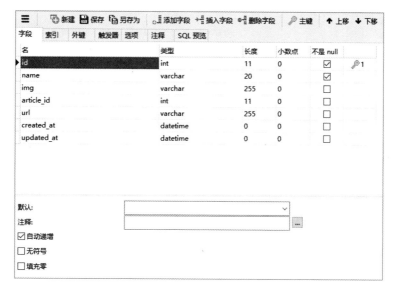

图 5-18　新建 event 表

表 5-2　event表各字段及其作用

字 段 名	类 型	作 用
id	int	活动id
name	varchar	活动名称
img	varchar	活动图片
article_id	int	对应文章id
url	varchar	活动链接
created_at	datetime	创建时间
updated_at	datetime	更新时间

添加完毕后单击"保存"按钮，输入数据表名 event，即可保存成功。

5.4.3 创建数据表 cate

（1）在数据库 decorate 弹出的快捷菜单中继续选择"新建表"命令，打开新建表窗口，如图 5-19 所示。

（2）在打开的新建表窗口中新增 5 个字段，如表 5-3 所示。其中需要注意的是，id 字段要设置成自动递增。

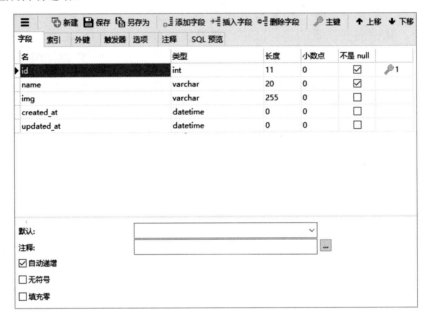

图 5-19　新建 cate 表

表 5-3　cate表各字段名及其作用

字 段 名	类 型	作 用
id	int	分类id
name	varchar	分类名称
img	varchar	分类图片
created_at	datetime	创建时间
updated_at	datetime	更新时间

（3）添加完毕后单击"保存"按钮，输入数据表名 cate，即可保存成功。

5.4.4　创建数据表 article

（1）在数据库 decorate 弹出的快捷菜单中继续选择"新建表"命令，打开新建表窗口，如图 5-20 所示。

（2）在打开的新建表窗口中新增 8 个字段，如表 5-4 所示。其中需要注意的是，id 字段要设置成自动递增。

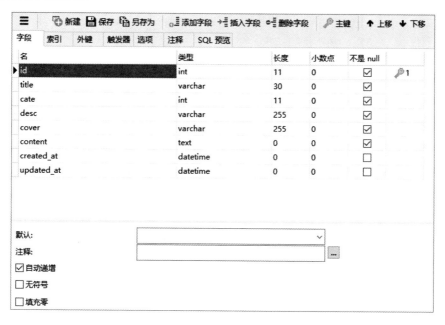

图 5-20　新建 article 表

表 5-4　article表各字段名及其作用

字　段　名	类　　型	作　　用
id	int	文章id
title	varchar	文章标题
cate	int	所属分类
desc	varchar	摘要
cover	varchar	图片
content	text	内容
created_at	datetime	创建时间
updated_at	datetime	更新时间

（3）添加完毕后单击"保存"按钮，输入数据表名 article，即可保存成功。

5.4.5 创建数据表 case

（1）在数据库 decorate 弹出的快捷菜单中继续选择"新建表"命令，打开新建表窗口，如图 5-21 所示。

（2）在打开的新建表窗口中新增 7 个字段，如表 5-5 所示。其中需要注意的是，id 字段要设置成自动递增。

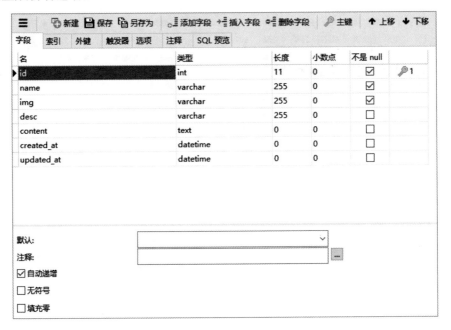

图 5-21 新建 case 表

表 5-5 case表各字段名及其作用

字 段 名	类 型	作 用
id	int	案例id
name	varchar	案例名称
img	int	案例图片
desc	varchar	摘要
content	text	内容
created_at	datetime	创建时间
updated_at	datetime	更新时间

（3）添加完毕后单击"保存"按钮，输入数据表名 case，即可保存成功。

5.4.6 创建数据表 order

（1）在数据库 decorate 弹出的快捷菜单中继续选择"新建表"命令，打开新建表窗口，如图 5-22 所示。

（2）在打开的新建表窗口中新增 9 个字段，如表 5-6 所示。其中需要注意的是，id 字段要设置成自动递增。

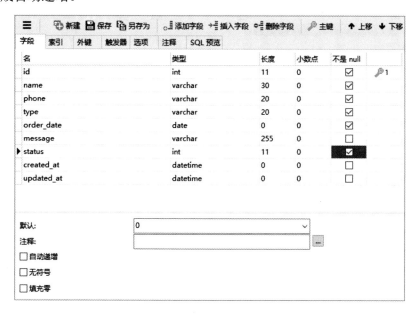

图 5-22 新建 order 表

表 5-6 order表各字段名及其作用

字 段 名	类 型	作 用
id	int	主键id
name	varchar	预约姓名
phone	varchar	电话
type	varchar	装修类型
order_date	date	预约日期
message	varchar	留言
status	int	状态
created_at	datetime	创建时间
updated_at	datetime	更新时间

（3）添加完毕后单击"保存"按钮，输入数据表名 order，即可保存成功。

5.4.7 创建数据表 company

（1）在数据库 decorate 弹出的快捷菜单中继续选择"新建表"命令，打开新建表窗口，如图 5-23 所示。

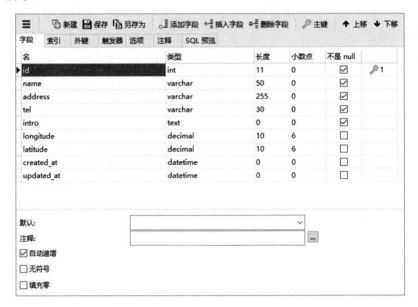

图 5-23　新建 company 表

（2）在打开的新建表窗口中新增 9 个字段，如表 5-7 所示。

表 5-7　company表各字段名及其作用

字 段 名	类 型	作 用
id	int	主键id
name	varchar	企业名称
address	varchar	地址
tel	varchar	电话
intro	text	简介
longitude	decimal	经度
latitude	decimal	纬度
created_at	datetime	创建时间
updated_at	datetime	更新时间

（3）添加完毕后单击"保存"按钮，输入数据表名 company，即可保存成功。

5.4.8　添加模拟数据

为了便于之后的列表展示查看效果，在前端没有提交表单添加数据的情况下，需要在数据库表中添加一些模拟数据。

（1）使用数据库可视化工具 Navicat 在数据表 event 中添加数据，例如添加 3 条活动模拟数据便于演示，如图 5-24 所示。

图 5-24　向 event 表中添加模拟数据

（2）使用数据库可视化工具 Navicat 向数据表 cate 中添加数据，例如添加 4 条分类模拟数据便于演示，如图 5-25 所示。

图 5-25　向 cate 表中添加模拟数据

（3）使用数据库可视化工具 Navicat 向数据表 article 中添加数据，例如添加 5 条文章模拟数据便于演示，如图 5-26 所示。

id	title	cate	desc	cover	content	created_at	updated_at
1	这是第一篇文章	1	这里是第一篇文章的描述	https://images.p	这里是第一篇文章的内容	2019-11-22 11:	2019-11-22 11:0
2	这是第二篇文章	1	这里是第二篇文章的描述	https://images.p	这里是第二篇文章内容这里是第二篇	2019-11-22 11:	2019-11-22 11:1
3	这是第三篇文章	1	这里是第三篇文章的描述	https://images.p	这里是第三篇文章内容，这里是第三	2019-11-22 11:	2019-11-22 11:2
4	这是第四篇文章	1	这里是第四篇文章的描述	https://images.p	这里是第四篇文章内容	2019-11-22 11:	2019-11-22 11:2
5	这是第五篇文章	1	这里是第五篇文章的描述	https://images.p	这里是第五篇文章内容	2019-11-22 11:	2019-11-22 11:2

图 5-26　向 article 表中添加模拟数据

（4）使用数据库可视化工具 Navicat 直接向数据表 case 中添加数据，例如添加 3 条案例模拟数据便于演示，如图 5-27 所示。

id	name	img	desc	content	created_at	updated_at
1	阳光花园	http://localhost:3006/upload/case1.jpg	(Null)	<p> <img sr	2019-05-29 17:27:23	(Null)
2	奢雅酒店	http://localhost:3006/upload/case2.jpg	(Null)	22222	2019-05-29 17:28:36	(Null)
3	风产宾馆	http://localhost:3006/upload/case3.jpg	(Null)	333	2019-06-13 13:48:59	(Null)

图 5-27　向 case 表中添加模拟数据

（5）同样，使用数据库可视化工具 Navicat 向数据表 company 中添加数据，如图 5-28
所示。这个表用来存放博客的基本信息，只需要添加固定 id 为 1 的数据即可。

图 5-28　向 company 表中添加模拟数据

5.5　前台展示系统创建项目

5.5.1　生成项目文件

和前面的项目开发一样，先使用 Express 框架创建一个项目，在命令行中输入以下命
令，在工作目录中生成一个名为 decorate-api 的 Express 项目。

```
$ express decorate-api
```

在工作目录中就多了一个 decorate-api 文件夹，使用开发工具打开 decorate-api 项目，
目录结构如图 5-29 所示。

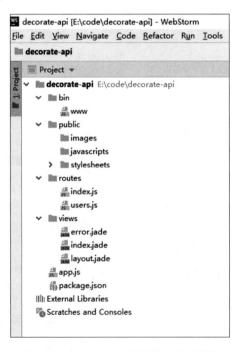

图 5-29　decorate-api 项目初始目录结构

5.5.2 安装依赖包

如同前面的项目一样，先执行 npm install 命令安装项目需要的基础包。

另外针对此项目，引用 4 个依赖包，如表 5-8 所示。

表 5-8 项目引用的依赖包

依 赖 包 名	作 用
async	异步处理方法库
mysql2	MySQL数据库支持
sequelize	操作MySQL的ORM框架
dateformat	时间处理方法库

分别执行以下命令安装这 4 个依赖包：

```
$ npm install async -S
$ npm install mysql2 -S
$ npm install sequelize -S
$ npm install dateformat -S
```

5.5.3 更改默认端口

由于 Express 创建项目后默认端口为 3000，为了方便演示并避免与其他项目冲突，将端口号改为 3005。更改方法是修改项目根目录下 bin 目录中的 www.js 文件，将其中的代码

```
var port = normalizePort(process.env.PORT || '3000');
app.set('port', port);
```

更改为

```
var port = normalizePort(process.env.PORT || '3005');
app.set('port', port);
```

这样使用 npm start 命令启动项目，在浏览器中输入 http://localhost:3005 即可访问项目的首页。

5.5.4 新增 route（路由）

本项目中提供的主要是 API 接口，定义一个路由就代表一个接口，需要新增 8 个路由，具体如下：

（1）活动列表：用户打开首页后，前端发送活动列表接口请求，后端接收数据处理的路由。

（2）分类列表：用户打开首页后，前端发送分类列表接口请求，后端接收数据处理的路由。

（3）文章列表：用户单击某一分类，打开文章列表页，前端发送文章列表接口请求，后端接收数据处理的路由。

（4）文章详情：用户单击文章列表中的某一篇文章后，前端发送文章详情接口请求，后端接收数据处理的路由。

（5）案例列表：用户打开首页或者单击"项目案例"选项卡打开案例列表页时，前端发送案例列表接口请求，后端接收数据处理的路由。

（6）案例详情：用户打开案例列表中的某一案例时，前端发送案例详情接口请求，后端接收数据处理的路由。

（7）企业信息：用户单击"关于我们"选项卡打开关于我们页面时，前端发送企业信息接口请求，后端接收数据处理的路由。

（8）预约：即用户单击"快速预约"选项卡打开快速预约页面，填写预约信息后单击页面"确定"按钮进行提交时，前端发送案例详情接口请求，后端接收数据处理的路由。

为了便于管理，本项目将上述 8 个路由全部放在项目根目录下的 routes 路由目录下的 index.js 文件中。

打开 index.js 文件，修改其中的代码如下：

```
var express = require ('express');              // 引入 Express 对象
var router = express.Router ();                 // 引入路由对象
// 引入自定义的 controller
const IndexController = require('../controllers/index');
router.get('/', function(req, res, next) {     // 定义首页路由，GET 请求
  res.render('index', { title: 'Express' });
});
// 定义活动列表路由，GET 请求
router.get ('/event', IndexController.eventList);
// 定义分类列表路由，GET 请求
router.get ('/cate', IndexController.cateList);
// 定义文章列表路由，GET 请求
router.get ('/article', IndexController.articleList);
// 定义文章详情路由，GET 请求
router.get ('/article/:articleId', IndexController.article);
// 定义案例列表路由，GET 请求
router.get ('/case', IndexController.caseList);
// 定义案例详情路由，GET 请求
router.get ('/case/:caseId', IndexController.caseCompany);
// 定义企业信息路由，GET 请求
router.get ('/company', IndexController.company);
router.post ('/order', IndexController.order); // 定义预约路由，POST 请求
module.exports = router;                        // 导出路由，供 app.js 文件调用
```

5.5.5 新增 controller（处理方法）

在项目根目录下创建一个 controllers 目录，用来存放 controller 文件，将路由的方法放

在其中，这样可避免页面路由太多，查看不便的问题。

为了方便，需要将所有处理方法都放在一个文件里，本项目放在 controllers 目录下的 index.js 文件中，其中有一些公共的方法放在 common.js 文件中。

如图 5-30 所示，新增各类文件之后的目录结构。

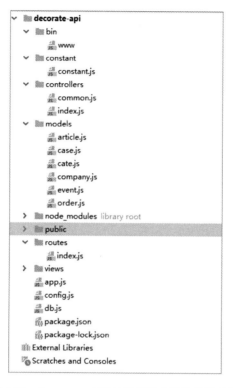

图 5-30　decorate-api 项目新增修改后的目录结构

本节先讲解 controllers 目录下的公共方法 common.js 文件，IndexController 即 index.js 文件，在后面的章节中会详细讲解。

在开发过程中，经常会遇到重复写代码的情况，每次都重新编写的话，既耗时又耗力，为了提高开发效率，省时省力，需要将一些常用的方法提取出来存放到一个公共方法的文件中，方便其他的 controller 方法引用。

在本项目的公共方法 common.js 文件中定义了 3 个公共方法：克隆方法 clone()、校验参数方法 checkParams() 和返回统一方法 autoFn()，代码如下：

```
const async = require('async');                    // 引入 async 模块
const Constant = require('../constant/constant');  // 引入常量模块
const exportObj = {                                // 定义一个对象
  clone,
  checkParams,
  autoFn
};
```

```
module.exports = exportObj;                    // 导出对象，方便其他方法调用
/**
 * 克隆方法，生成一个默认成功的返回
 * @param obj
 * @returns {any}
 */
function clone(obj) {
  return JSON.parse(JSON.stringify(obj));
}
/**
 * 校验参数全局方法
 * @param params    请求的参数集
 * @param checkArr 需要验证的参数
 * @param cb         回调
 */
function checkParams (params, checkArr, cb) {
  let flag = true;
  checkArr.forEach(v => {
    if (!params[v]) {
      flag = false;
    }
  });
  if (flag) {
    cb(null);
  }else{
    cb(Constant.LACK);
  }
}
/**
 * 返回统一方法，返回 JSON 格式的数据
 * @param tasks   当前 controller 执行 tasks
 * @param res     当前 controller responese
 * @param resObj 当前 controller 返回 json 对象
 */
function autoFn (tasks, res, resObj) {
  async.auto(tasks, function (err){
    if (!!err) {
      console.log (JSON.stringify(err));
      res.json({
        code: err.code || Constant.DEFAULT_ERROR.code,
        msg: err.msg || JSON.stringify(err)
      });
    } else {
      res.json(resObj);
    }
  });
}
```

5.5.6 新增 constant（常量）

为了便于管理返回值，在项目根目录下新建一个 constant 文件夹，如图 5-30 所示，用

来存放项目中用到的常量。

在 constant 目录下新建一个 constant.js 文件，新增代码如下：

```
// 定义一个对象
const obj = {
  // 默认请求成功
  DEFAULT_SUCCESS: {
    code: 10000,
    msg: ''
  },
  // 默认请求失败
  DEFAULT_ERROR: {
    code: 188,
    msg: '系统错误'
  },
  // 定义错误返回-缺少必要参数
  LACK: {
    code: 199,
    msg: '缺少必要参数'
  },
  // 暂时先定义这么多，后面用到时会继续添加
};
module.exports = obj;                    // 导出对象，供其他方法调用
```

5.5.7　新增配置文件

为了便于更换数据库域名等信息，将数据库的连接信息放到项目根目录下的 config.js 文件中保存，如图 5-30 所示。其中，文件代码如下：

```
const config = {                         // 默认 dev 配置
  DEBUG: true,                           // 是否调试模式
  // MySQL 数据库连接配置
  MYSQL: {
    host: 'localhost',
    database: 'decorate',
    username: 'root',
    password: 'root'
  }
};
if (process.env.NODE_ENV === 'production') {
  // 生产环境 MySQL 数据库连接配置
  config.MYSQL = {
    host: 'aaa.mysql.rds.aliyuncs.com',
    database: 'aaa',
    username: 'aaa',
    password: 'aaa'
  };
}
module.exports = config;                 // 导出配置
```

本项目默认使用的是开发环境的 MySQL 连接配置，当环境变成生产环境的时候，再

使用生产环境的 MySQL 连接配置。

5.5.8 新增数据库配置文件

为了便于其他文件引用数据库对象，需要将数据库对象实例化放在一个单独的文件里，如图 5-30 所示，在项目根目录下新建一个 db.js 文件，用来存放 Sequelize 的实例化对象，代码如下：

```
var Sequelize = require('sequelize');          // 引入 Sequelize 模块
var CONFIG = require('./config');               // 引入数据库连接配置
// 实例化数据库对象
var sequelize = new Sequelize(
CONFIG.MYSQL.database,
CONFIG.MYSQL.username,
CONFIG.MYSQL.password, {
  host: CONFIG.MYSQL.host,
  dialect: 'mysql',                             // 数据库类型
  logging: CONFIG.DEBUG ? console.log : false, // 是否打印日志
  // 配置数据库连接池
  pool: {
    max: 5,
    min: 0,
    idle: 10000
  },
  timezone: '+08:00'                            // 时区设置
});
module.exports = sequelize;                     // 导出实例化数据库对象
```

5.5.9 新增 model 文件（数据库映射）

在安装完数据库支持并增加了数据库配置之后，还需要定义 model，用来实现数据库表的映射，如图 5-30 所示。在项目根目录下新建一个 models 目录，用来存放 model 文件。

在 models 目录里新建 6 个 model 文件：

（1）新建一个 event.js 文件，用来存放 MySQL 数据表 event 的映射 model。

（2）新建一个 cate.js 文件，用来存放 MySQL 数据表 cate 的映射 model。

（3）新建一个 article.js 文件，用来存放 MySQL 数据表 article 的映射 model。

（4）新建一个 case.js 文件，用来存放 MySQL 数据表 case 的映射 model。

（5）新建一个 order.js 文件，用来存放 MySQL 数据表 order 的映射 model。

（6）新建一个 company.js 文件，用来存放 MySQL 数据表 company 的映射 model。

在 event.js 文件中定义一个 Event model，代码如下：

```
const Sequelize = require('sequelize');         // 引入 Sequelize 模块
const db = require('../db');                     // 引入数据库实例
// 定义 model
```

```
const Event = db.define('Event', {
  id: {type: Sequelize.INTEGER, primaryKey: true, allowNull: false,
autoIncrement: true},                           // 活动 id
  name: {type: Sequelize.STRING(20), allowNull: false},    // 活动名称
  img: {type: Sequelize.STRING, allowNull: false},         // 活动图片
  url: {type: Sequelize.STRING},                           // 活动 url
  articleId: {type: Sequelize.INTEGER},          // 活动关联的文章 id
}, {
  underscored: true,                              // 是否支持驼峰
  tableName: 'event',                             // MySQL 数据库表名
});
module.exports = Event;                           // 导出 model
```

在 cate.js 文件中定义一个 Cate model，代码如下：

```
const Sequelize = require('sequelize');          // 引入 Sequelize 模块
const db = require('../db');                      // 引入数据库实例
// 定义 model
const Cate = db.define('Cate', {
  id: {type: Sequelize.INTEGER, primaryKey: true, allowNull: false,
autoIncrement: true},                           // 分类 id
  name: {type: Sequelize.STRING(20), allowNull: false},    // 分类名称
  img: {type: Sequelize.STRING, allowNull: false},         // 分类图片
}, {
  underscored: true,                              // 是否支持驼峰
  tableName: 'cate',                              // MySQL 数据库表名
});
module.exports = Cate;                            // 导出 model
```

在 article.js 文件中定义一个 Article model，代码如下：

```
const Sequelize = require('sequelize');          // 引入 Sequelize 模块
const CateModel = require('./cate');             // 引入 cate 表 model
const db = require('../db');                      // 引入数据库实例
const Article = db.define('Article', {           // 定义 model
  id: {type: Sequelize.INTEGER, primaryKey: true, allowNull: false,
autoIncrement: true},                           // 文章 id
  title: {type: Sequelize.STRING(30), allowNull: false},   // 文章标题
  desc: {type: Sequelize.STRING, allowNull: false},        // 文章摘要
  cover: {type: Sequelize.STRING, allowNull: false},       // 文章封面图
  content: {type: Sequelize.TEXT, allowNull: false},       // 文章内容
  cate: {type: Sequelize.INTEGER, allowNull: false}        // 所属分类
}, {
  underscored: true,                              // 是否支持驼峰
  tableName: 'article',                           // MySQL 数据库表名
});
module.exports = Article;                         // 导出 model
// 文章所属于分类，一个分类包含多个文章，将文章表和分类表进行关联
Article.belongsTo(CateModel, {foreignKey: 'cate', constraints: false});
```

在 case.js 文件中定义一个 Case model，代码如下：

```
const Sequelize = require('sequelize');        // 引入 Sequelize 模块
const db = require('../db');                    // 引入数据库实例
// 定义 model
const Case = db.define('Case', {
  id: {type: Sequelize.INTEGER, primaryKey: true, allowNull: false,
autoIncrement: true},                           // 案例 id
  name: {type: Sequelize.STRING(20), allowNull: false},      // 案例名称
  img: {type: Sequelize.STRING, allowNull: false},           // 案例图片
  desc: {type: Sequelize.STRING},                            // 案例描述
  content: {type: Sequelize.TEXT}                            // 案例内容
}, {
  underscored: true,                            // 是否支持驼峰
  tableName: 'case',                            // MySQL 数据库表名
});
module.exports = Case;                          // 导出 model
```

在 order.js 文件中定义一个 Order model，代码如下：

```
const Sequelize = require('sequelize');        // 引入 Sequelize 模块
const db = require('../db');                    // 引入数据库实例
// 定义 model
const Order = db.define('Order', {
  id: {type: Sequelize.INTEGER, primaryKey: true, allowNull: false,
autoIncrement: true},                           // 主键 id
  name: {type: Sequelize.STRING(30), allowNull: false},      // 姓名
  phone: {type: Sequelize.STRING(20), allowNull: false},     // 电话
  type: {type: Sequelize.STRING(20), allowNull: false},      // 装修类型
  orderDate: {type: Sequelize.DATE, allowNull: false},       // 预约时间
  message: {type: Sequelize.STRING}                          // 留言
}, {
  underscored: true,                            // 是否支持驼峰
  tableName: 'order'                            // MySQL 数据库表名
});
module.exports = Order;                         // 导出 model
```

在 company.js 文件中定义一个 Company model，代码如下：

```
const Sequelize = require('sequelize');        // 引入 Sequelize 模块
const db = require('../db');                    // 引入数据库实例
// 定义 model
const Company = db.define('Company', {
  id: {type: Sequelize.INTEGER, primaryKey: true, allowNull: false,
autoIncrement: true},                           // 主键 id
  name: {type: Sequelize.STRING(50), allowNull: false},      // 企业名称
  address: {type: Sequelize.STRING, allowNull: false},       // 企业地址
  tel: {type: Sequelize.STRING(30), allowNull: false},       // 企业电话
  intro: {type: Sequelize.TEXT, allowNull: false},           // 企业简介
  longitude: {type: Sequelize.DECIMAL(6), allowNull: false}, // 企业坐标经度
  latitude: {type: Sequelize.DECIMAL(6), allowNull: false},  // 企业坐标纬度
}, {
  underscored: true,                            // 是否支持驼峰
```

```
    tableName: 'company',                          // MySQL 数据库表名
});
module.exports = Company;                          // 导出 model
```

5.6　前台展示系统的 API 接口开发

由于是前后端分离项目，后端的主要工作在于开发 API 接口，在定义完项目的一些基本配置之后，就可以进行接口的业务逻辑开发了。

API 接口开发的主要工作在于路由请求处理方法也就是 controller 方法的书写，本节主要讲解本项目中使用到的 controller 方法。

将所有的接口处理方法都放在项目根目录下 controllers 目录的 index.js 即 IndexController 文件里。首先来看一下 IndexController 文件的代码主结构：

```
const Common = require ('./common');                 // 引入公共方法
const EventModel = require ('../models/event');       // 引入 event 表的 model
const CateModel = require ('../models/cate');         // 引入 cate 表的 model
const CaseModel = require ('../models/case');         // 引入 case 表的 model
const ArticleModel = require ('../models/article');   // 引入 article 表的 model
const CompanyModel = require ('../models/company');   // 引入 company 表的 model
const OrderModel = require ('../models/order');       // 引入 order 表的 model
const Constant = require ('../constant/constant');    // 引入常量
const dateFormat = require ('dateformat');            // 引入 dateformat 包
// 配置对象
let exportObj = {
  eventList,
  cateList,
  articleList,
  article,
  caseList,
  caseInfo,
  company,
  order
};
module.exports = exportObj;                  // 导出对象，供其他模块调用
// 获取活动列表方法
function eventList (req, res) {
  // 活动列表逻辑
}
// 获取分类列表方法
function cateList (req, res) {
  // 分类列表逻辑
}
// 获取文章列表方法
function articleList (req, res) {
  // 文章列表逻辑
}
```

```
// 获取文章详情方法
function article (req, res) {
  // 文章详情逻辑
}
// 获取案例列表方法
function caseList (req, res) {
  // 案例列表逻辑
}
// 获取案例详情方法
function caseInfo (req, res) {
  // 案例详情逻辑
}
// 获取企业信息方法
function company (req, res) {
  // 企业信息逻辑
}
// 添加预约方法
function order (req, res) {
  // 添加预约逻辑
}
```

　　文件中引入了一些必要的依赖，声明了 8 个方法对应 8 个路由。下面分别针对这 8 个方法讲解每一个路由的数据处理方法。

5.6.1　活动列表接口

　　活动列表接口是用户打开首页时前端发送的请求接口，本接口无请求参数。

　　根据前面指定的解决方案，后端接收到请求，通过 SQL 语句从 MySQL 数据库中查询出所有的活动数据，然后组装 JSON 格式数据并返回给前端。代码如下：

```
// 获取活动列表方法
function eventList (req, res) {
  const resObj = Common.clone (Constant.DEFAULT_SUCCESS);  // 定义一个返回对象
  // 定义一个 async 任务
  let tasks = {
    // 查询方法
    query: cb => {
      // 使用 event 的 model 去数据库中查询，查询所有活动
      EventModel
        .findAll ()
        .then (function (result) {
          // 查询结果处理
          let list = [];             // 定义一个空数组 list，用来存放最终结果
          // 遍历 SQL 查询出来的结果，处理后装入 list
          result.forEach ((v, i) => {
            let obj = {
              id: v.id,
              name: v.name,
              img: v.img,
```

```
      url: v.url,
      articleId: v.articleId,
      createdAt: dateFormat (v.createdAt, 'yyyy-mm-dd HH:MM:ss')
    };
    list.push (obj);
  });
  // 给返回结果赋值
  resObj.data = {
    list
  };
  cb (null);                       // 继续后续操作
})
.catch (function (err) {
  // 错误处理
  console.log (err);               // 打印错误日志
  cb (Constant.DEFAULT_ERROR);     // 传递错误信息到 async 最终方法中
  });
  }
};
Common.autoFn (tasks, res, resObj) // 执行公共方法中的 autoFn 方法，返回数据
}
```

　　将以上活动列表接口处理方法代码插入 IndexController 中，接着使用 npm start 命令启动项目。项目启动后，使用 Postman 发送 GET 请求 http://localhost:3005/event 查看结果，如图 5-31 所示，可以得到正确的返回结果。

图 5-31　活动列表接口的返回结果

5.6.2　分类列表接口

分类列表接口是用户打开首页时前端发送的请求接口，本接口无请求参数。

根据前面指定的解决方案，后端接收到请求后，通过 SQL 语句从 MySQL 数据库中查询出所有的列表数据，然后组装 JSON 格式数据并返回给前端。代码如下：

```
// 获取分类列表方法
function cateList (req, res) {
  const resObj = Common.clone (Constant.DEFAULT_SUCCESS); // 定义一个返回对象
  // 定义一个 async 任务
  let tasks = {
    // 查询方法
    query: cb =>{
      // 使用 cate 的 model 去数据库中查询，查询出所有分类
      CateModel
        .findAll ()
        .then (function (result) {
          // 查询结果处理
          let list = [];                  // 定义一个空数组 list，用来存放最终结果
          // 遍历 SQL 查询出来的结果，处理后装入 list
          result.forEach ((v, i) => {
            let obj = {
              id: v.id,
              name: v.name,
              img: v.img,
              createdAt: dateFormat (v.createdAt, 'yyyy-mm-dd HH:MM:ss')
            };
            list.push (obj);
          });
          // 给返回结果赋值
          resObj.data = {
            list
          };
          cb (null);                      // 继续后续操作
        })
        .catch (function (err) {
          // 错误处理
          console.log (err);              // 打印错误日志
          cb (Constant.DEFAULT_ERROR);    // 传递错误信息到 async 最终方法中
        });
    }
  };
  Common.autoFn (tasks, res, resObj)      // 执行公共方法中的 autoFn 方法,返回数据
}
```

将以上分类列表接口处理方法代码插入 IndexController 中，接着使用 npm start 命令启动项目。项目启动后，使用 Postman 发送 GET 请求 http://localhost:3005/cate 查看结果，如图 5-32 所示，可以得到正确的返回结果。

图 5-32　分类列表接口的返回结果

5.6.3　文章列表接口

文章列表接口是用户单击某一分类后打开文章列表页面时前端发来的接口请求。接口请求参数如表 5-9 所示。

表 5-9　文章列表接口请求参数

参　　数	类　　型	是 否 必 传	描　　述
cateId	数字	是	分类id
page	数字	是	页码
rows	数字	是	每页条数

根据前面指定的解决方案，后端接收到请求后，通过 SQL 语句从 MySQL 数据库中分页查询出符合分类 id 的文章数据，然后组装 JSON 格式数据并返回给前端。代码如下：

```
// 获取文章列表方法
function articleList (req, res) {
  const resObj = Common.clone (Constant.DEFAULT_SUCCESS); // 定义一个返回对象
  // 定义一个 async 任务
  let tasks = {
```

```
// 校验参数方法
checkParams: (cb) => {
  // 调用公共方法中的校验参数方法，如成功则继续后面的操作
  // 如失败则传递错误信息到 async 最终方法中
  Common.checkParams (req.query, ['cateId', 'page', 'rows'], cb);
},
// 查询方法，依赖校验参数方法
query: ['checkParams', (results, cb) =>{
  // 根据前端提交的参数计算 SQL 语句中需要的 offset，即从多少条开始查询
  let offset = req.query.rows * (req.query.page - 1) || 0;
  // 根据前端提交的参数计算 SQL 语句中需要的 limit，即查询多少条
  let limit = parseInt (req.query.rows) || 20;
  // 通过 offset 和 limit 使用 article 的 model 去数据库中查询
  // 并按照创建时间排序
  ArticleModel
    .findAndCountAll ({
      where: {
        cate: req.query.cateId
      },
      offset: offset,
      limit: limit,
      order: [['created_at', 'DESC']],
      // 关联 cate 表进行联表查询
      include: [{
        model: CateModel
      }]
    })
    .then (function (result) {
      // 查询结果处理
      let list = [];              // 定义一个空数组 list，用来存放最终结果
      // 遍历 SQL 查询出来的结果，处理后装入 list
      result.rows.forEach ((v, i) => {
        let obj = {
          id: v.id,
          title: v.title,
          desc: v.desc.substr (0, 60) + '...',
          cate: v.cate,
          cateName: v.Cate.name, // 获取联表查询中的 cate 表中的 name
          cover: v.cover,
          createdAt: dateFormat (v.createdAt, 'yyyy-mm-dd HH:MM:ss')
        };
        list.push (obj);
      });
      // 给返回结果赋值，包括列表和总条数
      resObj.data = {
        list,
        count: result.count
      };
      cb (null);                  // 继续后续操作
    })
    .catch (function (err) {
      // 错误处理
```

```
        console.log (err);                    // 打印错误日志
        cb (Constant.DEFAULT_ERROR);          // 传递错误信息到 async 最终方法中
      });
    }]
  };
  Common.autoFn (tasks, res, resObj)          // 执行公共方法中的 autoFn 方法，返回数据
}
```

将以上的文章列表接口处理方法代码插入 IndexController 中，接着使用 npm start 命令启动项目。项目启动后，使用 Postman 发送 GET 请求 http://localhost:3005/article?cateId=1&page=1&rows=4 查看结果，可以得到正确的返回结果，如图 5-33 所示。

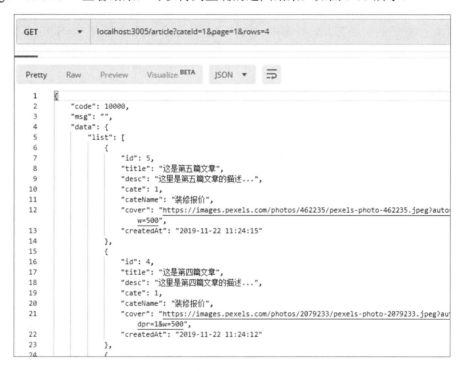

图 5-33　文章列表接口的返回结果

如果缺少前端传入的参数，后端会返回错误的提示，如图 5-34 所示，少传入了 cateId 参数，返回了错误的 JSON 数据。

图 5-34　文章列表接口返回失败

5.6.4 文章详情接口

文章详情接口是用户单击文章列表中的某一篇文章后打开文章详情页面时前端发送的接口请求。接口请求参数如表 5-10 所示。

表 5-10　文章详情接口请求参数

参　　数	类　　型	是 否 必 传	描　　述
articleId	数字	是	文章id

根据前面指定的解决方案，后端接收到请求后，通过 SQL 语句从 MySQL 数据库中查询出指定 id 的文章数据，然后组装 JSON 格式数据并返回给前端。代码如下：

```
// 获取文章详情方法
function article (req, res) {
  const resObj = Common.clone (Constant.DEFAULT_SUCCESS);  // 定义一个返回对象
  // 定义一个 async 任务
  let tasks = {
    // 校验参数方法
    checkParams: (cb) => {
      // 调用公共方法中的校验参数方法，如果成功则继续后面的操作
      // 若失败，则传递错误信息到 async 的最终方法中
      Common.checkParams (req.params, ['articleId'], cb);
    },
    // 查询方法，依赖校验参数方法
    query: ['checkParams', (results, cb) =>{
      // 使用 article 的 model 中的方法查询
      ArticleModel
        .findByPk (req.params.articleId, {
          include: [{
            model: CateModel
          }]
        })
        .then (function (result) {
          // 查询结果处理
          if (result) {                    // 如果查询到结果
            // 将查询到的结果给返回对象赋值
            resObj.data = {
              id: result.id,
              title: result.title,
              desc: result.desc,
              content: result.content,
              cate: result.cate,
              cover: result.cover,
              cateName: result.Cate.name,// 获取联表查询中 cate 表中的 name
              createdAt: dateFormat (result.createdAt, 'yyyy-mm-dd HH:MM:ss')
            };
            cb (null);                      // 继续后续操作
          } else {
```

```
                  // 如果查询失败，则传递错误信息到 async 的最终方法中
                  cb (Constant.ARTICLE_NOT_EXSIT);
                }
              })
              .catch (function (err) {
                // 错误处理
                console.log (err);                // 打印错误日志
                cb (Constant.DEFAULT_ERROR);      // 传递错误信息到 async 的最终方法中
              });
          }]
        };
        Common.autoFn (tasks, res, resObj)        // 执行公共方法中的 autoFn 方法, 返回数据
      }
```

将以上的文章详情接口处理方法代码插入 IndexController 中，接着使用 npm start 命令启动项目。项目启动后，使用 Postman 发送 GET 请求 http://localhost:3005/article/4 查看结果。如图 5-35 所示，可以得到正确的返回结果。

图 5-35　文章详情接口的返回结果

5.6.5　案例列表接口

案例列表接口是用户访问首页或单击"项目案例"选项卡打开案例列表页面时，前端发送的接口请求。接口请求参数如表 5-11 所示。

表 5-11　案例列表接口请求参数

参　　数	类　　型	是 否 必 传	描　　述
from	字符串	否	首页请求标识
page	数字	是	页码
rows	数字	是	每页条数

根据前面指定的解决方案，后端接收到请求，通过 SQL 语句从 MySQL 数据库中分页

查询出所有的案例数据，然后组装 JSON 格式数据并返回给前端。代码如下：

```javascript
// 获取案例列表方法
function caseList (req, res) {
  const resObj = Common.clone (Constant.DEFAULT_SUCCESS); // 定义一个返回对象
  // 定义一个 async 任务
  let tasks = {
    // 校验参数方法
    checkParams: (cb) => {
      // 调用公共方法中的校验参数方法，如果成功则继续后面的操作
      // 如果失败，则传递错误信息到 async 的最终方法中
      Common.checkParams (req.query, ['page', 'rows'], cb);
    },
    // 查询方法
    query: ['checkParams', (results, cb) =>{
      // 设定一个查询条件，定义按照创建时间倒序
      let whereCondition = {order: [['created_at', 'DESC']]};
      // 如果从首页请求，只返回 4 条数据，否则分页查询
      if (req.query.from === 'index') {
        whereCondition.limit = 1
      } else {
        // 如果没传入，分页查询
        // 根据前端提交的参数计算 SQL 语句中需要的 offset，即从多少条开始查询
        let offset = req.query.rows * (req.query.page - 1) || 0;
        // 根据前端提交的参数计算 SQL 语句中需要的 limit，即查询多少条
        let limit = parseInt (req.query.rows) || 20;
        whereCondition.offset = offset;        // 把查询条件添加进条件对象
        whereCondition.limit = limit;
      }
      // 通过 offset 和 limit 使用 case 的 model 去数据库中查询
      // 并按照创建的时间排序
      CaseModel
        .findAndCountAll (whereCondition)
        .then (function (result) {
          // 查询结果处理
          let list = [];                 // 定义一个空数组 list，用来存放最终结果
          // 遍历 SQL 查询出来的结果，处理后装入 list
          result.rows.forEach ((v, i) => {
            let obj = {
              id: v.id,
              name: v.name,
              desc: v.desc,
              img: v.img,
          createdAt: dateFormat (v.createdAt, 'yyyy-mm-dd HH:MM:ss')
            };
            list.push (obj);
          });
```

```
        resObj.data = {                    // 给返回结果赋值，包括列表和总条数
          list,
          count: result.count
        };
        // 继续后续操作
        cb (null);
      })
      .catch (function (err) {
        // 错误处理
        console.log (err);                 // 打印错误日志
        cb (Constant.DEFAULT_ERROR);       // 传递错误信息到 async 的最终方法中
      });
    }]
  };
  Common.autoFn (tasks, res, resObj)       // 执行公共方法中的 autoFn 方法，返回数据
}
```

将以上的文章列表接口处理方法代码插入 IndexController 中，接着使用 npm start 命令启动项目。项目启动后，使用 Postman 发送 GET 请求 http://localhost:3005/case?page=1&rows=4 查看结果，可以得到正确的返回结果，如图 5-36 所示。

图 5-36 案例列表接口的返回结果

如果在请求参数中加入 from，值为 index，表示从首页请求，会发现返回结果不一样，因为只会返回了最新的两条数据，如图 5-37 所示。

图 5-37　首页案例列表接口的返回结果

5.6.6　案例详情接口

案例详情接口是用户单击案例列表中的某一案例而打开案例详情页面时，前端发送的接口请求。接口请求参数如表 5-12 所示。

表 5-12　案例详情接口请求参数

参　　数	类　　型	是 否 必 传	描　　述
caseId	数字	是	案例id

根据前面指定的解决方案，后端接收到请求后，通过 SQL 语句从 MySQL 数据库中查询出指定 id 的案例数据，然后组装 JSON 格式数据并返回给前端。代码如下：

```
// 获取案例的详情方法
function caseInfo (req, res) {
  const resObj = Common.clone (Constant.DEFAULT_SUCCESS); // 定义一个返回对象
  // 定义一个async任务
  let tasks = {
  // 校验参数方法
  checkParams: (cb) => {
    // 调用公共方法中的校验参数方法，如果成功，则继续后面的操作
    // 如果失败，则传递错误信息到async最终方法中
    Common.checkParams (req.params, ['caseId'], cb);
  },
  // 查询方法，依赖校验参数方法
  query: ['checkParams', (results, cb) =>{
```

```
// 使用 case 的 model 中的方法查询
CaseModel
  .findByPk (req.params.caseId)
  .then (function (result) {
    // 查询结果处理
    // 如果查询到结果
    if (result) {
      // 将查询到的结果给返回对象赋值
      resObj.data = {
        id: result.id,
        name: result.name,
        img: result.img,
        desc: result.desc,
        content: result.content,
        createdAt: dateFormat (result.createdAt, 'yyyy-mm-dd HH:MM:ss')
      };
      cb (null);                        // 继续后续操作
    } else {
      // 查询失败, 传递错误信息到 async 的最终方法中
      cb (Constant.ARTICLE_NOT_EXSIT);
    }
  })
  .catch (function (err) {
    // 错误处理
    console.log (err);                  // 打印错误日志
    cb (Constant.DEFAULT_ERROR);        // 传递错误信息到 async 的最终方法中
  });
}]
};
Common.autoFn (tasks, res, resObj)     // 执行公共方法中的 autoFn 方法, 返回数据
}
```

　　将以上的案例详情接口处理方法代码插入 IndexController 中，接着使用 npm start 命令启动项目。项目启动后，使用 Postman 发送 GET 请求 http://localhost:3005/case/1 查看结果，可以得到正确的返回结果，如图 5-38 所示。

图 5-38　案例详情接口的返回结果

5.6.7 企业信息接口

企业信息接口是用户单击"关于我们"的选项卡打开企业信息页面时前端发送的接口，本接口无请求参数。

根据前面指定的解决方案，后端接收到请求，通过 SQL 语句从 MySQL 数据库中查询出指定 id 为 1 的企业信息数据，然后组装 JSON 格式数据并返回给前端。代码如下：

```
// 获取企业信息方法
function company (req, res) {
  const resObj = Common.clone (Constant.DEFAULT_SUCCESS);  // 定义一个返回对象
  // 定义一个 async 任务
  let tasks = {
    // 查询方法，依赖校验参数方法
    query: cb =>{
      // 使用 company 的 model 中的方法查询，查询 id 为 1 的数据
      CompanyModel
        .findByPk(1)
        .then (function (result) {
          // 查询结果处理
          let obj = {
            id: result.id,
            name: result.name,
            address: result.address,
            tel: result.tel,
            intro: result.intro,
            longitude: result.longitude,
            latitude: result.latitude,
            createdAt: dateFormat (result.createdAt, 'yyyy-mm-dd HH:MM:ss')
          };
          resObj.data = obj;              // 给返回结果赋值，包括列表和总条数
          cb (null);                      // 继续后续操作
        })
        .catch (function (err) {
          // 错误处理
          console.log (err);              // 打印错误日志
          cb (Constant.DEFAULT_ERROR);    // 传递错误信息到 async 的最终方法中
        });
    }
  };
  Common.autoFn (tasks, res, resObj)      // 执行公共方法中的 autoFn 方法，返回数据
}
```

将以上的企业信息接口处理方法代码插入 IndexController 中，接着使用 npm start 命令启动项目。项目启动后，使用 Postman 发送 GET 请求 http://localhost:3005/company 查看结果，可以得到正确的返回结果，如图 5-39 所示。

图 5-39　企业信息接口的返回结果

5.6.8　预约接口

预约接口是用户单击"快速预约"选项卡打开快速预约页面，填写完预约信息后单击"确定"按钮提交时前端发送的接口。预约接口的请求参数如表 5-13 所示。

表 5-13　预约接口请求参数

参　　数	类　　型	是 否 必 传	描　　述
name	字符串	是	预约姓名
phone	字符串	是	电话
type	字符串	是	装修类型
orderDate	字符串	是	预约日期
message	字符串	否	留言

根据前面指定的解决方案，后端接收到请求后组装处理数据，然后使用 SQL 语句将数据插入 MySQL 数据库中，最后返回插入成功的 JSON 格式数据。代码如下：

```
// 添加预约方法
function order (req, res) {
  const resObj = Common.clone (Constant.DEFAULT_SUCCESS);  // 定义一个返回对象
  // 定义一个async任务
  let tasks = {
   // 校验参数方法
   checkParams: (cb) => {
    // 调用公共方法中的校验参数方法，如果成功，则继续后面的操作
    // 如果失败，则传递错误信息到async的最终方法中
    Common.checkParams (req.body, ['name', 'phone', 'type', 'orderDate'], cb);
   },
   // 添加方法，依赖校验参数方法
   add: ['checkParams', (results, cb)=>{
```

```
// 使用 order 的 model 中的方法插入数据库
OrderModel
  .create ({
   name: req.body.name,
   phone: req.body.phone,
   type: req.body.type,
   orderDate: req.body.orderDate,
   message: req.body.message
  })
  .then (function () {
   // 插入结果处理
  cb (null);                          // 继续后续操作
  })
  .catch (function (err) {
   // 错误处理
   console.log (err);                 // 打印错误日志
   cb (Constant.DEFAULT_ERROR);       // 传递错误信息到 async 的最终方法中
  });
 }]
};
 Common.autoFn (tasks, res, resObj)     // 执行公共方法中的 autoFn 方法, 返回数据
}
```

将以上预约接口处理方法代码插入 IndexController 中，接着使用 npm start 命令启动项目。项目启动后，使用 Postman 发送 POST 请求 http://localhost:3005/order 查看结果，可以得到正确的返回结果，如图 5-40 所示。

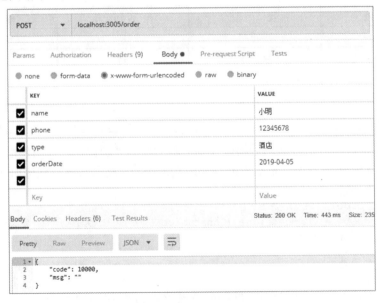

图 5-40　预约接口的返回结果

如果缺少前端传入的参数，后端会返回错误提示。如图 5-41 所示，少传入 phone 参数，返回了错误的 JSON 数据。

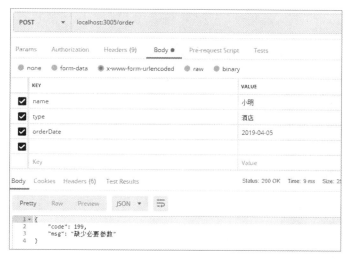

图 5-41　预约接口返回失败

5.7　后台管理系统需求分析

根据产品规划，博客后台管理系统主要有 9 个模块，即登录模块、首页模块、预约管理模块、活动管理模块、分类管理模块、文章管理模块、案例管理模块、企业信息管理模块和管理员管理模块。

前端开发人员根据产品规划和 UI 设计图已经开发完毕，实现出来的页面效果中，登录模块如图 5-42 所示，首页模块如图 5-43 所示。

图 5-42　后台管理系统登录模块

图 5-43　后台管理系统首页模块

预约管理模块如图 5-44 所示；活动管理模块如图 5-45 所示；分类管理模块如图 5-46 所示；文章管理模块如图 5-47 所示。

图 5-44　后台管理系统预约管理模块

图 5-45　后台管理系统活动管理模块

图 5-46　后台管理系统分类管理模块

图 5-47　后台管理系统文章管理模块

　　案例管理模块如图 5-48 所示；企业信息管理模块如图 5-49 所示；管理员管理模块如图 5-50 所示。

图 5-48　后台管理系统案例管理模块

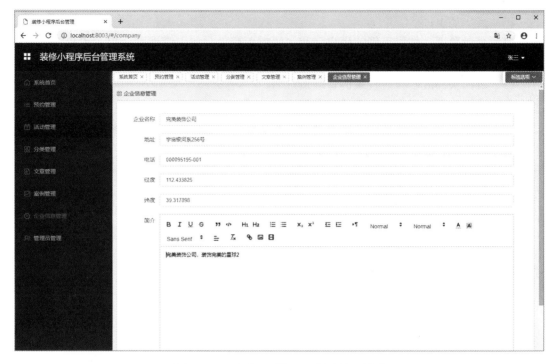

图 5-49　后台管理系统企业信息管理模块

图 5-50　后台管理系统管理员管理模块

产品需求如下：

（1）登录验证，使用正确的用户名和密码方可登录，如果错误则会提示用户。

（2）登录之后的管理页面均需要进行校验，非登录用户不允许访问。

（3）页面头部展示当前登录的管理员姓名。

（4）页面头部管理员姓名下拉菜单有退出功能，单击可退出系统。

（5）首页展示当前登录的管理员信息，包括姓名、角色和上次登录时间。

（6）活动管理模块默认打开活动列表页面，分页展示所有活动信息，包括活动 id、活动名称、图片、URL、对应文章和创建时间，并可通过活动名称进行搜索。

（7）活动管理模块可以新增活动，必填信息为活动名称和图片。

（8）活动管理模块可以修改活动，单击活动列表中的某一条活动信息可进行修改。

（9）活动管理模块可以删除活动，单击活动列表中的某一条活动信息可进行删除。

（10）分类管理模块默认打开分类列表页面，分页展示所有的分类信息，包括分类 id、分类名称、图片和创建时间，并可通过分类名称进行搜索。

（11）分类管理模块可以新增分类，必填信息为分类名称和图片。

（12）分类管理模块可以修改分类，单击分类列表中的某一条分类信息可进行修改。

（13）分类管理模块可以删除分类，单击分类列表中的某一条分类信息可进行删除。

（14）文章管理模块默认打开文章列表页面，分页展示所有文章信息，包括文章 id、标题、摘要、所属分类、封面和创建时间，并可通过标题进行搜索。

（15）文章管理模块可以新增文章，必填信息为标题、摘要、所属分类和封面。

（16）文章管理模块可以修改文章，单击文章列表中的某一条文章信息可进行修改。

（17）文章管理模块可以删除文章，单击文章列表中的某一条文章信息可进行删除。

（18）案例管理模块默认打开案例列表页面，分页展示所有案例信息，包括案例 id、案例名称、图片、摘要和创建时间，并可通过案例名称进行搜索。

（19）案例管理模块可以新增案例，必填信息为案例名称和图片。

（20）案例管理模块可以修改案例，单击案例列表中的某一条案例信息可进行修改。

（21）案例管理模块可以删除案例，单击案例列表中的某一条案例信息可进行删除。

（22）预约管理模块默认打开预约列表页面，分页展示所有预约信息，包括预约 id、预约姓名、电话、装修类型、预约日期、留言、状态和创建时间，并可通过预约姓名进行搜索。

（23）预约管理模块可以修改预约状态，单击预约列表中的某一条预约信息可进行修改。

（24）企业信息管理模块展示表单页面，默认填入企业信息，包括企业名称、地址、电话、经度、纬度和简介。

（25）企业信息管理模块可以修改企业信息并进行保存。

（26）管理员管理模块只有超级管理员才有权限访问。

（27）管理员管理模块默认打开管理员列表页面，分页展示所有的管理员信息，包括用户名、姓名、角色和创建时间，并可通过用户名进行搜索。

（28）管理员管理模块可以新增管理员，必填信息为用户名、姓名和角色。

（29）管理员管理模块可以修改管理员，单击管理员列表中的某一条管理员信息可进行修改。

（30）管理员管理模块可以删除管理员，单击管理员列表中的某一条管理员信息可进行删除。

5.8　后台管理系统设计

在整个系统设计过程中，通过和前端开发人员讨论，决定了实现方案：使用前后端分离的方式。

针对本项目而言确定系统设计方案：前端开发人员根据 UI 图编写好 HTML 页面，通过 Ajax 发送 HTTP 请求到后端编写好的 API 接口，后端处理请求，封装好数据，将数据以 JSON 格式返回前端，前端再通过 JS 将数据渲染到页面。

5.8.1　实现目标

根据产品需求，确定实现目标如下：

（1）登录验证接口：如正确则返回登录成功和当前登录的管理员信息，如果错误则返回提示信息。

（2）活动列表接口：分页返回所有的活动信息，可通过活动名称筛选。

（3）单条活动信息接口：获取某一条活动信息。

（4）新增活动接口：添加一条新的活动信息。

（5）修改活动接口：修改某一条活动信息。

（6）删除活动接口：删除某一条活动信息。

（7）分类列表接口：分页返回所有分类信息，可通过分类名称筛选。

（8）分类下拉列表接口：返回所有分类信息，不需要分页。

（9）单条分类信息接口：获取某一条分类信息。

（10）新增分类接口：添加一条新的分类信息。

（11）修改分类接口：修改某一条分类信息。

（12）删除分类接口：删除某一条分类信息。

（13）文章列表接口：分页返回所有的文章信息，可通过文章标题筛选。

（14）单条文章信息接口：获取某一条文章信息。

（15）新增文章接口：添加一条新的文章信息。

（16）修改文章接口：修改某一条文章信息。

（17）删除文章接口：删除某一条文章信息。

（18）案例列表接口：分页返回所有的案例信息，可通过案例名称筛选。

（19）单条案例信息接口：获取某一条案例信息。

（20）新增案例接口：添加一条新的案例信息。

（21）修改案例接口：修改某一条案例信息。

（22）删除案例接口：删除某一条案例信息。

（23）预约列表接口：分页返回所有的预约信息，可通过预约姓名筛选。

（24）修改预约状态接口：修改某一条预约信息状态。

（25）查看企业信息接口：查看企业信息。

（26）修改企业信息接口：修改企业信息。

（27）管理员列表接口：分页返回所有的管理员信息，可通过用户名筛选。

（28）单条管理员信息接口：获取某一条管理员信息。

（29）新增管理员接口：添加一条新的管理员信息。

（30）修改管理员接口：修改某一条管理员信息。

（31）删除管理员接口：删除某一条管理员信息。

（32）上传图片接口：前端上传图片。

（33）除登录之外的接口，所有的接口都必须验证是否登录。

5.8.2　解决方案

本节针对以上实现目标，下面进行一一分析。

（1）登录验证接口：如果正确则返回登录成功和当前登录的管理员信息，如果错误，则会返回提示信息。

登录验证就是提交表单的过程，前端会将用户名和密码发送过来，后端需要验证传过来的用户名和密码是否合法。

什么是合法？当然是在数据库中存在。当前端将用户名和密码传过来的时候，后端需要拿着用户名和密码去 MySQL 数据库中查询与匹配。如果能够查询到，说明用户名和密码合法，返回登录成功和当前登录的管理员信息；如果查询不到，则说明用户名和密码不合法，返回错误提示信息。

按照前端传过来的用户名和密码到 MySQL 数据库中查询，只需要特定的 SQL 语句就可以实现。

（2）活动列表接口：分页返回所有的活动信息，可通过活动名称筛选。

在前面开发前台展示系统的时候已经在 MySQL 数据库中写入了一些活动信息，现在要做的就是将它们从数据库中提取出来。

前端在发送请求本接口的信息时，会带上当前页码、每页多少条数据及需要筛选的活动名称信息，后端根据这些参数使用 SQL 语句到 MySQL 数据库中查询出符合条件的数据，接着对数据进行组装处理。如果成功则返回包含成功信息的 JSON 数据，如果失败则返回包含失败信息的 JSON 数据。

（3）单条活动信息接口：获取某一条活动信息。

单条活动信息接口其实就是获取数据库中指定的一条活动数据。前端在发送请求时会带上这一条活动信息的唯一标识 id，后端根据这个 id，使用 SQL 语句到 MySQL 数据库中查询主键等于 id 的一条数据，接着处理组装数据。如果获取成功则返回包含成功信息的 JSON 数据，如果获取失败则返回包含失败信息的 JSON 数据。

（4）新增活动接口：添加一条新的活动信息。

新增活动接口其实就是向数据库中插入一条活动数据。前端在发送请求时会带上活动信息，包括活动名称和图片，后端获取这些数据后进行组装、处理，使用 SQL 语句到 MySQL 数据库中插入一条新的数据。如果插入成功则返回包含成功信息的 JSON 数据，如果插入失败则返回包含失败信息的 JSON 数据。

（5）修改活动接口：修改某一条活动信息。

修改活动接口其实就是更新数据库中的某一条活动数据。前端发送请求时会带上这一条活动的唯一标识 id 和新的活动信息，后端根据这个 id 使用 SQL 语句到 MySQL 数据库中查询出这一条数据，接着将数据更新为新的活动数据。如果更新成功则返回包含成功信息的 JSON 数据，如果更新失败则返回包含失败信息的 JSON 数据。

（6）删除活动接口：删除某一条活动信息。

删除活动接口其实就是将数据库中的某一条活动数据删除。前端在发送请求时会带上这一条活动的唯一标识 id，后端根据这个 id，使用 SQL 语句到 MySQL 数据库中删除主键等于 id 的一条数据。如果删除成功则返回包含成功信息的 JSON 数据，如果删除失败则返回包含失败信息的 JSON 数据。

（7）分类列表接口：分页返回所有的分类信息，可通过分类名称筛选。

在前面开发前台展示系统的时候已经在 MySQL 数据库中写入了一些分类信息，现在要做的就是将它们从数据库中提取出来。

前端在发送请求本接口的信息时，会带上当前页码、每页多少条数据及需要筛选的分类名称信息，后端根据这些参数使用 SQL 语句到 MySQL 数据库中查询出符合条件的数据，接着进行组装处理，如果成功则返回包含成功信息的 JSON 数据，如果失败则返回包含失败信息的 JSON 数据。

（8）分类下拉列表接口：返回所有的分类信息，不需要分页。

本接口和上述分类列表接口类似，需要根据前端传过来的参数判断是否需要分页返回。如果不需要分页返回，还是获取分页分类列表的逻辑；如果需要分页返回，则后端就使用 SQL 语句到 MySQL 数据库中查询出所有的分类数据，接着进行组装处理，如果成功则返回包含成功信息的 JSON 数据，如果失败则返回包含失败信息的 JSON 数据。

在实际开发中，通常会将本接口与分类列表接口进行合并，通过前端传入的参数进行逻辑区分。

（9）单条分类信息接口：获取某一条分类信息。

单条分类信息接口其实就是获取数据库中指定的一条分类数据。前端在发送请求时会带上这一条分类信息的唯一标识 id，后端根据这个 id 使用 SQL 语句到 MySQL 数据库中查询主键等于 id 的一条数据，接着对数据进行组装处理，如果成功则返回包含成功信息的 JSON 数据，如果失败则返回包含失败信息的 JSON 数据。

（10）新增分类接口：添加一条新的分类信息。

新增分类接口其实就是向数据库中插入一条分类数据。前端在发送请求时会带上分类的信息，包括分类名称和图片，后端获取到这些数据后进行处理、组装，使用 SQL 语句到 MySQL 数据库中插入一条新的数据。如果插入成功则返回包含成功信息的 JSON 数据，如果插入失败则返回包含失败信息的 JSON 数据。

（11）修改分类接口：修改某一条分类信息。

修改分类接口其实就是更新数据库中的某一条分类数据。前端在发送请求时会带上这一条分类的唯一标识 id 和新的分类信息，后端根据这个 id 使用 SQL 语句到 MySQL 数据库中查询出这一条数据，接着将数据更新为新的分类数据。如果更新成功则返回包含成功信息的 JSON 数据，如果更新失败则返回包含失败信息的 JSON 数据。

（12）删除分类接口：删除某一条分类信息。

删除分类接口其实就是将数据库中的某一条分类数据删除。前端在发送请求时会带上这一条分类的唯一标识 id，后端根据这个 id 使用 SQL 语句到 MySQL 数据库中删除主键等于 id 的一条数据。如果删除成功则返回包含成功信息的 JSON 数据，如果删除失败则返回包含失败信息的 JSON 数据。

（13）文章列表接口：分页返回所有的文章信息，可通过文章标题筛选。

在前面开发前台展示系统的时候已经在 MySQL 数据库中写入了一些文章信息，现在要做的就是将它们从数据库中提取出来。

前端在发送请求本接口的信息时会带上当前页码、每页多少条数据及需要筛选的文章标题信息，后端根据这些参数使用 SQL 语句到 MySQL 数据库中查询出符合条件的数据并进行处理、组装，如果成功则返回包含成功信息的 JSON 数据，如果失败则返回包含失败信息的 JSON 数据。

（14）单条文章信息接口：获取某一条文章信息。

单条文章信息接口其实就是获取数据库中指定的一条文章数据。前端在发送请求时会带上这一条文章信息的唯一标识 id，后端根据这个 id，使用 SQL 语句到 MySQL 数据库中查询主键等于 id 的一条数据，接着对数据进行处理、组装。如果成功则返回包含成功信息的 JSON 数据，如果失败则返回包含失败信息的 JSON 数据。

（15）新增文章接口：添加一条新的文章信息。

新增文章接口其实就是向数据库中插入一条文章数据。前端在发送请求时会带上文章的信息，包括文章标题、所属分类、封面、摘要和内容，后端获取到这些数据后进行组装、处理，使用 SQL 语句到 MySQL 数据库中插入一条新的数据。如果插入成功则返回包含成功信息的 JSON 数据，如果插入失败则返回包含失败信息的 JSON 数据。

（16）修改文章接口：修改某一条文章信息。

修改文章接口其实就是更新数据库中的某一条文章数据。前端在发送请求时会带上这条文章的唯一标识 id 和新的文章信息，后端根据这个 id，使用 SQL 语句到 MySQL 数据库中查询出这一条数据，接着将数据更新为新的文章数据。如果更新成功则返回包含成功信息的 JSON 数据，如果更新失败则返回包含失败信息的 JSON 数据。

（17）删除文章接口：删除某一条文章信息。

删除文章接口其实就是将数据库中的某一条文章数据删除。前端请求时会带上这条文章的唯一标识 id，后端根据这个 id，使用 SQL 语句到 MySQL 数据库中删除主键等于 id 的一条数据。如果删除成功则返回包含成功信息的 JSON 数据，如果删除失败则返回包含失败信息的 JSON 数据。

（18）案例列表接口：分页返回所有的案例信息，可通过案例名称筛选。

在前面开发前台展示系统的时候已经在 MySQL 数据库中写入了一些案例信息，现在要做的就是将它们从数据库中提取出来。

前端在发送请求本接口的信息时，会带上当前页码、每页多少条数据及需要筛选的案例名称信息，后端根据这些参数，使用 SQL 语句到 MySQL 数据库中查询出符合条件的数据，接着处理、组装数据。如果成功则返回包含成功信息的 JSON 数据，如果失败则返回包含失败信息的 JSON 数据。

（19）单条案例信息接口：获取某一条案例信息。

单条案例信息接口其实就是获取数据库中指定的一条案例数据。前端在发送请求时会带上这一条案例信息的唯一标识 id，后端根据这个 id，使用 SQL 语句到 MySQL 数据库中查询主键等于 id 的一条数据，接着处理、组装数据，如果成功则返回包含成功信息的 JSON 数据，如果失败则返回包含失败信息的 JSON 数据。

（20）新增案例接口：添加一条新的案例信息。

新增案例接口其实就是向数据库中插入一条案例数据。前端在发送请求时会带上案例的信息，包括案例名称、图片、摘要和内容，后端获取到这些数据后进行处理、组装，使用 SQL 语句到 MySQL 数据库中插入一条新的数据。如果插入成功则返回包含成功信息的 JSON 数据，如果失败则返回包含失败信息的 JSON 数据。

（21）修改案例接口：修改某一条案例信息。

修改案例接口其实就是更新数据库中的某一条案例数据。前端在发送请求时会带上这条案例的唯一标识 id 和新的案例信息，后端根据这个 id，使用 SQL 语句到 MySQL 数据库中查询出这一条数据，接着将数据更新为新的案例数据。如果更新成功则返回包含成功信息的 JSON 数据，如果更新失败则返回包含失败信息的 JSON 数据。

（22）删除案例接口：删除某一条案例信息。

删除案例接口其实就是将数据库中的某一条案例数据删除。前端在发送请求时会带上这条案例的唯一标识 id，后端根据这个 id，使用 SQL 语句到 MySQL 数据库中删除主键等于 id 的一条数据。如果删除成功则返回包含成功信息的 JSON 数据，如果失败则返回包含失败信息的 JSON 数据。

（23）预约列表接口：分页返回所有的预约信息，可通过预约姓名筛选。

在之前开发前台展示系统的时候已经在 MySQL 数据库中写入了一些预约信息，现在要做的就是将它们从数据库中提取出来。

前端在发送请求本接口的信息时，会带上当前页码、每页多少条数据及需要筛选的预约姓名信息，后端根据这些参数，使用 SQL 语句到 MySQL 数据库中查询出符合条件的数据，接着处理、组装数据。如果成功则返回包含成功信息的 JSON 数据，如果失败则返回包含失败信息的 JSON 数据。

（24）修改预约状态接口：修改某一条预约信息状态。

修改预约信息状态接口其实就是更新数据库中的某一条预约数据。前端在发送请求时会带上这一条预约信息的唯一标识 id 和要修改的状态字段，后端根据这个 id，使用 SQL 语句到 MySQL 数据库中查询出这一条数据，接着将数据中的状态字段进行更新。如果更新成功则返回包含成功信息的 JSON 数据，如果更新失败则返回包含失败信息的 JSON 数据。

（25）查看企业信息接口：查看企业信息。

查看企业信息接口其实就是获取数据库中指定的 id 为 1 的企业信息数据。前端将请求信息发送过来，后端使用 SQL 语句到 MySQL 数据库中查询主键 id 等于 1 的指定数据，接着进行处理、组装。如果成功则返回包含成功信息的 JSON 数据，如果失败则返回包含失败信息的 JSON 数据。

（26）修改企业信息接口：修改企业信息。

修改企业信息接口其实就是更新数据库中指定的 id 为 1 的企业信息数据。前端在发送请求时会带上新的企业信息，后端使用 SQL 语句到 MySQL 数据库中查询出主键 id 为 1 的数据，接着将数据更新为新的企业信息数据。如果更新成功则返回包含成功信息的 JSON 数据，如果更新失败则返回包含失败信息的 JSON 数据。

（27）管理员列表接口：分页返回所有的管理员信息，可通过用户名筛选。

管理员列表接口其实就是去数据库中根据条件查询出所有符合条件的管理员数据。前端在请求本接口时会带上当前页码、每页多少条数据及需要筛选的姓名信息，后端根据这些参数，使用 SQL 语句到 MySQL 数据库中查询出符合条件的数据，接着处理、组装数据。如果成功则返回包含成功信息的 JSON 数据，如果失败则返回包含失败信息的 JSON 数据。

（28）单条管理员信息接口：获取某一条管理员信息。

单条管理员信息接口其实就是获取数据库中指定的一条管理员数据。前端在发送请求时会带上这一条管理员信息的唯一标识 id，后端根据这个 id，使用 SQL 语句到 MySQL 数据库中查询主键等于 id 的一条数据，接着进行处理、组装。如果成功则返回包含成功信息的 JSON 数据，如果失败则返回包含失败信息的 JSON 数据。

（29）新增管理员接口：添加一条新的管理员信息。

新增管理员接口其实就是向数据库中插入一条管理员数据。前端在发送请求时会带上管理员的信息，包括用户名、姓名和角色，后端获取到这些数据后进行处理、组装，使用 SQL 语句到 MySQL 数据库中插入一条新的数据。如果插入成功则返回包含成功信息的 JSON 数据，如果插入失败则返回包含失败信息的 JSON 数据。

（30）修改管理员接口：修改某一条管理员信息。

修改管理员接口其实就是更新数据库中的某一条管理员数据。前端在发送请求时会带上这条管理员的唯一标识 id 和新的管理员信息，后端根据这个 id，使用 SQL 语句到 MySQL 数据库中查询出这一条数据，接着将数据更新为新的管理员数据。如果更新成功则返回包含成功信息的 JSON 数据，如果更新失败则返回包含失败信息的 JSON 数据。

（31）删除管理员接口：删除某一条管理员信息。

删除管理员接口其实就是将数据库中的某一条管理员数据删除。前端在发送请求时会带上这一条管理员的唯一标识 id，后端根据这个 id，使用 SQL 语句到 MySQL 数据库中删除主键等于 id 的一条数据。如果删除成功则返回包含成功信息的 JSON 数据，如是删除失败则返回包含失败信息的 JSON 数据。

（32）上传图片接口：前端上传图片。

上传接口会接收前端传入的文件流，然后处理成文件并保存到指定的目录中。如果保存成功则会返回包含文件名和文件路径的包含成功信息的 JSON 数据，如果失败则返回包含失败信息的 JSON 数据。

（33）除登录外，所有接口必须验证是否登录。

接口验证是否登录是通过一个令牌（Token）来判断的。在前端登录的时候，后端会颁发一个令牌（Token）给前端，前端将 Token 保存起来，在后续的请求中都必须携带这个 Token，后端在请求处理之前验证前端传过来的这个 Token 是否合法，如果为是，则认为已经登录，如果为否，就认为没有登录。

Token 是否合法的判断依据为是否伪造及是否过期。验证 Token 的方法可以放在 Express 中间件中去做。

经过对所有实现目标的分析，得出针对实现目标的解决方案如下：

（1）登录验证接口：使用 SQL 语句查询用户名和密码是否存在于 MySQL 数据库中。

（2）活动列表接口：使用 SQL 语句到 MySQL 数据库中查询出符合条件（分页、筛选）的数据。

（3）单条活动信息接口：使用 SQL 语句到 MySQL 数据库中查询主键等于 id 的一条数据。

（4）新增活动接口：使用 SQL 语句向 MySQL 数据库中插入一条新的数据。

（5）修改活动接口：使用 SQL 语句向 MySQL 数据库中查询出这一条数据，并将数据更新为新的数据。

（6）删除活动接口：使用 SQL 语句去 MySQL 数据库中删除主键等于 id 的一条数据。

（7）分类列表接口：同（2）。

（8）分类下拉列表接口：同（7）合并，使用 SQL 语句去 MySQL 数据库中查询出所有数据。

（9）单条分类信息接口同（3）。

（10）新增分类接口同（4）。

（11）修改分类接口同（5）。

（12）删除分类接口同（6）。

（13）文章列表接口同（2）。

（14）单条文章信息接口同（3）。

（15）新增文章接口同（4）。

（16）修改文章接口同（5）。

（17）删除文章接口同（6）。

（18）案例列表接口同（2）。

（19）单条案例信息接口同（3）。

（20）新增案例接口同（4）。

（21）修改案例接口同（5）。

（22）删除案例接口同（6）。

（23）预约列表接口同（2）。

（24）修改预约状态接口同（5）。

（25）查看企业信息接口同（3）。

（26）修改企业信息接口同（5）。

（27）管理员列表接口同（2）。

（28）单条管理员信息接口同（3）。

（29）新增管理员接口同（4）。

（30）修改管理员接口同（5）。

（31）删除管理员接口同（6）。

（32）除登录外的接口验证：在 Express 中间件中添加验证 Token 方法。

5.8.3 系统流程图

下面根据制定的解决方案绘制流程图。

1．登录模块

登录模块的流程图如图 5-51 所示。

2．预约管理模块

预约管理模块流程图包含预约列表流程图（如图 5-52 所示）和修改预约状态流程图
（如图 5-53 所示）。

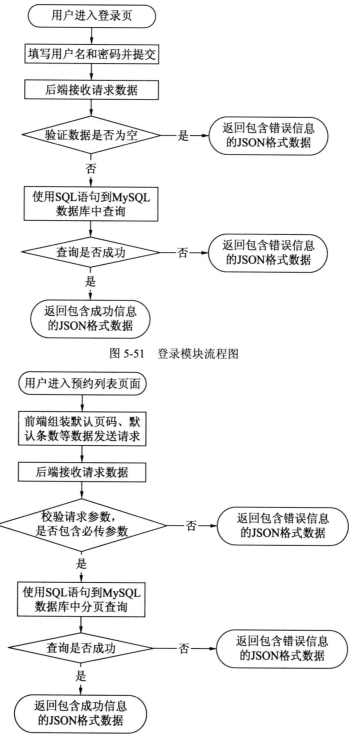

图 5-51　登录模块流程图

图 5-52　预约列表流程图

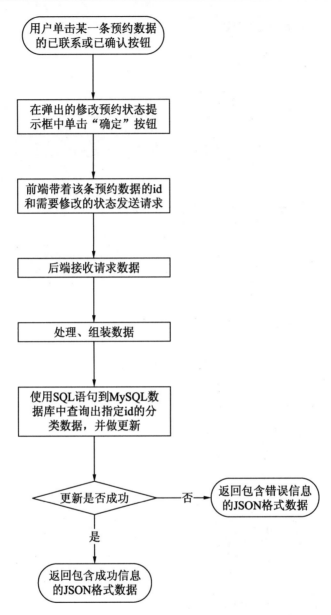

图 5-53　修改预约状态流程图

3．活动管理模块

活动管理模块流程图包含活动列表流程图（如图 5-54 所示）、添加活动流程图（如图 5-55 所示）、获取单条活动信息流程图（如图 5-56 所示）、修改活动流程图（如图 5-57 所示）和删除活动流程图（如图 5-58 所示）。

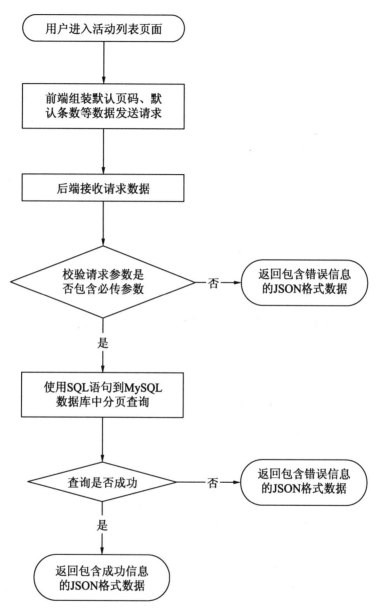

图 5-54　活动列表流程图

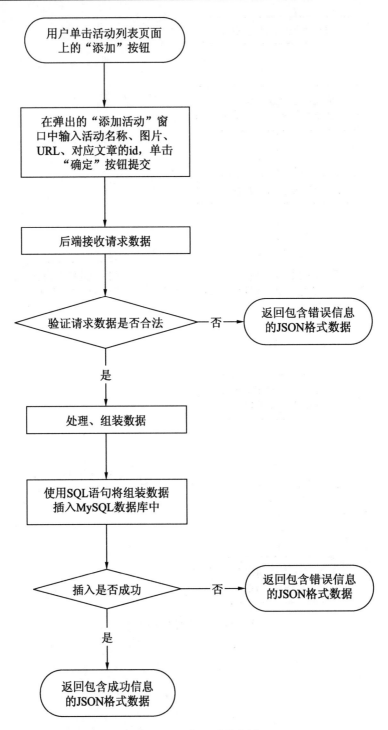

图 5-55　添加活动流程图

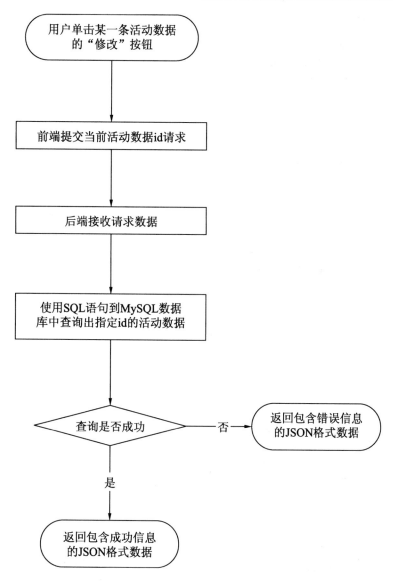

图 5-56 获取单条活动信息流程图

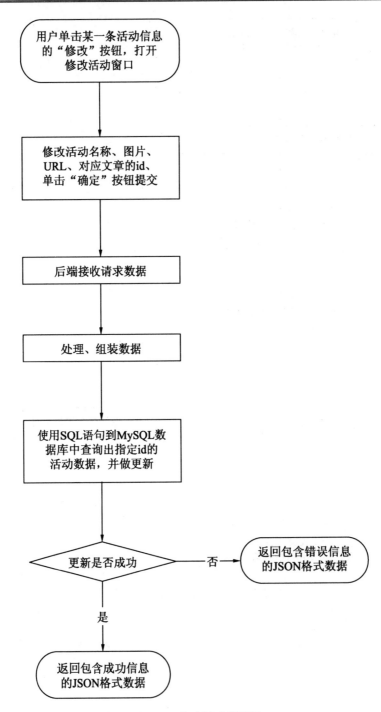

图 5-57　修改活动流程图

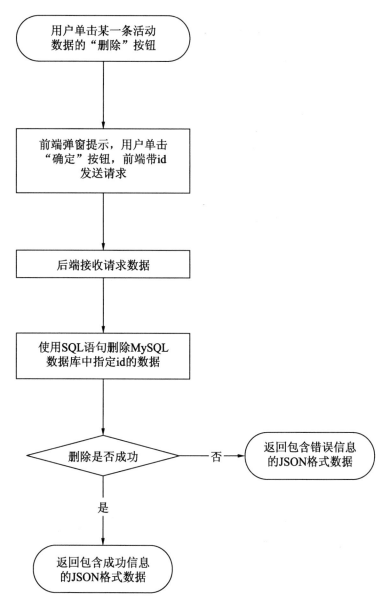

图 5-58　删除活动流程图

4．分类管理模块

分类管理模块流程图包含分类列表流程图（如图 5-59 所示）、添加分类流程图（如图 5-60 所示）、获取单条分类信息流程图（如图 5-61 所示）、修改分类流程图（如图 5-62 所示）和删除分类流程图（如图 5-63 所示）。

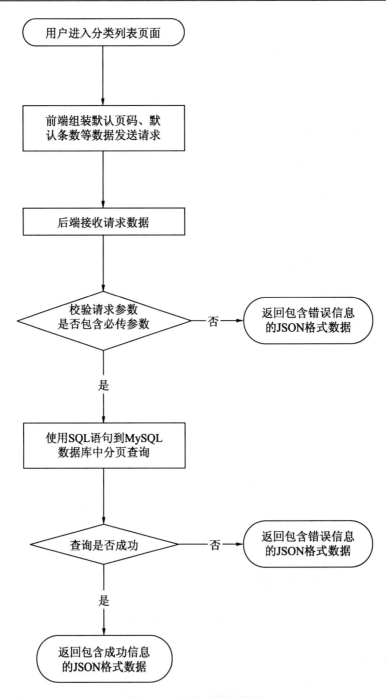

图 5-59　分类列表流程图

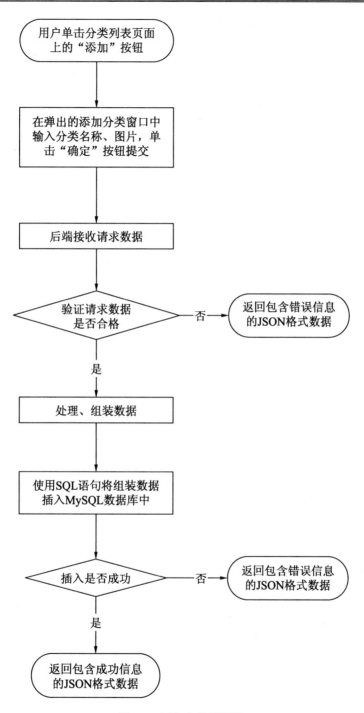

图 5-60　添加分类流程图

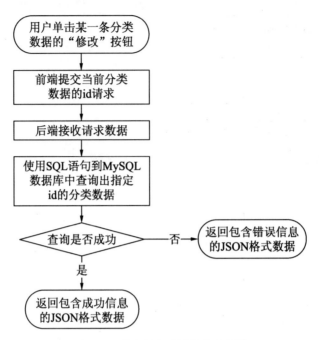

图 5-61　获取单条分类信息流程图

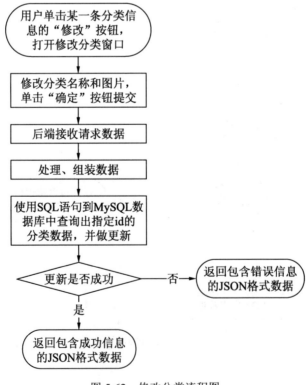

图 5-62　修改分类流程图

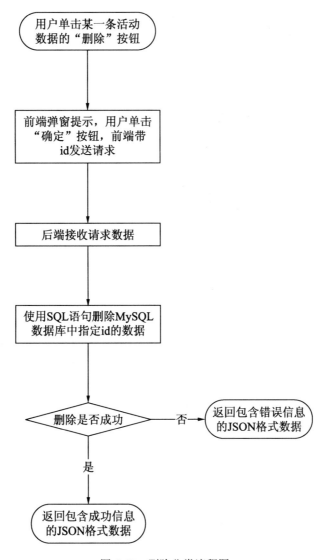

图 5-63　删除分类流程图

5．文章管理模块

文章管理模块流程图包含文章列表流程图（如图 5-64 所示）、添加文章流程图（如图 5-65 所示）、获取单条文章信息流程图（如图 5-66 所示）、修改文章流程图（如图 5-67 所示）和删除文章流程图（如图 5-68 所示）。

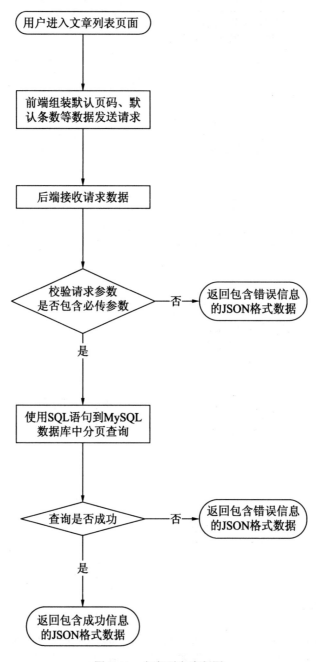

图 5-64　文章列表流程图

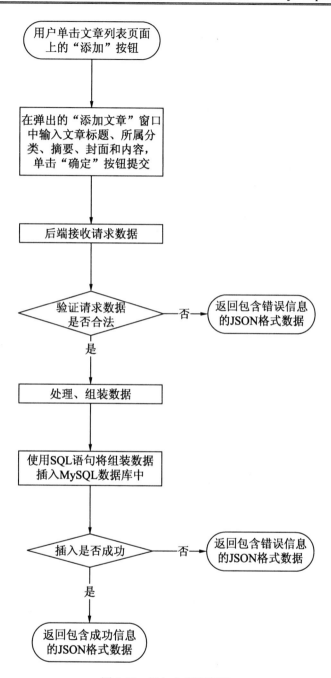

图 5-65　添加文章流程图

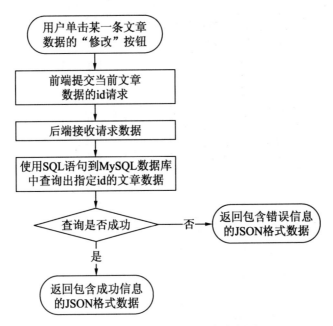

图 5-66 获取单条文章信息流程图

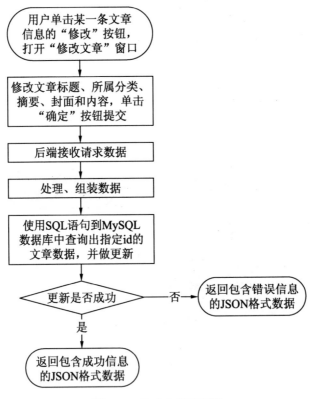

图 5-67 修改文章流程图

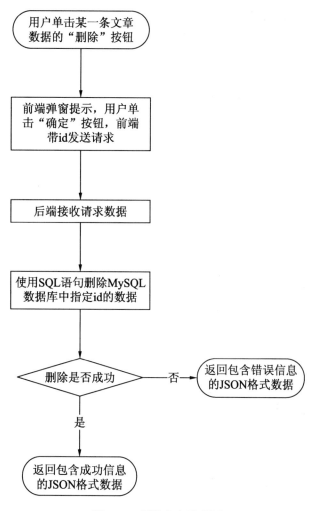

图 5-68　删除文章流程图

6.案例管理模块

案例管理模块流程图包含案例列表流程图（如图 5-69 所示）、添加案例流程图（如图 5-70 所示）、获取单条案例信息流程图（如图 5-71 所示）、修改案例流程图（如图 5-72 所示）和删除案例流程图（如图 5-73 所示）。

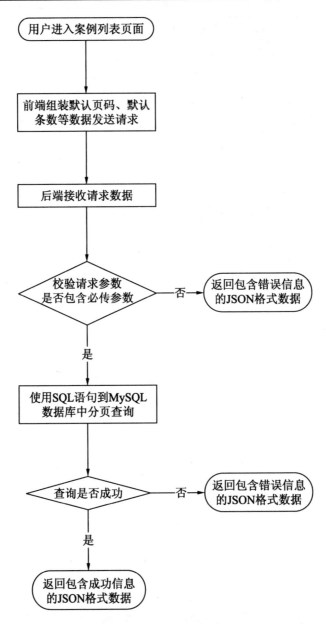

图 5-69 案例列表流程图

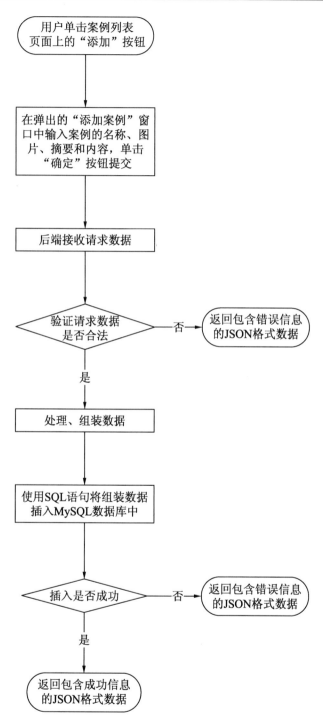

图 5-70　添加案例流程图

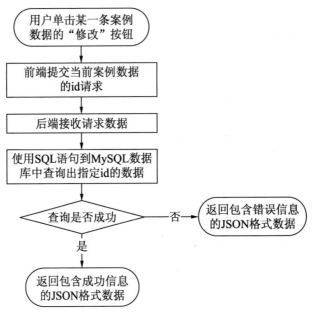

图 5-71　获取单条案例信息流程图

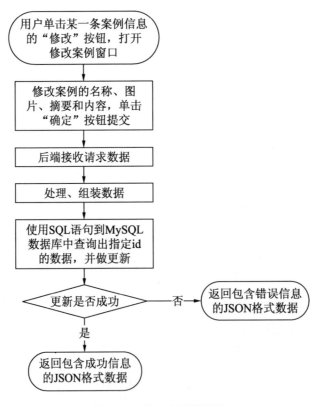

图 5-72　修改案例流程图

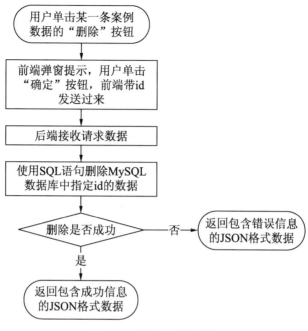

图 5-73　删除案例流程图

7．企业信息管理模块

企业信息模块流程图包含查看企业信息流程图（如图 5-74 所示）和修改企业信息流程图（如图 5-75 所示）。

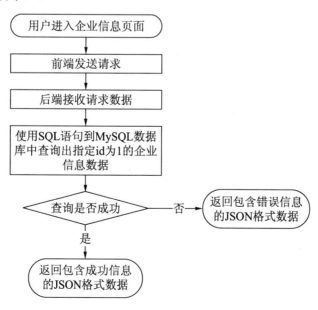

图 5-74　查看企业信息流程图

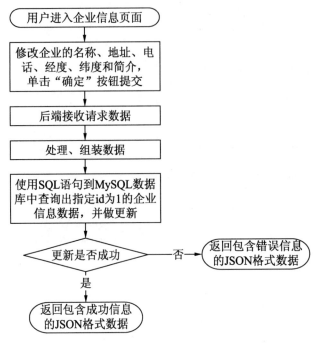

图 5-75　修改企业信息流程图

8. 管理员管理模块

管理员模块流程图包含管理员列表流程图（如图 5-76 所示）、添加管理员流程图（如图 5-77 所示）、获取单条案例信息流程图（如图 5-78 所示）、修改管理员流程图（如图 5-79 所示）和删除管理员流程图（如图 5-80 所示）。

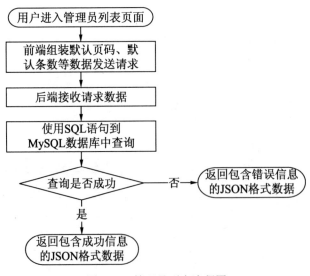

图 5-76　管理员列表流程图

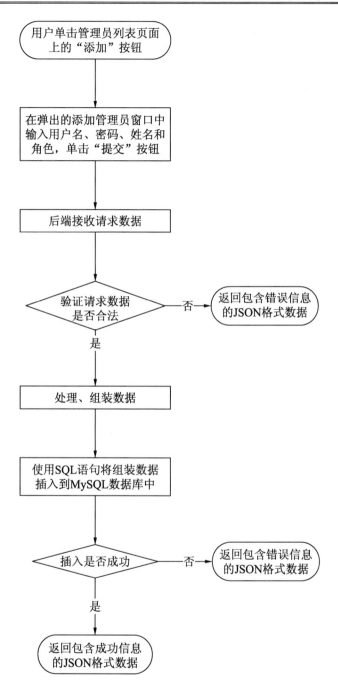

图 5-77　添加管理员流程图

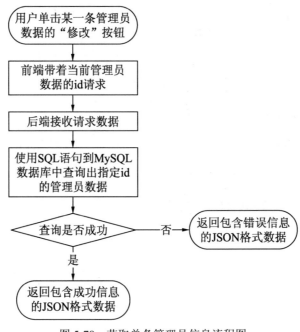

图 5-78　获取单条管理员信息流程图

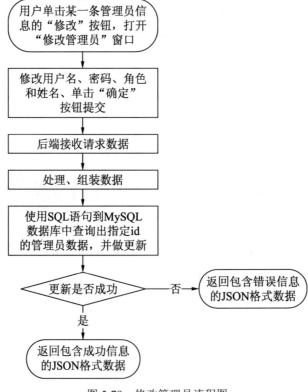

图 5-79　修改管理员流程图

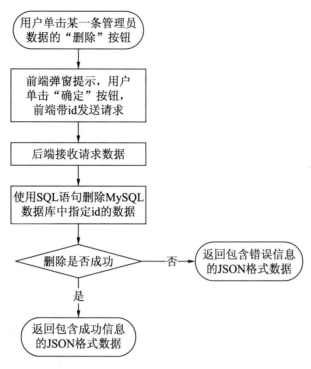

图 5-80　删除管理员流程图

5.8.4　开发环境

本项目所使用的开发环境及软件版本如表 5-14 所示。

表 5-14　开发环境及软件版本

操作系统	Windows 10
Node.js版本	10.14.0
Express版本	4.16.0
Vue.js版本	2.5.21
MySQL版本	5.6
浏览器	Chrome 73.0
开发工具	WebStorm 2018.3

5.9　后台管理系统的前端页面分析

前端页面已经开发完毕。下面结合前面的解决方案和页面效果图对模块进行分析。

5.9.1 登录模块

登录模块（见图 5-42）是在前端提交表单，后端接收到数据之后判断用户名和密码是否正确，如果正确则返回登录成功的信息和登录的管理员信息，如果错误则返回错误信息。成功信息和错误信息由前端来判断，展现不同的信息给用户。

5.9.2 首页模块

前端在获取到首页模块（见图 5-43）内的登录信息之后存储在本地，将信息展示在首页上，不需要调用 API 接口。

5.9.3 预约管理模块

1. 预约列表

预约列表（见图 5-44）是由预约数据组成的列表，每页显示的条数和页码数都可以通过前端控制，后端只需要根据传过来的参数去数据库中查询出分类数据，并返回需要的字段（预约 id、预约名称、电话、装修类型、预约日期、留言、状态和创建时间）即可。

2. 修改预约状态

当用户单击某一条预约数据操作区域中的已联系或已确认按钮时，会弹出一个"修改预约状态"的提示框，如图 5-81 所示。当用户单击"确定"按钮时，前端会将该条预约数据的唯一标识 id 和要修改的预约状态请求发送过来，后端接收到请求后，使用 SQL 语句到 MySQL 数据库中将相关的数据进行更新。

图 5-81　修改预约状态窗口

5.9.4　活动管理模块

1．活动列表

活动列表是由活动数据组成的列表，每页显示的条数和页码数都可以通过前端控制，后端只需要根据传过来的参数去数据库中查询出活动数据，并返回需要的字段（活动 id、活动名称、图片、URL、对应文章和创建时间）即可。

2．添加活动

当用户单击页面上的添加按钮时，会弹出一个"添加活动"的表单窗口，如图 5-82 所示。需要填写的内容有活动名称、图片、URL 和对应文章的 id，在用户单击"确定"按钮后，前端会将这些数据发送过来，后端接收到请求后将数据进行处理、组装，然后插入 MySQL 数据库中。

图 5-82　添加活动窗口

3．修改活动

当用户单击某一条活动数据操作区域中的"修改"按钮时，会弹出一个"修改活动"的表单窗口，如图 5-83 所示。与添加活动不同的是，这个表单里已经自动填写了单击的这一条活动原来的信息。这是因为在用户单击"修改"按钮后，前端会将该条活动数据的唯一标识 id 请求发送过来，后端将 MySQL 数据库中的相关数据提取出来返给前端，前端将数据渲染到了表单中。

图 5-83　修改活动窗口

用户在修改完表单内容单击"确定"后，前端会将表单内容及该条活动数据的唯一标识 id 请求发送过来，后端接收到请求后使用 SQL 语句到 MySQL 数据库中将相关的数据进行更新。

4．删除活动

如图 5-84 所示，当用户单击某一条活动数据操作区域中的"删除"按钮时，会弹出一个确认提示框，如图 5-84 所示。当用户单击"确定"按钮时，前端会将该条活动数据的唯一标识 id 发送过来，后端接收到请求后到 MySQL 数据库中将相关的数据删除。

图 5-84　删除活动提示

5.9.5　分类管理模块

1．分类列表

分类列表（见图 5-46）是由分类数据组成的列表，每页显示的条数和页码数都可以通过前端控制，后端只需要根据传过来的参数去数据库中查询出分类数据，并返回需要的字段（分类 id、分类名称、图片和创建时间）即可。

2．添加分类

当用户单击页面上的"添加"按钮时，会弹出一个添加分类的表单窗口，如图 5-85 所示。需要填写的内容有分类名称和图片，在用户单击"确定"按钮的时候，前端会将这些数据发送过来，后端接收到请求后将数据进行处理、组装，然后插入到 MySQL 数据库中。

图 5-85　添加分类窗口

3．修改分类

当用户单击某一条分类数据操作区域中的"修改"按钮时，会弹出一个修改分类的表单窗口，如图 5-86 所示。与添加分类不同的是，这个表单里已经自动填写了单击的这一条分类原来的信息，这是因为在用户单击"修改"按钮后，前端会将该条分类数据的唯一标识 id 请求发送过来，后端将 MySQL 数据库中的相关数据提取出来返回给前端，前端将数据渲染到了表单中。

用户在修改完表单内容后单击"确定"按钮时，前端会将表单内容及该条分类数据的唯一标识 id 请求发送过来，后端接收到请求后，使用 SQL 语句去 MySQL 数据库中将相关的数据进行更新。

4．删除分类

当用户单击某一条分类数据操作区域中的"删除"按钮时，会弹出一个确认提示框，如图 5-87 所示。当用户单击"确定"按钮后，前端会带着该条分类数据的唯一标识 id 请求发送过来，后端接收到请求后，去 MySQL 数据库中将相关的数据进行删除。

图 5-86　修改分类窗口　　　　　图 5-87　删除分类提示

5.9.6　文章管理模块

1．文章列表

文章列表（见图 5-47）是由文章数据组成的列表，每页显示的条数和页码数都可以通过前端控制，后端只需要根据传过来的参数去数据库中查询出文章数据，并返回需要的字段即可，如 id、文章标题、摘要、所属分类、封面和创建时间。

2．添加文章

当用户单击页面上的"添加"按钮时，会弹出一个添加文章的表单窗口，如图 5-88 所示。需要填写的内容有文章标题、所属分类、摘要、封面、内容。当用户单击"确定"按钮后，前端会将这些数据请求发送过来，后端接收到请求，将数据进行处理、组装，然后插入到 MySQL 数据库中。

3．修改文章

当用户单击某一条文章数据操作区域中的"修改"按钮后，会弹出一个修改文章的表单窗口，如图 5-89 所示。与添加文章不同的是，这个表单里已经自动填写了单击的这一条文章原来的信息，这是因为在用户单击"修改"按钮后，前端会将该条文章数据的唯一标识 id 请求发送过来，后端根据请求信息将 MySQL 数据库中的相关数据提取出来返给前端，前端将数据渲染到了表单中。

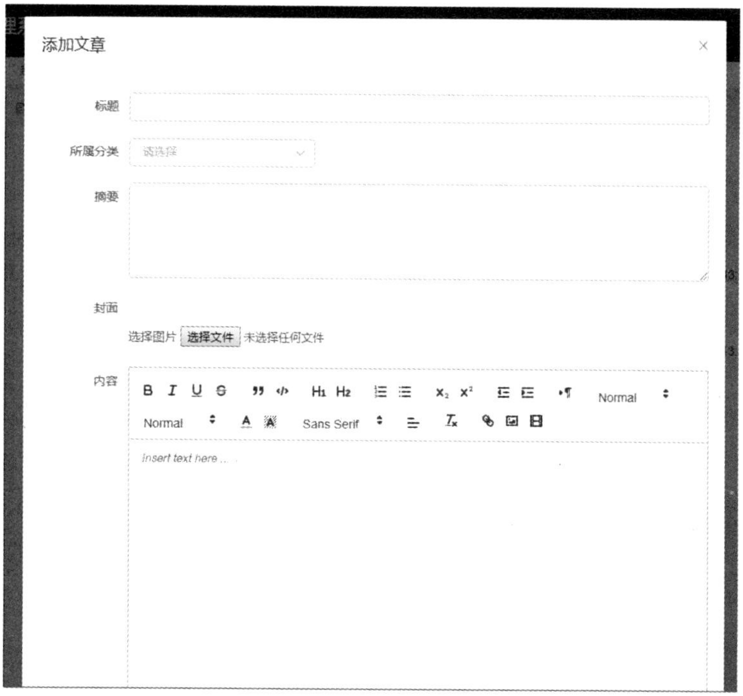

图 5-88　添加文章窗口

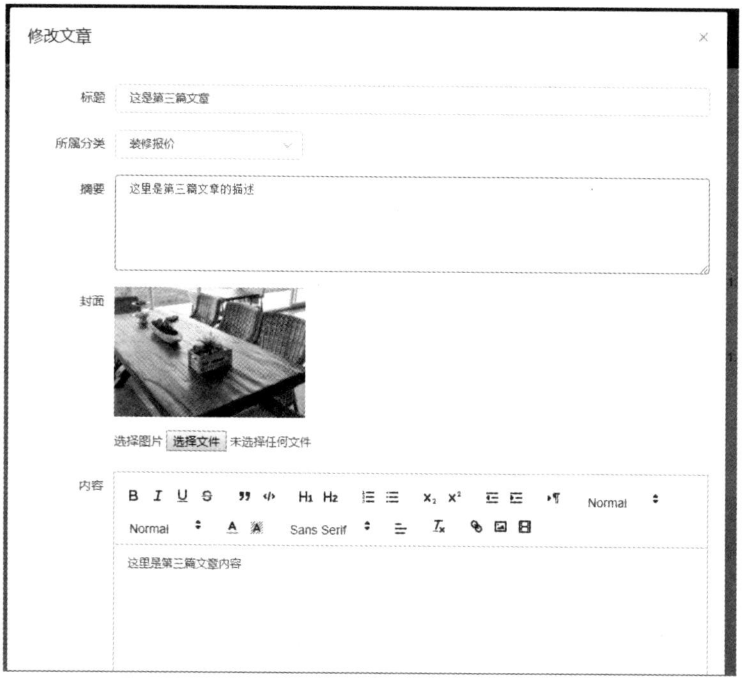

图 5-89　修改文章窗口

用户在修改完表单内容单击"确定"按钮后，前端会将表单内容及该条文章数据的唯一标识 id 请求发送过来，后端接收到请求信息后，使用 SQL 语句去 MySQL 数据库中将相关的数据进行更新。

4．删除文章

当用户单击某一条文章数据操作区域中的"删除"按钮后，会弹出一个确认提示框，如图 5-90 所示。当用户单击"确定"按钮后，前端会将该条文章数据的唯一标识 id 请求发送过来，后端接收到请求信息后，去 MySQL 数据库中将相关的数据进行删除。

图 5-90　删除文章提示

5.9.7　案例管理模块

1．案例列表

案例列表（见图 5-48）是由案例数据组成的列表，每页显示的条数和页码数都可以通过前端控制，后端只需要根据传过来的参数去数据库中查询出案例数据，并返回需要的字段即可，如案例 id、案例名称、图片、摘要、内容和创建时间。

2．添加案例

当用户单击页面上的"添加"按钮时，会弹出一个添加案例的表单窗口，如图 5-91 所示。需要填写的内容有案例名称、图片、摘要和内容。当用户单击"确定"按钮后，前端会将这些数据请求发送过来，后端接收到请求后将数据进行处理、组装，然后插入到 MySQL 数据库中。

3．修改案例

当用户单击某条案例数据操作区域中的"修改"按钮后，会弹出一个修改案例的表单窗口，如图 5-92 所示。与添加案例不同的是，这个表单里已经自动填写了单击的这一条案例原来的信息，这是因为在用户单击"修改"按钮后，前端会将该条案例数据的唯一标识 id 请求发送过来，后端接收到请求信息后将 MySQL 数据库中的相关数据提取出来返给前端，前端将数据渲染到了表单中。

用户在修改完表单内容单击"确定"按钮的时候，前端会将表单内容及该条案例数据的唯一标识 id 请求发送过来，后端接收到请求信息后使用 SQL 语句去 MySQL 数据库中将相关的数据进行更新。

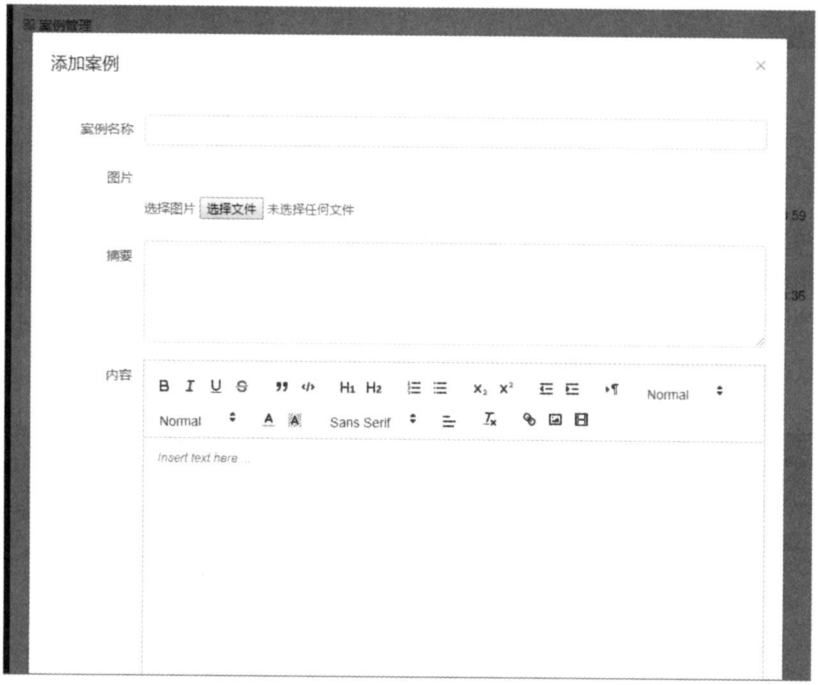

图 5-91　添加案例窗口

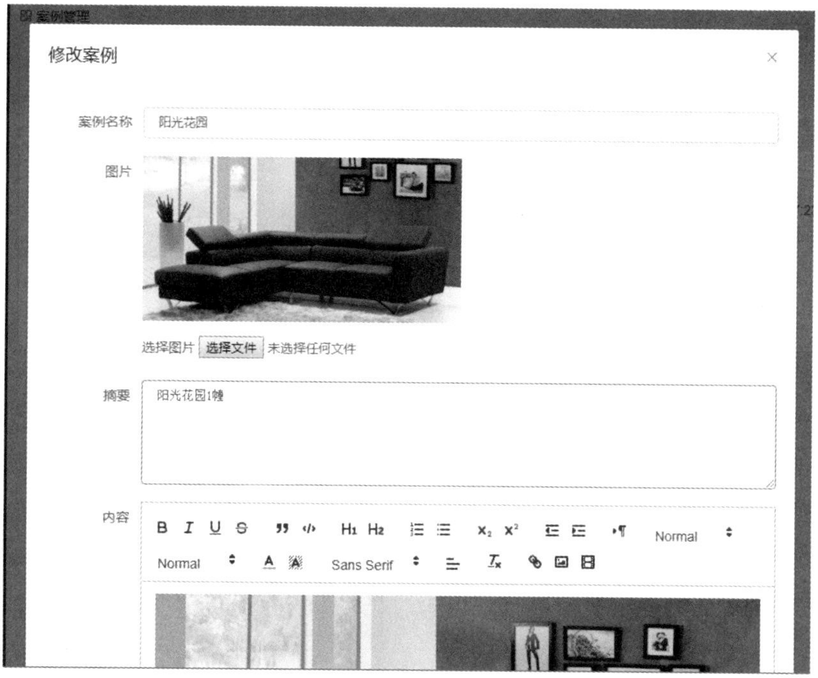

图 5-92　修改案例窗口

4．删除案例

当用户单击某一条案例数据操作区域中的"删除"
按钮后会弹出一个确认提示框，如图 5-93 所示。当用户
单击确认时，前端会将该条案例数据的唯一标识 id 请求
发送过来，后端接收到请求信息后去 MySQL 数据库中将
相关的数据删除。

图 5-93　删除案例提示

5.9.8　企业信息管理模块

1．查看企业信息

企业信息页面展示企业信息的表单（见图 5-49），内容根据前端控制，后端接收到前
端请求去数据库中查询出指定 id 为 1 的企业信息数据并返回需要的字段，如企业名称、
地址、电话、经度、纬度和简介，前端接收到数据后将数据渲染到表单中。

2．修改企业信息

当用户修改完企业名称、地址、电话、经度、纬度和简介内容后单击"提交"按钮，
前端会将这些信息发送过来，后端接收到请求信息后使用 SQL 语句去 MySQL 数据库中将
相关的数据进行更新。

5.9.9　管理员管理模块

1．管理员列表

管理员列表是由管理员数据组成的列表，每页显示的条数和页码数都可以通过前端控
制，后端只需要根据传过来的参数去数据库中查询出管理员数据，并返回需要的字段：id、
用户名、姓名、角色、创建时间。

2．添加管理员

当用户单击页面上的"添加"按钮后会弹出一个添加管理员的表单窗口，如图 5-94
所示，需要填写的内容有用户名、密码、姓名和角色。用户单击"确定"按钮后前端会
将这些数据请求发送过来，后端接收到请求后将数据进行处理组装，插入到 MySQL 数据
库中。

图 5-94　添加管理员窗口

3．修改管理员

当用户单击某一条管理员数据操作区域中的"修改"按钮后会弹出一个修改管理员的表单窗口，如图 5-95 所示。与添加管理员不同的是，这个表单里已经自动填写了单击的这一条管理员原来的数据，这是因为在用户单击"修改"按钮后，前端会将该条管理员数据的唯一标识 id 请求发送过来，后端接收到请求信息后将 MySQL 数据库中的相关数据提取出来返回给前端，前端将数据渲染到了表单中。

图 5-95　修改管理员窗口

用户在修改完表单内容并单击"确定"按钮后，前端会将表单内容及该条管理员数据的唯一标识 id 请求发送过来，后端接收到请求信息后使用 SQL 语句去 MySQL 数据库中将相关的数据进行更新。

4．删除管理员

当用户单击某一条管理员数据操作区域中的"删除"按钮时会弹出一个确认提示框，如图 5-96 所示。当用户单击确认时，前端会将该条管理员数据的唯一标识 id 请求发送过来，后端接收到请求信息后去 MySQL 数据库中将相关的数据删除。

图 5-96　删除管理员提示

5.10　后台管理系统创建 MySQL 数据库表

由于在前面的章节中已经创建了数据库 decorate、数据表 event、数据表 cate、数据表 article、数据表 case、数据表 order、数据表 company，所以本节只需要在数据库 decorate 中创建一张数据表 admin 用来存放管理员信息即可。

5.10.1　创建数据表 admin

（1）双击打开 blog 数据库，然后右击 blog 数据库下的"表"，弹出右键快捷菜单，如图 5-97 所示。

图 5-97　decorate 数据库弹出的快捷菜单

（2）选择"新建表"命令，打开新建表窗口，如图 5-98 所示。

（3）在打开的新建表窗口中新增 8 个字段，字段及其作用如表 5-15 所示。其中需要注意的是，id 字段要设置成自动递增。

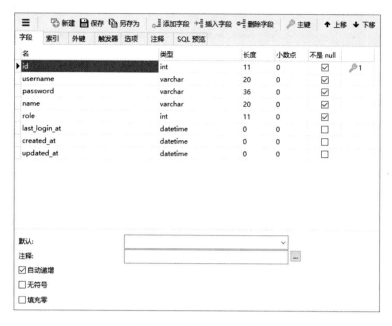

图 5-98　新建 admin 表

表 5-15　admin表各字段及其作用

字　段　名	类　　型	作　　用
id	int	数据表主键
username	varchar	用户名
password	varchar	密码
name	varchar	姓名
role	int	角色
last_login_at	datetime	上次登录时间
created_at	datetime	创建时间
updated_at	datetime	更新时间

添加完毕后单击"保存"按钮，输入数据表名 admin，即可保存成功。

5.10.2　添加模拟数据

为了便于之后的列表展示查看效果，在前端没有提交表单添加数据的情况下，需要在数据库表中添加一些模拟数据。

前面已经在 decorate 数据库的其他数据表中添加了一些数据，本节主要向数据表 admin 中添加一些数据。

使用数据库可视化工具 Navicat 直接在数据表 admin 中添加数据，如图 5-99 所示。

图 5-99   向 admin 表中添加模拟数据

这里添加了 3 条模拟数据便于演示，在项目完成后可以根据需要删除这些模拟数据。

5.11   后台管理系统创建项目

5.11.1   生成项目文件

使用 Express 框架创建一个项目，在命令行中输入以下指令，在工作目录下生成一个名为 decorate-admin-api 的 Express 项目。

```
$ express decorate-admin-api
```

此时在工作目录下就多了一个 decorate-admin-api 文件夹，使用开发工具打开 decorate-admin-api 项目，目录结构如图 5-100 所示。

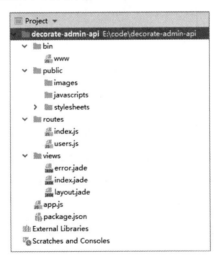

图 5-100   decorate-admin-api 项目初始目录结构

5.11.2   安装依赖包

如同前面的项目一样，先执行 npm install 命令安装项目需要的基础包。

另外，针对此项目，引用以下 6 个依赖包，如表 5-16 所示。

表 5-16　项目引用的依赖包

依 赖 包 名	作　　用
async	异步处理方法库
mysql2	MySQL数据库支持
sequelize	操作MySQL的ORM框架
dateformat	时间处理方法库
jsonwebtoken	Token生成及验证
multer	上传文件方法库

分别执行以下命令安装表 5-16 中的 6 个依赖包：

```
$ npm install async -S
$ npm install mysql2 -S
$ npm install sequelize -S
$ npm install dateformat -S
$ npm install jsonwebtoken -S
$ npm install multer -S
```

5.11.3　更改默认端口

由于 Express 创建项目后默认端口为 3000，为了方便演示并避免与其他项目冲突，将端口号改为 3006。更改方法是修改项目根目录下 bin 目录中的 www.js 文件，将其中的代码

```
var port = normalizePort(process.env.PORT || '3000');
app.set('port', port);
```

更改为如下的代码：

```
var port = normalizePort(process.env.PORT || '3006');
app.set('port', port);
```

这样使用 npm start 命令启动项目后，在浏览器中打开 http://localhost:3006 即可访问项目的首页。

5.11.4　新增 route（路由）

从本节开始，会在项目里新增很多文件。如图 5-101 所示为新增各类文件之后的目录结构。

本项目里主要提供的是 API 接口，定义一个路由就代表一个接口，需要新增如下 31 个路由。

（1）登录：用户打开博客后台管理系统登录页，输入用户名和密码，单击登录时，后端接收数据处理的路由。

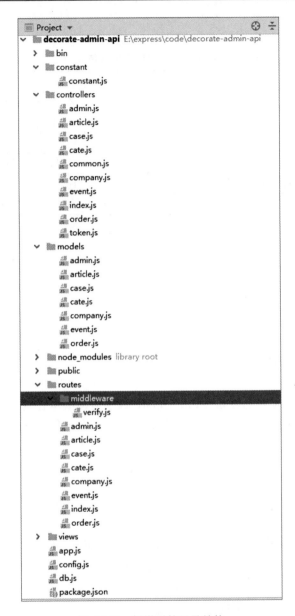

图 5-101　新增后的目录结构

（2）活动列表：用户访问活动列表页时，后端接收数据处理的路由。

（3）添加活动：用户单击添加活动窗口的"确定"按钮时，后端接收数据处理的路由。

（4）获取单条活动信息：用户单击某一条活动信息的"修改"按钮时，后端接收数据处理的路由。

（5）修改活动信息：用户单击修改活动窗口的"确定"按钮时，后端接收数据处理的路由。

（6）删除活动信息：用户单击删除活动窗口的"确定"按钮时，后端接收数据处理的路由。

（7）分类列表：用户访问分类列表页及请求分类下拉列表时，后端接收数据处理的路由。

（8）添加分类：用户单击添加分类窗口的"确定"按钮时，后端接收数据处理的路由。

（9）获取单条分类信息：用户单击某一条分类信息的"修改"按钮时，后端接收数据处理的路由。

（10）修改分类信息：用户单击修改分类窗口的"确定"按钮时，后端接收数据处理的路由。

（11）删除分类信息：用户单击删除分类窗口的"确定"按钮时，后端接收数据处理的路由。

（12）文章列表：用户访问文章列表页时，后端接收数据处理的路由。

（13）添加文章：用户单击添加文章窗口的"确定"按钮时，后端接收数据处理的路由。

（14）获取单条文章信息：用户单击某一条文章信息的"修改"按钮时，后端接收数据处理的路由。

（15）修改文章信息：用户单击修改文章窗口的"确定"按钮时，后端接收数据处理的路由。

（16）删除文章信息：用户单击删除文章窗口的"确定"按钮时，后端接收数据处理的路由。

（17）案例列表：用户访问案例列表页时，后端接收数据处理的路由。

（18）添加案例：用户单击添加案例窗口的"确定"按钮时，后端接收数据处理的路由。

（19）获取单条案例信息：用户单击某一条案例信息的"修改"按钮时，后端接收数据处理的路由。

（20）修改案例信息：用户单击修改案例窗口的"确定"按钮时，后端接收数据处理的路由。

（21）删除案例信息：用户单击删除案例窗口的"确定"按钮时，后端接收数据处理的路由。

（22）预约列表：用户访问预约列表页时，后端接收数据处理的路由。

（23）修改预约状态：用户单击某一条数据操作区域中的"已联系"或"已确认"按钮时，后端接收数据处理的路由。

（24）查看企业信息：用户单击主菜单中的企业信息管理时，后端接收数据处理的路由。

（25）修改企业信息：用户单击企业信息页面上的"提交"按钮时，后端接收数据处理的路由。

（26）管理员列表：用户访问管理员列表页，后端接收数据处理的路由。

（27）添加管理员：用户单击添加管理员窗口的"确定"按钮时，后端接收数据处理的路由。

（28）获取单条管理员信息：用户单击某一条管理员信息的"修改"按钮时，后端接收数据处理的路由。

（29）修改管理员信息：用户单击修改管理员窗口的"确定"按钮时，后端接收数据处理的路由。

（30）删除管理员信息：用户单击删除管理员窗口的"确定"按钮时，后端接收数据处理的路由。

（31）上传图片：用户在操作表单上传图片时，后端接收数据处理的路由。

1. 登录模块路由

如图 5-101 所示，将登录模块路由存放在项目根目录下 routes 目录的 index.js 文件里，上传图片的接口路由也放在这里，修改代码如下：

```
var express = require ('express');          // 引入 Express 对象
var router = express.Router ();             // 引入路由对象
const multer = require('multer');           // 引入 multer 模块
const uploadMiddleware = multer();          // 创建文件上传中间件
// 引入自定义的 controller
const IndexController = require('../controllers/index');
router.get('/', function(req, res, next) { // 定义首页路由，GET 请求
  res.render('index', { title: 'Express' });
});
router.post ('/login', IndexController.login); // 定义登录路由，POST 请求
router.post ('/upload', uploadMiddleware.single('img'), IndexController.
upload);                                    // 定义上传图片路由，POST 请求
module.exports = router;                    // 导出路由，供 app.js 文件调用
```

2. 活动管理模块路由

如图 5-101 所示，在项目根目录下的 routes 目录里新建一个 event.js 文件，用来存放活动管理模块路由，其代码如下：

```
var express = require ('express');          // 引入 Express 对象
var router = express.Router ();             // 引入路由对象
// 引入自定义的 controller
const EventController = require('../controllers/event');
router.get ('/', EventController.list);     // 定义活动列表路由，GET 请求
router.get ('/:id', EventController.info);  // 定义单条活动路由，GET 请求
router.post ('/', EventController.add);     // 定义添加活动路由，POST 请求
router.put ('/', EventController.update);   // 定义修改活动路由，PUT 请求
router.delete ('/', EventController.remove);// 定义删除活动路由，DELETE 请求
module.exports = router;                    // 导出路由，供 app.js 文件调用
```

3．分类管理模块路由

如图 5-101 所示，在项目根目录下的 routes 目录里新建一个 cate.js 文件，用来存放分类管理模块路由，其代码如下：

```
var express = require ('express');              // 引入 Express 对象
var router = express.Router ();                 // 引入路由对象
// 引入自定义的 controller
const CateController = require('../controllers/cate');
router.get ('/', CateController.list);          // 定义分类列表路由，GET 请求
router.get ('/:id', CateController.info);       // 定义单条分类路由，GET 请求
router.post ('/', CateController.add);          // 定义添加分类路由，POST 请求
router.put ('/', CateController.update);        // 定义修改分类路由，PUT 请求
router.delete ('/', CateController.remove);     // 定义删除分类路由，DELETE 请求
module.exports = router;                        // 导出路由，供 app.js 文件调用
```

4．文章管理模块路由

如图 5-101 所示，在项目根目录下的 routes 目录里新建一个 article.js 文件，用来存放文章管理模块路由，其代码如下：

```
var express = require ('express');              // 引入 Express 对象
var router = express.Router ();                 // 引入路由对象
// 引入自定义的 controller
const ArticleController = require('../controllers/article');
router.get ('/', ArticleController.list);          // 定义文章列表路由，GET 请求
router.get ('/:id', ArticleController.info);       // 定义单条文章路由，GET 请求
router.post ('/', ArticleController.add);          // 定义添加文章路由，POST 请求
router.put ('/', ArticleController.update);        // 定义修改文章路由，PUT 请求
router.delete ('/', ArticleController.remove);     // 定义删除文章路由，DELETE 请求
module.exports = router;                           // 导出路由，供 app.js 文件调用
```

5．案例管理模块路由

如图 5-101 所示，在项目根目录下的 routes 目录里新建一个 article.js 文件，用来存放文章管理模块路由，其代码如下：

```
var express = require ('express');              // 引入 Express 对象
var router = express.Router ();                 // 引入路由对象
const CaseController = require('../controllers/case');  // 引入自定义的 controller
router.get ('/', CaseController.list);          // 定义案例列表路由，GET 请求
router.get ('/:id', CaseController.info);       // 定义单条案例路由，GET 请求
router.post ('/', CaseController.add);          // 定义添加案例路由，POST 请求
router.put ('/', CaseController.update);        // 定义修改案例路由，PUT 请求
router.delete ('/', CaseController.remove);     // 定义删除案例路由，DELETE 请求
module.exports = router;                        // 导出路由，供 app.js 文件调用
```

Node.js+Express+Vue.js 项目开发实战

6. 预约信息管理模块路由

如图 5-101 所示，在项目根目录下的 routes 目录里新建一个 order.js 文件，用来存放预约信息管理模块路由，其代码如下：

```
var express = require ('express');          // 引入 Express 对象
var router = express.Router ();             // 引入路由对象
// 引入自定义的 controller
const OrderController = require('../controllers/order');
router.get ('/', OrderController.list);     // 定义预约列表路由，GET 请求
// 定义修改预约状态路由，PUT 请求
router.put ('/status', OrderController.updateStatus);
module.exports = router;                    // 导出路由，供 app.js 文件调用
```

7. 企业信息管理模块路由

如图 5-101 所示，在项目根目录下的 routes 目录里新建一个 company.js 文件，用来存放企业信息管理模块路由，其代码如下：

```
var express = require ('express');          // 引入 Express 对象
var router = express.Router ();             // 引入路由对象
// 引入自定义的 controller
const CompanyController = require('../controllers/company');
router.get ('/', CompanyController.info);   // 定义获取企业信息路由，GET 请求
router.put ('/', CompanyController.update); // 定义修改企业信息路由，PUT 请求
module.exports = router;                    // 导出路由，供 app.js 文件调用
```

8. 管理员管理模块路由

如图 5-101 所示，在项目根目录下的 routes 目录里新建一个 admin.js 文件，用来存放管理员管理模块路由，其代码如下：

```
var express = require ('express');          // 引入 Express 对象
var router = express.Router ();             // 引入路由对象
// 引入自定义的 controller
const AdminController = require('../controllers/admin');
router.get ('/', AdminController.list);     // 定义管理员列表路由，GET 请求
router.get ('/:id', AdminController.info);  // 定义单条管理员路由，GET 请求
router.post ('/', AdminController.add);     // 定义添加管理员路由，POST 请求
router.put ('/', AdminController.update);   // 定义修改管理员路由，PUT 请求
router.delete ('/', AdminController.remove);// 定义删除管理员路由，DELETE 请求
module.exports = router;                    // 导出路由，供 app.js 文件调用
```

9. 路由配置生效

在添加完模块路由之后，想让新增的路由生效，还需要修改根目录下的 app.js 文件，将刚刚定义的路由文件引入进来并进行 path 配置。

在前面的代码

```
    var indexRouter = require('./routes/index');
```

后面添加如下代码：

```
    var orderRouter = require('./routes/order');    // 引入预约管理模块路由文件
    var eventRouter = require('./routes/event');    // 引入活动管理模块路由文件
    var cateRouter = require('./routes/cate');      // 引入分类管理模块路由文件
    var caseRouter = require('./routes/case');      // 引入案例管理模块路由文件
    var articleRouter = require('./routes/article');// 引入文章管理模块路由文件
    // 引入企业信息管理模块路由文件
    var CompanyRouter = require('./routes/company');
    var adminRouter = require('./routes/admin');    // 引入管理员管理模块路由文件
```

在前面的代码

```
    app.use('/', indexRouter);
```

后面添加如下代码：

```
    app.use('/order', orderRouter);         // 配置预约管理模块路由 path
    app.use('/event', eventRouter);         // 配置活动管理模块路由 path
    app.use('/cate', cateRouter);           // 配置分类管理模块路由 path
    app.use('/case', caseRouter);           // 配置案例管理模块路由 path
    app.use('/article', articleRouter);     // 配置文章管理模块路由 path
    app.use('/company', CompanyRouter);     // 配置企业信息管理模块路由 path
    app.use('/admin', adminRouter);         // 配置管理员管理模块路由 path
```

5.11.5　新增 controller（处理方法）

如图 5-101 所示，在项目根目录下新建一个 controllers 目录，用来存放 controller 文件，将路由的方法放在其中，这样可以避免页面路由太多，查看不便的问题。

在 controllers 目录下创建各模块的处理方法文件，如表 5-17 所示。

表 5-17　controllers 目录下的文件列表

文　件	说　明
index.js	登录模块处理方法
event.js	活动模块处理方法
cate.js	分类模块处理方法
article.js	文章模块处理方法
case.js	案例模块处理方法
order.js	预约模块处理方法
company.js	企业信息模块处理方法
admin.js	管理员模块处理方法
common.js	公共方法
token.js	Token处理方法

本节先讲解公共方法 common.js 文件和 Token 处理方法 token.js 文件，其余的 controller 文件将放在之后的接口开发中讲解。

1. 公共方法文件common.js

同前面的项目开发一样，需要将一些常用到的方法提取出来存放到一个公共方法的文件中，方便其他的 controller 方法引用。

在本项目的公共方法 common.js 文件中定义 4 个公共方法：克隆方法 clone()、校验参数方法 checkParams()、返回统一方法 autoFn()和获取图片 URL 的方法 getImgUrl()，代码如下：

```javascript
const async = require('async');                    // 引入 async 模块
const Constant = require('../constant/constant');  // 引入常量模块
// 定义一个对象
const exportObj = {
  clone,
  checkParams,
  autoFn,
  getImgUrl
};
module.exports = exportObj;                         // 导出对象，方便其他方法调用
/**
 * 克隆方法，生成一个默认成功的返回
 * @param obj
 * @returns {any}
 */
function clone(obj) {
  return JSON.parse(JSON.stringify(obj));
}
/**
 * 校验参数全局方法
 * @param params    请求的参数集
 * @param checkArr 需要验证的参数
 * @param cb        回调
 */
function checkParams (params, checkArr, cb) {
  let flag = true;
  checkArr.forEach(v => {
    if (!params[v]) {
      flag = false;
    }
  });
  if (flag) {
    cb(null);
  }else{
    cb(Constant.LACK);
  }
}
/**
 * 返回统一方法，返回 JSON 格式数据
```

```
 * @param tasks  当前 controller 执行 tasks
 * @param res     当前 controller responese
 * @param resObj 当前 controller 返回 json 对象
 */
function autoFn (tasks, res, resObj) {
  async.auto(tasks, function (err){
    if (!!err) {
      console.log (JSON.stringify(err));
      res.json({
        code: err.code || Constant.DEFAULT_ERROR.code,
        msg: err.msg || JSON.stringify(err)
      });
    } else {
      res.json(resObj);
    }
  });
}
/**
 * 获取图片 URL 的方法
 * @param req   请求对象
 * @param imgName  图片名称
 * @returns {string} 图片 URL
 */
function getImgUrl (req, imgName) {
  // 获取当前域名，用于组装图片路径
  const imgPath = req.protocol + '://' + req.get ('host');
  if (! imgName) {
    return '';
  }
  return imgPath + '/upload/' + imgName;
}
```

2. Token处理方法文件token.js

因本项目是前后端分离架构，根据产品需求，除了登录页面外，访问其他页面均需是登录状态，所以需要设计一个令牌 Token 机制，在用户登录成功之后，后端会返回一个 Token 给前端，前端将其保存起来，在请求后续接口的时候带上这个 Token，而除了登录接口无须验证外，其他接口均需对前端请求的数据中的 Token 进行校验和解析。这一系列操作都会使用到 Token 的处理方法，所以需要将方法定义在一个单独的 token.js 文件中，方便其他模块调用。

在本项目的 Token 处理方法 token.js 文件中定义了两个公共方法，即加密 Token 方法 encrypt 和解密 Token 方法 decrypt，代码如下：

```
const jwt = require ('jsonwebtoken');  // 引入 jsonwebtoken 包
const tokenKey = 'l86rj@#8br&v@N$x';   // 设定一个密钥，用来加密和解密 token
// 定义一个对象
const Token = {
  /**
   * Token 加密方法
```

```
 * @param data 需要加密在 Token 中的数据
 * @param time Token 的过期时间，单位：s
 * @returns {*} 返回一个 Token
 */
encrypt: function (data, time) {
  return jwt.sign (data, tokenKey, {expiresIn: time})
},
/**
 * Token 解密方法
 * @param token 加密之后的 Token
 * @returns 返回对象
 * {{token: boolean (true 表示 Token 合法，false 则不合法)，
 * data: * (解密出来的数据或错误信息)}}
 */
decrypt: function (token) {
  try {
    let data = jwt.verify (token, tokenKey);
    return {
      token: true,
      data: data
    };
  } catch (e) {
    return {
      token: false,
      data: e
    }
  }
}
};
module.exports = Token;                    // 导出对象，方便其他模块调用
```

5.11.6　新增 middleware（中间件）

在前面的解决方案里也提到了，由于本项目是前后端分离项目，所以除了登录接口以外的其他接口都要进行 Token 验证。

既然是在很多接口的处理上都要添加一套相同的处理方法，那么最好的方式就是使用 Express 的中间件。

在中间件中定义 Token 验证的方法，然后在需要 Token 验证的接口路由上添加验证中间件，即可完成接口的 Token 验证。

如图 5-101 所示，在项目根目录下的路由目录 routes 里新建一个 middleware 目录，在里面创建一个 verify.js 文件，用来存放 Token 验证的中间件，代码如下：

```
const Token = require ('../../controllers/token');// 引入 Token 处理的 controller
const Constant = require ('../../constant/constant');  // 引入常量
// 配置对象
const exportObj = {
  verifyToken
};
```

```
module.exports = exportObj;              // 导出对象，供其他模块调用
// 验证 Token 中间件
function verifyToken (req, res, next) {
  // 如果请求路径是/login，即登录页，则跳过，继续下一步
  if ( req.path === '/login') return next();
  let token = req.headers.token;        // 从请求头中获取参数 token
  // 调用 TokenController 里的 Token 解密方法，对参数 token 进行解密
  let tokenVerifyObj = Token.decrypt(token);
  if(tokenVerifyObj.token){
    next()                              // 如果 Token 验证通过，则继续下一步
  }else{
    res.json(Constant.TOKEN_ERROR)  // 如果 Token 验证不通过，则返回错误 JSON
  }
}
```

定义过中间件之后，去需要 Token 验证的路由里添加这个中间件。

由于除了登录模块的其他模块的所有路由都需要进行 Token 验证，因此只需要在其他模块的顶层路由上面添加中间件即可。

首先在项目根目录下的 app.js 文件顶部引入 verify.js 文件，代码如下：

```
// 引入 Token 验证中间件
const verifyMiddleware = require('../routes/middleware/verify');
```

然后将 app.js 文件中的以下代码：

```
app.use('/order', orderRouter);        // 配置预约管理模块路由 path
app.use('/event', eventRouter);        // 配置活动管理模块路由 path
app.use('/cate', cateRouter);          // 配置分类管理模块路由 path
app.use('/case', caseRouter);          // 配置案例管理模块路由 path
app.use('/article', articleRouter);    // 配置文章管理模块路由 path
app.use('/company', CompanyRouter);    // 配置企业信息管理模块路由 path
app.use('/admin', adminRouter);        // 配置管理员管理模块路由 path
```

修改如下：

```
// 配置预约管理模块路由 path，添加 Token 验证中间件
app.use('/order', verifyMiddleware.verifyToken, orderRouter);
// 配置活动管理模块路由 path，添加 Token 验证中间件
app.use('/event', verifyMiddleware.verifyToken, eventRouter);
// 配置分类管理模块路由 path，添加 Token 验证中间件
app.use('/cate', verifyMiddleware.verifyToken, cateRouter);
// 配置案例管理模块路由 path，添加 Token 验证中间件
app.use('/case', verifyMiddleware.verifyToken, caseRouter);
// 配置文章管理模块路由 path，添加 Token 验证中间件
app.use('/article', verifyMiddleware.verifyToken, articleRouter);
// 配置企业信息管理模块路由 path，添加 Token 验证中间件
app.use('/company', verifyMiddleware.verifyToken, CompanyRouter);
// 配置管理员管理模块路由 path，添加 Token 验证中间件
app.use('/admin', verifyMiddleware.verifyToken, adminRouter);
```

另外，登录接口和上传图片接口也放在了 IndexController 中，其中，登录接口不需要进行 Token 验证，但是上传图片接口需要进行验证，所以只需要在上传图片接口的路由上

添加 Token 验证中间件即可。

修改项目根目录下 routes 目录下的 index.js 文件，在上方引入 Token 验证中间件：

```
//引入 Token 验证中间件
const verifyMiddleware = require('./routes/middleware/verify');
```

然后修改之前定义的上传图片路由为如下代码：

```
// 定义上传图片路由，POST 请求
router.post('/upload',verifyMiddleware.verifyToken,uploadMiddleware.
single('img'), IndexController.upload);
```

5.11.7　新增 constant（常量）

为了便于管理返回值，在项目根目录下新建一个 constant 文件夹，用来存放项目中用到的常量，如图 5-101 所示。

在 constant 目录下新建一个 constant.js 文件，新增代码如下：

```
// 定义一个对象
const obj = {
  // 默认请求成功
  DEFAULT_SUCCESS: {
    code: 10000,
    msg: ''
  },
  // 默认请求失败
  DEFAULT_ERROR: {
    code: 188,
    msg: '系统错误'
  },
  // 定义错误返回-缺少必要参数
  LACK: {
    code: 199,
    msg: '缺少必要参数'
  },
  // 定义错误返回-Token 验证失败
  TOKEN_ERROR: {
    code: 401,
    msg: 'Token 验证失败'
  },
  // 定义错误返回-用户名或密码错误
  LOGIN_ERROR: {
    code: 101,
    msg: '用户名或密码错误'
  },
  // 定义错误返回-文章信息不存在
  ARTICLE_NOT_EXSIT: {
    code: 102,
    msg: '文章信息不存在'
  },
  // 定义错误返回-分类信息不存在
  CATE_NOT_EXSIT: {
```

```
      code: 103,
      msg: '分类信息不存在'
    },
    // 定义错误返回-案例信息不存在
    CASE_NOT_EXSIT: {
      code: 104,
      msg: '案例信息不存在'
  },
    // 定义错误返回-活动信息不存在
    EVENT_NOT_EXSIT: {
      code: 105,
      msg: '活动信息不存在'
    },
    // 定义错误返回-管理员信息不存在
    ADMIN_NOT_EXSIT: {
      code: 106,
      msg: '管理员信息不存在'
    },
    // 定义错误返回-预约信息不存在
    ORDER_NOT_EXSIT: {
      code: 107,
      msg: '预约信息不存在'
    },
    // 定义错误返回-企业信息不存在
    COMPANY_INFO_NOT_EXSIT: {
      code: 108,
      msg: '企业信息不存在'
    },
    // 定义错误返回-保存文件失败
    SAVE_FILE_ERROR: {
      code: 109,
      msg: '保存文件失败'
    },
};
module.exports = obj;                          // 导出对象，供其他方法调用
```

5.11.8　新增配置文件

为了便于更换数据库域名等信息，需要将数据库的连接信息放到根目录下的 config.js
文件中保存，如图 5-101 所示。其中，文件代码如下：

```
const config = {                               // 默认 dev 配置
  DEBUG: true,                                 // 是否调试模式
  // MySQL 数据库连接配置
  MYSQL: {
    host: 'localhost',
    database: 'decorate',
    username: 'root',
    password: 'root'
  }
```

```
  };
if (process.env.NODE_ENV === 'production') {
  // 生产环境 MySQL 数据库连接配置
  config.MYSQL = {
    host: 'aaa.mysql.rds.aliyuncs.com',
    database: 'aaa',
    username: 'aaa',
    password: 'aaa'
  };
}
module.exports = config;                    // 导出配置
```

本项目默认使用的是开发环境的 MySQL 连接配置，当环境变成生产环境的时候，再使用生产环境的 MySQL 连接配置。

5.11.9 新增数据库配置文件

为了便于其他文件引用数据库对象，将数据库对象实例化放在了一个单独的文件里。如图 5-101 所示，在项目根目录下新建一个 db.js 文件，用来存放 Sequelize 的实例化对象，代码如下：

```
var Sequelize = require('sequelize');             // 引入 Sequelize 模块
var CONFIG = require('./config');                 // 引入数据库连接配置
// 实例化数据库对象
var sequelize = new Sequelize(
CONFIG.MYSQL.database,
CONFIG.MYSQL.username,
CONFIG.MYSQL.password, {
  host: CONFIG.MYSQL.host,
  dialect: 'mysql',                               // 数据库类型
  logging: CONFIG.DEBUG ? console.log : false,    // 是否打印日志
  // 配置数据库连接池
  pool: {
    max: 5,
    min: 0,
    idle: 10000
  },
  timezone: '+08:00'                              // 时区设置
});
module.exports = sequelize;                       // 导出实例化数据库对象
```

5.11.10 新增 model 文件（数据库映射）

在安装完数据库支持并增加了数据库配置之后，还需要定义 model，用来实现数据库表的映射。如图 5-101 所示，在项目根目录下新建一个 models 目录，用来存放 model 文件。

在 models 目录里新建 7 个 model 文件：

（1）新建一个 event.js 文件，用来存放 MySQL 数据表 event 的映射 model。

（2）新建一个 cate.js 文件，用来存放 MySQL 数据表 cate 的映射 model。

（3）新建一个 article.js 文件，用来存放 MySQL 数据表 article 的映射 model。

（4）新建一个 case.js 文件，用来存放 MySQL 数据表 case 的映射 model。

（5）新建一个 order.js 文件，用来存放 MySQL 数据表 order 的映射 model。

（6）新建一个 company.js 文件，用来存放 MySQL 数据表 company 的映射 model。

（7）新建一个 admin.js 文件，用来存放 MySQL 数据表 admin 的映射 model。

在 event.js 文件中定义一个 Event model，代码如下：

```
const Sequelize = require('sequelize');            // 引入 Sequelize 模块
const ArticleModel = require('./article');         // 引入 article 表 model
const db = require('../db');                        // 引入数据库实例
// 定义 model
const Event = db.define('Event', {
  id: {type: Sequelize.INTEGER, primaryKey: true, allowNull: false,
autoIncrement: true},                               // 活动 id
  name: {type: Sequelize.STRING(20), allowNull: false},    // 活动名称
  img: {type: Sequelize.STRING, allowNull: false},         // 活动图片
  url: {type: Sequelize.STRING},                    // 活动 url
  articleId: {type: Sequelize.INTEGER},             // 活动对应的文章 id
}, {
  underscored: true,                                // 是否支持驼峰
  tableName: 'event',                               // MySQL 数据库表名
});
module.exports = Event;                             // 导出 model
Event.belongsTo(ArticleModel, {foreignKey: 'articleId', targetKey: 'id',
constraints: false});                               // 将活动表和文章表进行关联
```

在 cate.js 文件中定义一个 Cate model，代码如下：

```
const Sequelize = require('sequelize');            // 引入 Sequelize 模块
const db = require('../db');                        // 引入数据库实例
// 定义 model
const Cate = db.define('Cate', {
  id: {type: Sequelize.INTEGER, primaryKey: true, allowNull: false,
autoIncrement: true},                               // 分类 id
  name: {type: Sequelize.STRING(20), allowNull: false},    // 分类名称
  img: {type: Sequelize.STRING, allowNull: false},         // 分类图片
}, {
  underscored: true,                                // 是否支持驼峰
  tableName: 'cate',                                // MySQL 数据库表名
});
module.exports = Cate;                              // 导出 model
```

在 article.js 文件中定义一个 Article model，代码如下：

```
const Sequelize = require('sequelize');            // 引入 Sequelize 模块
const CateModel = require('./cate');               // 引入 cate 表 model
const db = require('../db');                        // 引入数据库实例
// 定义 model
```

```
const Article = db.define('Article', {
  id: {type: Sequelize.INTEGER, primaryKey: true, allowNull: false,
autoIncrement: true},                              // 文章 id
  title: {type: Sequelize.STRING(30), allowNull: false},  // 文章标题
  desc: {type: Sequelize.STRING, allowNull: false},       // 文章摘要
  cover: {type: Sequelize.STRING, allowNull: false},      // 文章封面图
  content: {type: Sequelize.TEXT, allowNull: false},      // 文章内容
  cate: {type: Sequelize.INTEGER, allowNull: false}       // 所属分类
}, {
  underscored: true,                                 // 是否支持驼峰
  tableName: 'article',                              // MySQL 数据库表名
});
module.exports = Article;                             // 导出 model
// 文章所属分类，一个分类包含多个文章，将文章表和分类表进行关联
Article.belongsTo(CateModel, {foreignKey: 'cate', constraints: false});
```

在 case.js 文件中定义一个 Case model，代码如下：

```
const Sequelize = require('sequelize');              // 引入 Sequelize 模块
const db = require('../db');                          // 引入数据库实例
// 定义 model
const Case = db.define('Case', {
  id: {type: Sequelize.INTEGER, primaryKey: true, allowNull: false,
autoIncrement: true},                              // 案例 id
  name: {type: Sequelize.STRING(20), allowNull: false},   // 案例名称
  img: {type: Sequelize.STRING, allowNull: false},        // 案例图片
  desc: {type: Sequelize.STRING},                         // 案例描述
  content: {type: Sequelize.TEXT}                         // 案例内容
}, {
  underscored: true,                                 // 是否支持驼峰
  tableName: 'case',                                 // MySQL 数据库表名
});
module.exports = Case;                               // 导出 model
```

在 order.js 文件中定义一个 Order model，代码如下：

```
const Sequelize = require('sequelize');              // 引入 Sequelize 模块
const db = require('../db');                          // 引入数据库实例
// 定义 model
const Order = db.define('Order', {
  id: {type: Sequelize.INTEGER, primaryKey: true, allowNull: false,
autoIncrement: true},                              // 主键 id
  name: {type: Sequelize.STRING(30), allowNull: false},   // 姓名
  phone: {type: Sequelize.STRING(20), allowNull: false},  // 电话
  type: {type: Sequelize.STRING(20), allowNull: false},   // 装修类型
  orderDate: {type: Sequelize.DATE, allowNull: false},    // 预约时间
  message: {type: Sequelize.STRING},                      // 留言
  status: {type: Sequelize.INTEGER}                       // 状态
}, {
  underscored: true,                                 // 是否支持驼峰
  tableName: 'order'                                 // MySQL 数据库表名
```

```
});
module.exports = Order;                          // 导出 model
```

在 company.js 文件中定义一个 Company model，代码如下：

```
const Sequelize = require('sequelize');          // 引入 Sequelize 模块
const db = require('../db');                      // 引入数据库实例
// 定义 model
const Company = db.define('Company', {
  id: {type: Sequelize.INTEGER, primaryKey: true, allowNull: false,
autoIncrement: true},                             // 主键 id
  name: {type: Sequelize.STRING(50), allowNull: false},    // 企业名称
  address: {type: Sequelize.STRING, allowNull: false},     // 企业地址

  tel: {type: Sequelize.STRING(30), allowNull: false},     // 企业电话
  intro: {type: Sequelize.TEXT, allowNull: false},         // 企业简介
// 企业坐标经度
  longitude: {type: Sequelize.DECIMAL(6), allowNull: false},
// 企业坐标纬度
  latitude: {type: Sequelize.DECIMAL(6), allowNull: false},
}, {
  underscored: true,                              // 是否支持驼峰
  tableName: 'company',                           // MySQL 数据库表名
});
module.exports = Company;                         // 导出 model
```

在 admin.js 文件中定义一个 Admin model，代码如下：

```
const Sequelize = require('sequelize');          // 引入 Sequelize 模块
const db = require('../db');                      // 引入数据库实例
// 定义 model
const Admin = db.define('Admin', {
  id: {type: Sequelize.INTEGER, primaryKey: true, allowNull: false,
autoIncrement: true},                             // 主键
  username: {type: Sequelize.STRING(20), allowNull: false},    // 用户名
  password: {type: Sequelize.STRING(36), allowNull: false},    // 密码
  name: {type: Sequelize.INTEGER, allowNull: false},           // 姓名
  role: {type: Sequelize.STRING(20), allowNull: false},        // 角色
  lastLoginAt: {type: Sequelize.DATE}             // 上次登录时间
}, {
  underscored: true,                              // 是否支持驼峰
  tableName: 'admin',                             // MySQL 数据库表名
});
module.exports = Admin;                           // 导出 model
```

5.12　后台管理系统的 API 接口开发

　　由于是前后端分离项目，后端的主要工作在于开发 API 接口，在定义完项目的一些基本配置之后，就可以进行接口的业务逻辑开发了。

API 接口开发的主要工作在于路由请求处理方法，也就是 controller 方法的书写，本节主要讲解本项目中使用到的 controller 方法。

在前面已经定义了 31 个路由，也就是说本项目需要开发 31 个 API 接口，下面针对这些接口的处理方法一一进行讲解。

5.12.1　登录接口

登录接口是用户在登录页面输入用户名和密码后，单击"登录"按钮时前端提交过来的请求接口。接口的请求参数如表 5-18 所示。

表 5-18　登录接口请求参数

参　　数	类　　型	是 否 必 传	描　　述
username	字符串	是	用户名
password	字符串	是	密码

接口对应的处理方法放在项目根目录下 controllers 目录的 index.js 文件中，也就是 IndexController 文件中。

首先来看一下 IndexController 文件的代码主结构：

```
const Common = require ('./common');                // 引入公共方法
const AdminModel = require ('../models/admin');      // 引入 admin 表的 model
const Constant = require ('../constant/constant'); // 引入常量
const dateFormat = require ('dateformat');          // 引入 dateformat 包
const Token = require ('./token');                  // 引入 Token 处理方法
const TOKEN_EXPIRE_SENCOND = 3600;                  // 设定默认 Token 过期时间，单位 s
const fs = require ('fs');                          // 引入 fs 模块，用于操作文件
const path = require ('path');                      // 引入 path 模块，用于操作文件路径
// 配置对象
let exportObj = {
  login,
  upload
};
module.exports = exportObj;                         // 导出对象，供其他模块调用
// 登录方法
function login(req, res){
  // 登录处理逻辑
}
// 上传图片方法
function upload(req, res){
  // 上传图片处理逻辑
}
```

登录接口对应的处理方法是 login()方法，下面来书写这个方法。

　　根据前面指定的解决方案，后端接收到前端传过来的用户名和密码，首先进行参数校验，然后通过 SQL 语句从 MySQL 数据库中查询匹配数据，如查询出则组装 JSON 格式数据返回成功，如查询失败则返回错误 JSON 格式数据。代码如下：

```
//登录方法
function login (req, res) {
  const resObj = Common.clone (Constant.DEFAULT_SUCCESS); // 定义一个返回对象
  // 定义一个 async 任务
  let tasks = {
    // 校验参数方法
    checkParams: (cb) => {
      // 调用公共方法中的校验参数方法，如成功则继续后面的操作
      // 如失败则传递错误信息到 async 最终方法中
      Common.checkParams (req.body, ['username', 'password'], cb);
    },
    // 查询方法
    query: ['checkParams', (results, cb) => {
      // 通过用户名和密码去数据库中查询
      AdminModel
        .findOne ({
          where: {
            username: req.body.username,
            password: req.body.password
          }
        })
        .then (function (result) {
          // 查询结果处理
          if(result){
            // 如果查询到了结果
            // 组装数据，将查询结果组装到成功返回的数据中
            resObj.data = {
              id: result.id,
              username: result.username,
              name: result.name,
              role: result.role,
              lastLoginAt: dateFormat (result.lastLoginAt, 'yyyy-mm-dd HH:MM:ss'),
              createdAt: dateFormat (result.createdAt, 'yyyy-mm-dd HH:MM:ss')
            };
            // 将 admin 的 id 保存在 Token 中
            const adminInfo = {
              id: result.id
            };
            // 生成 Token
            let token = Token.encrypt(adminInfo, TOKEN_EXPIRE_SENCOND);
            resObj.data.token = token;    // 将 Token 保存在返回对象中，返回前端
            cb (null, result.id);         // 继续后续操作，传递 admin 的 id 参数
```

```
      }else{
        // 没有查询到结果，传递错误信息到 async 最终方法中
        cb (Constant.LOGIN_ERROR);
      }
    })
    .catch (function (err) {
      // 错误处理
      console.log (err);                    // 打印错误日志
      cb (Constant.DEFAULT_ERROR);          // 传递错误信息到 async 最终方法中
    });
}],
// 写入上次登录日期
writeLastLoginAt: ['query', (results, cb) =>{
  let adminId = results['query'];        // 获取前面传递过来的参数 admin 的 id
  // 通过 id 查询，将当前时间更新到数据库中的上次登录时间
  AdminModel
    .update ({
      lastLoginAt: new Date()
    }, {
      where: {
        id: adminId
      }
    })
    .then (function (result) {
      // 更新结果处理
      if(result){
        cb (null);                         // 更新成功，则继续后续操作
      }else{
        // 更新失败，传递错误信息到 async 最终方法中
        cb (Constant.DEFAULT_ERROR);
      }
    })
    .catch (function (err) {
      // 错误处理
      console.log (err);                    // 打印错误日志
      cb (Constant.DEFAULT_ERROR);          // 传递错误信息到 async 最终方法中
    });
}]
};
Common.autoFn (tasks, res, resObj)       // 执行公共方法中的 autoFn 方法, 返回数据
}
```

将以上登录处理方法代码插入 IndexController 中，接着使用 npm start 命令启动项目。项目启动后，使用 Postman 发送 POST 请求 http://localhost:3006/login 查看结果。其中，登录成功返回信息如图 5-102 所示，登录失败返回信息如图 5-103 所示。

图 5-102　登录成功返回信息

图 5-103　登录失败返回的信息

5.12.2　活动列表接口

将活动管理模块的几个接口全部放在项目根目录下 controllers 目录的 event.js 文件中，

也就是 EventController 文件中。首先来看看该文件的代码主结构：

```
const Common = require ('./common');                    // 引入公共方法
const EventModel = require ('../models/event');         // 引入 event 表的 model
const ArticleModel = require ('../models/article');     // 引入 article 表的 model
const Constant = require ('../constant/constant');      // 引入常量
const dateFormat = require ('dateformat');              // 引入 dateformat 包
// 配置对象
let exportObj = {
  list,
  info,
  add,
  update,
  remove
};
module.exports = exportObj;                             // 导出对象，供其他模块调用
// 获取活动列表方法
function list (req, res){
  // 获取活动列表逻辑
}
// 获取单条活动方法
function info(req, res){
  // 获取单条活动逻辑
}
// 添加活动方法
function add(req, res){
  // 添加活动逻辑
}
// 修改活动方法
function update(req, res){
  // 修改活动逻辑
}
// 删除活动方法
function remove(req, res){
  // 删除活动逻辑
}
```

活动列表接口是用户单击后台管理界面上的活动管理模块，当打开活动列表页面时前端发送过来的接口请求。接口的请求参数如表 5-19 所示。

表 5-19　活动列表接口请求参数

参　　数	类　　型	是否必传	描　　述
page	数字	是	页码
rows	数字	是	每页条数
name	字符串	否	活动名称
dropList	布尔	否	是否为下拉列表

接口对应的处理方法是 EventController 文件中的 list()方法，代码如下：

```
// 获取活动列表方法
function list (req, res) {
  const resObj = Common.clone (Constant.DEFAULT_SUCCESS); // 定义一个返回对象
  // 定义一个 async 任务
  let tasks = {
    // 校验参数方法
    checkParams: (cb) => {
      // 如果传入了 dropList 参数，代表需要下拉列表，跳过分页逻辑
      if(req.query.dropList){
        cb(null);
      }else{
        // 调用公共方法中的校验参数方法，如成功则继续后面的操作
        // 如失败则传递错误信息到 async 最终方法中
        Common.checkParams (req.query, ['page', 'rows'], cb);
      }
    },
    // 查询方法，依赖校验参数方法
    query: ['checkParams', (results, cb) => {
      // 根据前端提交参数计算 SQL 语句中需要的 offset，即从多少条开始查询
      let offset = req.query.rows * (req.query.page - 1) || 0;
      // 根据前端提交参数计算 SQL 语句中需要的 limit，即查询多少条
      let limit = parseInt (req.query.rows) || 20;
      let whereCondition = {};                    // 设定一个查询条件对象
      // 如果查询姓名存在，查询对象增加姓名
      if(req.query.name){
        whereCondition.name = req.query.name;
      }
      // 通过 offset 和 limit 使用 event 的 model 去数据库中查询
      // 并按照创建时间排序
      EventModel
        .findAndCountAll ({
          where: whereCondition,
          offset: offset,
          limit: limit,
          order: [['created_at', 'DESC']],
          // 关联 article 表进行联表查询
          include: [{
            model: ArticleModel
          }]
        })
        .then (function (result) {
          // 查询结果处理
          let list = [];                  // 定义一个空数组 list，用来存放最终结果
          result.rows.forEach ((v, i) => {// 遍历 SQL 查询出来的结果，处理后装入 list
            let obj = {
              id: v.id,
              name: v.name,
              img: v.img,
              articleId: v.articleId,
              url: v.url,
              createdAt: dateFormat (v.createdAt, 'yyyy-mm-dd HH:MM:ss')
            };
```

```
        if(v.Article){
          obj.articleTitle = v.Article.title
        }
        list.push (obj);
      });
      resObj.data = {                          // 给返回结果赋值，包括列表和总条数
        list,
        count: result.count
      };
      cb (null);                               // 继续后续操作
    })
    .catch (function (err) {
      // 错误处理
      console.log (err);                       // 打印错误日志
      cb (Constant.DEFAULT_ERROR);             // 传递错误信息到 async 最终方法中
    });
  }]
  };
  Common.autoFn (tasks, res, resObj)           // 执行公共方法中的 autoFn 方法,返回数据
}
```

将以上分类列表接口处理方法代码插入 EventController 中，接着使用 npm start 命令启动项目。项目启动后，使用 Postman 发送 GET 请求 http://localhost:3006/event?page=1&rows=4 查看结果，如图 5-104 所示得到了正确的返回结果。

图 5-104　活动列表的返回结果

还可以加上活动名称筛选，只需在参数上增加 name 字段即可，使用 Postman 发送 GET 请求 http://localhost:3006/event?page=1&rows=4&name=促销活动 2，结果如图 5-105 所示。

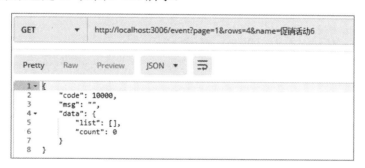

图 5-105　活动列表按活动名称搜索的返回结果

如果查询到了一个数据库中没有的活动名称，则会返回一个空数组，代表没有查询到结果，同时总条数也是 0，如图 5-106 所示。

图 5-106　活动列表按活动名称搜索没有搜索到结果

5.12.3　单条活动信息接口

单条活动信息接口是在用户单击某一条活动信息的"修改"按钮时，前端发送过来的接口。接口的请求参数如表 5-20 所示。

表 5-20　单条活动信息接口请求参数

参　　数	类　　型	是 否 必 传	描　　述
id	数字	是	活动id

接口对应的处理方法是 EventController 文件里的 info()方法，代码如下：

```
// 获取单条活动方法
function info (req, res) {
  const resObj = Common.clone (Constant.DEFAULT_SUCCESS); // 定义一个返回对象
  // 定义一个 async 任务
  let tasks = {
    // 校验参数方法
    checkParams: (cb) => {
      // 调用公共方法中的校验参数方法，如成功则继续后面的操作
      // 如失败则传递错误信息到 async 最终方法中
      Common.checkParams (req.params, ['id'], cb);
    },
    // 查询方法，依赖校验参数方法
    query: ['checkParams', (results, cb) => {
      // 使用 event 的 model 中的方法查询
      EventModel
        .findByPk (req.params.id)
        .then (function (result) {
          // 查询结果处理
          // 如果查询到结果
          if(result){
            // 将查询到的结果给返回对象赋值
            resObj.data = {
              id: result.id,
              name: result.name,
              img: result.img,
              articleId: result.articleId,
              url: result.url,
              createdAt: dateFormat (result.createdAt, 'yyyy-mm-dd HH:MM:ss')
            };
            cb(null);                      // 继续后续操作
          }else{
            // 查询失败，传递错误信息到 async 最终方法中
            cb (Constant.EVENT_NOT_EXSIT);
          }
        })
        .catch (function (err) {
          // 错误处理
          console.log (err);               // 打印错误日志
          cb (Constant.DEFAULT_ERROR);     // 传递错误信息到 async 最终方法中
        });
    }]
  };
  Common.autoFn (tasks, res, resObj)       // 执行公共方法中的 autoFn 方法,返回数据
}
```

将以上单条活动信息接口处理方法代码插入 EventController 中，接着使用 npm start 命令启动项目。项目启动后，使用 Postman 发送 GET 请求 http://localhost:3006/event/1 查看结果，如图 5-107 所示得到了指定 id 的活动信息。

如果请求了一个在数据库中不存在的 id，那么就会找不到数据，会返回错误的状态码

和错误的信息，如图 5-108 所示。

图 5-107　单条活动信息接口的返回结果

图 5-108　单条活动信息接口返回失败

5.12.4　添加活动接口

添加活动接口是用户在活动列表上单击"添加"按钮，在弹出的添加活动窗口中输入活动名称和图片后单击"确定"按钮，前端发送过来的接口。接口的请求参数如表 5-21 所示。

表 5-21　添加活动接口请求参数

参　　数	类　　型	是 否 必 传	描　　述
name	字符串	是	活动名称
img	字符串	是	图片URL

接口对应的处理方法是 EventController 文件里的 add()方法，代码如下：

```
// 添加活动方法
function add (req, res) {
  const resObj = Common.clone (Constant.DEFAULT_SUCCESS);  // 定义一个返回对象
  // 定义一个 async 任务
  let tasks = {
    // 校验参数方法
    checkParams: (cb) => {
      // 调用公共方法中的校验参数方法，如成功则继续后面的操作
      // 如果失败，则传递错误信息到 async 最终方法中
      Common.checkParams (req.body, ['name', 'img'], cb);
    },
    // 添加方法，依赖校验参数方法
    add: ['checkParams', (results, cb)=>{
      // 使用 event 的 model 中的方法插入数据库
      EventModel
        .create ({
```

```
        name: req.body.name,
        img: req.body.img,
        articleId: req.body.articleId,
        url: req.body.url
      })
      .then (function (result) {
        // 插入结果处理
        cb (null);                        // 继续后续操作
      })
      .catch (function (err) {
        // 错误处理
        console.log (err);                // 打印错误日志
        cb (Constant.DEFAULT_ERROR);      // 传递错误信息到 async 最终方法中
      });
    }]
  };
  Common.autoFn (tasks, res, resObj)      // 执行公共方法中的 autoFn 方法，返回数据
}
```

将以上添加活动接口处理方法代码插入 EventController 中，接着使用 npm start 命令启动项目。项目启动后，使用 Postman 发送 POST 请求 http://localhost:3006/event 查看结果。

如图 5-109 所示，返回了 code 的值是 10000，代表添加成功，可以再次请求活动列表接口，查看是否真的添加了进去。

图 5-109 添加活动接口的返回结果

如图 5-110 所示，可以看到刚才添加的活动信息已经排在了第一位，是按照活动的创建时间倒序排序的，这也证实了刚才那一条活动信息已经添加成功。

图 5-110　添加活动后活动列表接口的返回结果

5.12.5　修改活动接口

修改活动接口是用户在活动列表页面单击某一条活动信息上的"修改"按钮，在弹出的修改活动窗口中修改了表单内容后单击"确定"时前端发送过来的接口。接口的请求参数如表 5-22 所示。

表 5-22　修改活动接口请求参数

参　　数	类　　型	是 否 必 传	描　　述
id	数字	是	活动id
name	字符串	是	活动名称
img	字符串	是	图片URL

接口对应的处理方法是 EventController 文件里的 update()方法，代码如下：

```
// 修改活动方法
function update (req, res) {
  const resObj = Common.clone (Constant.DEFAULT_SUCCESS); // 定义一个返回对象
  // 定义一个 async 任务
  let tasks = {
    // 校验参数方法
    checkParams: (cb) => {
      // 调用公共方法中的校验参数方法，如成功则继续后面的操作
      // 如失败则传递错误信息到 async 最终方法中
      Common.checkParams (req.body, ['id', 'name', 'img'], cb);
    },
    // 更新方法，依赖校验参数方法
    update: ['checkParams', (results, cb)=>{
      // 使用 event 的 model 中的方法更新
      EventModel
        .update ({
          name: req.body.name,
          img: req.body.img,
          articleId: req.body.articleId,
          url: req.body.url
        }, {
          where: {
            id: req.body.id
          }
        })
        .then (function (result) {
          // 更新结果处理
          if(result[0]){
            // 如果更新成功
            cb (null);                    // 继续后续操作
          }else{
            // 更新失败，传递错误信息到 async 最终方法中
            cb (Constant.EVENT_NOT_EXSIT);
          }
        })
        .catch (function (err) {
          // 错误处理
          console.log (err);              // 打印错误日志
          cb (Constant.DEFAULT_ERROR);    // 传递错误信息到 async 最终方法中
        });
    }]
  };
  Common.autoFn (tasks, res, resObj)      // 执行公共方法中的 autoFn 方法, 返回数据
}
```

　　将以上修改活动接口处理方法代码插入 EventController 中，接着使用 npm start 命令启动项目。项目启动后，使用 Postman 查看接口返回结果。

首先获取 id 为 4 的这一条活动信息，使用 Postman 发送 GET 请求 http://localhost:3006/event/4，结果如图 5-111 所示，正常返回。

图 5-111　id 为 4 的活动修改前信息

接着修改一下它的内容，发送 PUT 请求 http://localhost:3006/event，返回 code 的值为 10000，代表修改成功，如图 5-112 所示。

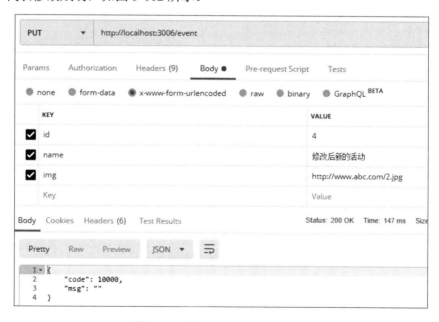

图 5-112　修改 id 为 4 的活动信息

然后再次请求 id 为 4 的活动信息，发现已经是刚刚修改之后的信息，代表修改活动接口调用成功，如图 5-113 所示。

同样，如果修改的时候传入的是一个数据库中不存在的活动 id，则会返回错误，如图 5-114 所示返回了错误状态码和错误信息。

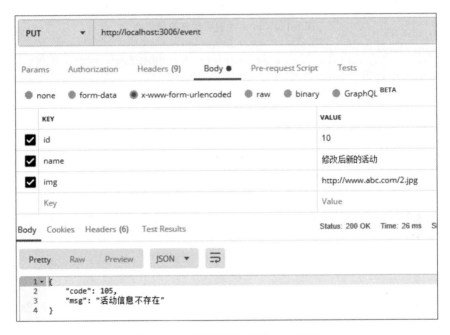

图 5-113 修改后的 id 为 4 的活动信息

图 5-114 修改不存在的活动 id 信息

5.12.6 删除活动接口

删除活动接口是用户在活动列表页面单击某一条活动信息上的"删除"按钮，在弹出的删除活动提示窗口中单击"确定"按钮时前端发送过来的接口。接口的请求参数如表 5-23 所示。

表 5-23　删除活动接口请求参数

参　　数	类　　型	是 否 必 传	描　　述
id	数字	是	活动id

接口对应的处理方法是 EventController 文件里的 remove()方法，代码如下：

```
// 删除活动方法
function remove (req, res) {
  const resObj = Common.clone (Constant.DEFAULT_SUCCESS);  // 定义一个返回对象
  // 定义一个 async 任务
  let tasks = {
    // 校验参数方法
    checkParams: (cb) => {
      // 调用公共方法中的校验参数方法，如成功则继续后面的操作
      // 如失败则传递错误信息到 async 最终方法中
      Common.checkParams (req.body, ['id'], cb);
    },
    // 删除方法，依赖校验参数方法
    remove: ['checkParams', (results, cb)=>{
      // 使用 event 的 model 中的方法更新
      EventModel
        .destroy ({
          where: {
            id: req.body.id
          }
        })
        .then (function (result) {
          // 删除结果处理
          if(result){
            // 如果删除成功
            cb (null);                       // 继续后续操作
          }else{
            // 删除失败，传递错误信息到 async 最终方法中
            cb (Constant.EVENT_NOT_EXSIT);
          }
        })
        .catch (function (err) {
          // 错误处理
          console.log (err);                 // 打印错误日志
          cb (Constant.DEFAULT_ERROR);       // 传递错误信息到 async 最终方法中
        });
    }]
  };
  Common.autoFn (tasks, res, resObj)         // 执行公共方法中的 autoFn 方法,返回数据
}
```

将以上删除活动接口处理方法代码插入 EventController 中,接着使用 npm start 命令启动项目。项目启动后，使用 Postman 查看接口返回结果。

首先看一下删除前活动列表接口返回的结果,使用 Postman 发送 GET 请求 http://localhost: 3006/event?page=1&rows=4，如图 5-115 所示。

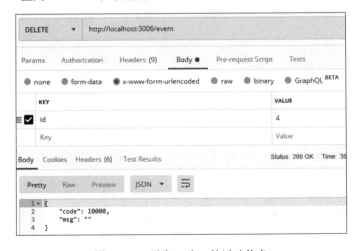

图 5-115　删除 id 为 4 的活动信息前的活动列表

接着删除 id 为 4 的活动信息，使用 Postman 发送 DELETE 请求 http://localhost:3006/event，返回 code 值为 10000，表示删除成功，如图 5-116 所示。

图 5-116　删除 id 为 4 的活动信息

然后再次查看活动列表，会发现 id 为 4 的活动信息已经不存在了，如图 5-117 所示。

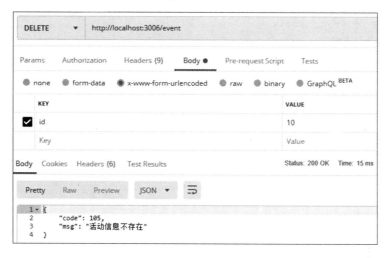

图 5-117　删除 id 为 4 的活动信息后的活动列表

同样，如果在删除的时候传入的是一个数据库不存在的活动 id，则会返回错误，如图 5-118 所示返回了错误状态码和错误信息。

图 5-118　删除不存在的活动 id 信息

5.12.7　分类列表接口

将分类管理模块的几个接口全部放在了项目根目录下的 controllers 目录中的 cate.js 文件中，也就是 CateController 文件中。首先来看看该文件的代码主结构：

```
const Common = require ('./common');                      // 引入公共方法
const CateModel = require ('../models/cate');             // 引入 cate 表的 model
const Constant = require ('../constant/constant');        // 引入常量
const dateFormat = require ('dateformat');                // 引入 dateformat 包
// 配置对象
let exportObj = {
  list,
  info,
  add,
  update,
  remove
};
module.exports = exportObj;                               // 导出对象，供其他模块调用
// 获取分类列表方法
function list (req, res){
  // 获取分类列表逻辑
}
// 获取单条分类方法
function info(req, res){
  // 获取单条分类逻辑
}
// 添加分类方法
function add(req, res){
  // 添加分类逻辑
}
// 修改分类方法
function update(req, res){
  // 修改分类逻辑
}
// 删除分类方法
function remove(req, res){
  // 删除分类逻辑
}
```

分类列表接口是在用户单击后台管理界面上的分类管理模块打开的分类列表页面时，前端发送过来的接口，接口的请求参数如表 5-24 所示。

表 5-24　分类列表接口请求参数

参　　数	类　　型	是 否 必 传	描　　述
page	数字	是	页码
rows	数字	是	每页条数
name	字符串	否	分类名称
dropList	布尔	否	是否为下拉列表

接口对应的处理方法是 CateController 文件中的 list()方法，代码如下：

```
// 获取分类列表方法
function list (req, res) {
  const resObj = Common.clone (Constant.DEFAULT_SUCCESS); // 定义一个返回对象
  // 定义一个 async 任务
  let tasks = {
    // 校验参数方法
    checkParams: (cb) => {
      // 如果传入了 dropList 参数，代表需要下拉列表，跳过分页逻辑
      if(req.query.dropList){
        cb(null);
      }else{
        // 调用公共方法中的校验参数方法，如成功则继续后面的操作
        // 如果失败，则传递错误信息到 async 最终方法中
        Common.checkParams (req.query, ['page', 'rows'], cb);
      }
    },
    // 查询方法，依赖校验参数方法
    query: ['checkParams', (results, cb) =>{
      let searchOption;                           // 设定搜索对象
      // 判断是否传入了 dropList 参数
      if(req.query.dropList){
        // 如果传入了，则不分页查询
        searchOption = {
          order: [['created_at', 'DESC']]
        }
      }else{
        // 如果没有传入，则分页查询
        // 根据前端提交的参数计算 SQL 语句中需要的 offset，即从多少条开始查询
        let offset = req.query.rows * (req.query.page - 1) || 0;
        // 根据前端提交的参数计算 SQL 语句中需要的 limit，即查询多少条
        let limit = parseInt (req.query.rows) || 20;
        let whereCondition = {};                   // 设定一个查询条件对象
        // 如果查询姓名存在，查询对象增加姓名
        if(req.query.name){
          whereCondition.name = req.query.name;
        }
```

```
        searchOption = {
          where: whereCondition,
          offset: offset,
          limit: limit,
          order: [['created_at', 'DESC']]
        }
      }
      // 通过 offset 和 limit 使用 cate 的 model 去数据库中查询
      // 并按照创建时间排序
      CateModel
        .findAndCountAll (searchOption)
        .then (function (result) {
          // 查询结果处理
          let list = [];                      // 定义一个空数组 list, 用来存放最终结果
          // 遍历 SQL 查询出来的结果, 处理后装入 list
          result.rows.forEach ((v, i) => {
            let obj = {
              id: v.id,
              name: v.name,
              img: v.img,
              createdAt: dateFormat (v.createdAt, 'yyyy-mm-dd HH:MM:ss')
            };
            list.push (obj);
          });
          // 给返回结果赋值, 包括列表和总条数
          resObj.data = {
            list,
            count: result.count
          };
          cb (null);                          // 继续后续操作
        })
        .catch (function (err) {
          // 错误处理
          console.log (err);                  // 打印错误日志
          cb (Constant.DEFAULT_ERROR);        // 传递错误信息到 async 最终方法中
        });
      }]
    };
    Common.autoFn (tasks, res, resObj)        // 执行公共方法中的 autoFn 方法, 返回数据
  }
```

将以上分类列表接口处理方法代码插入 CateController 中, 接着使用 npm start 命令启动项目。项目启动后, 使用 Postman 发送 GET 请求 http://localhost:3006/cate?page=1&rows=4 查看结果, 可以得到正确的返回结果, 如图 5-119 所示。

图 5-119　分类列表的返回结果

还可以加上分类名称筛选，只需在参数上增加 name 字段即可，使用 Postman 发送 GET 请求 http://localhost:3006/cate?page=1&rows=4&name=行业动态，如图 5-120 所示。

图 5-120　分类列表按分类名称搜索的返回结果

如果查询到了一个数据库中没有的分类名称，则会返回一个空数组，代表没有查询到结果，同时总条数也是 0，如图 5-121 所示。

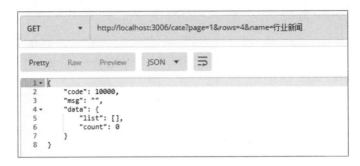

图 5-121　分类列表按分类名称搜索没有搜索到结果

5.12.8　单条分类信息接口

单条分类信息接口是在用户单击某一条分类信息的"修改"按钮时前端发送过来的接口。接口的请求参数如表 5-25 所示。

表 5-25　单条分类信息接口请求参数

参　　　数	类　　　型	是 否 必 传	描　　　述
id	数字	是	分类id

接口对应的处理方法是 CateController 文件里的 info()方法，代码如下：

```
// 获取单条分类方法
function info (req, res) {
  const resObj = Common.clone (Constant.DEFAULT_SUCCESS); // 定义一个返回对象
  // 定义一个 async 任务
  let tasks = {
    // 校验参数方法
    checkParams: (cb) => {
      // 调用公共方法中的校验参数方法，如成功则继续后面的操作
      // 如失败则传递错误信息到 async 最终方法中
      Common.checkParams (req.params, ['id'], cb);
    },
    // 查询方法，依赖校验参数方法
    query: ['checkParams', (results, cb) => {
      // 使用 cate 的 model 中的方法查询
      CateModel
        .findByPk (req.params.id)
        .then (function (result) {
          // 查询结果处理
          // 如果查询到结果
          if(result){
            // 将查询到的结果给返回对象赋值
            resObj.data = {
              id: result.id,
              name: result.name,
```

```
            img: result.img,
            createdAt: dateFormat (result.createdAt, 'yyyy-mm-dd HH:MM:ss')
        };
        cb(null);                        // 继续后续操作
    }else{
        // 查询失败，传递错误信息到 async 最终方法中
        cb (Constant.CATE_NOT_EXSIT);
    }
})
.catch (function (err) {
    // 错误处理
    console.log (err);                   // 打印错误日志
    cb (Constant.DEFAULT_ERROR);         // 传递错误信息到 async 最终方法中
});
}]
};
Common.autoFn (tasks, res, resObj)       // 执行公共方法中的 autoFn 方法,返回数据
}
```

将以上单条分类信息接口处理方法代码插入 CateController 中，接着使用 npm start 命令启动项目。项目启动后，使用 Postman 发送 GET 请求 http://localhost:3006/cate/2 查看结果，得到了指定 id 的分类信息，如图 5-122 所示。

图 5-122　单条分类信息接口的返回结果

如果请求了一个在数据库中不存在的 id，那么就会找不到数据，会返回错误的状态码和错误的信息，如图 5-123 所示。

图 5-123　单条分类信息接口返回失败

5.12.9　添加分类接口

添加分类接口是用户在分类列表上单击"添加"按钮，在弹出的添加分类窗口中输入了分类名称和图片后，单击"确定"按钮，前端发送过来的接口。接口的请求参数如表 5-26 所示。

表 5-26　添加分类接口请求参数

参　　数	类　　型	是否必传	描　　述
name	字符串	是	分类名称
img	字符串	是	图片URL

接口对应的处理方法是 CateController 文件里的 add()方法，代码如下：

```
// 添加分类方法
function add (req, res) {
  const resObj = Common.clone (Constant.DEFAULT_SUCCESS); // 定义一个返回对象
  // 定义一个 async 任务
  let tasks = {
    // 校验参数方法
    checkParams: (cb) => {
      // 调用公共方法中的校验参数方法，如成功则继续后面的操作
      // 如失败则传递错误信息到 async 最终方法中
      Common.checkParams (req.body, ['name', 'img'], cb);
    },
    // 添加方法，依赖校验参数方法
    add: ['checkParams', (results, cb)=>{
      // 使用 cate 的 model 中的方法插入数据库中
      CateModel
        .create ({
          name: req.body.name,
          img: req.body.img
        })
        .then (function (result) {
          // 插入结果处理
          cb (null);                          // 继续后续操作
        })
        .catch (function (err) {
          // 错误处理
          console.log (err);                  // 打印错误日志
          cb (Constant.DEFAULT_ERROR);        // 传递错误信息到 async 最终方法中
        });
    }]
  };
  Common.autoFn (tasks, res, resObj)          // 执行公共方法中的 autoFn 方法,返回数据
}
```

将以上添加分类接口处理方法代码插入 CateController 中，接着使用 npm start 命令启动项目。项目启动后，使用 Postman 发送 POST 请求 http://localhost:3006/cate 查看结果。

结果如图 5-124 所示，返回的 code 的值是 10000，代表添加成功。可以再次请求分类列表接口，查看是否真的添加了进去。

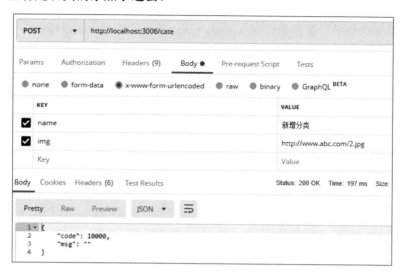

图 5-124　添加分类接口的返回结果

如图 5-125 所示，可以看到刚才添加的分类信息已经排在了第一位，是按照分类的创建时间倒序排序的，证实了刚才那一条分类信息已经添加成功。

```
1 {
2     "code": 10000,
3     "msg": "",
4     "data": {
5         "list": [
6             {
7                 "id": 5,
8                 "name": "新增分类",
9                 "img": "http://www.abc.com/2.jpg",
10                "createdAt": "2019-06-19 10:21:30"
11           },
12           {
13                "id": 4,
14                "name": "团购活动",
15                "img": "http://localhost:3006/upload/icon-event.png",
16                "createdAt": "2019-05-29 16:38:13"
17           },
18           {
19                "id": 3,
20                "name": "行业动态",
21                "img": "http://localhost:3006/upload/icon-lou.png",
22                "createdAt": "2019-05-29 16:38:03"
23           },
24           {
25                "id": 2,
26                "name": "装修攻略",
27                "img": "http://localhost:3006/upload/icon-setting.png",
28                "createdAt": "2019-05-29 16:37:50"
29           }
30       ],
31       "count": 5
32   }
33 }
```

图 5-125　添加分类后分类列表接口的返回结果

5.12.10　修改分类接口

修改分类接口是用户在分类列表页面单击某一条分类信息上的"修改"按钮，在弹出的修改分类窗口中修改了表单内容后单击"确定"按钮，前端发送过来的接口。接口的请求参数如表 5-27 所示。

表 5-27　修改分类接口请求参数

参　　数	类　　型	是 否 必 传	描　　述
id	数字	是	分类id
name	字符串	是	分类名称
img	字符串	是	图片URL

接口对应的处理方法是 CateController 文件里的 update()方法，代码如下：

```
// 修改分类方法
function update (req, res) {
  const resObj = Common.clone (Constant.DEFAULT_SUCCESS); // 定义一个返回对象
  // 定义一个 async 任务
  let tasks = {
    // 校验参数方法
    checkParams: (cb) => {
      // 调用公共方法中的校验参数方法，如成功则继续后面的操作
      // 如失败则传递错误信息到 async 最终方法中
      Common.checkParams (req.body, ['id', 'name', 'img'], cb);
    },
    // 更新方法，依赖校验参数方法
    update: ['checkParams', (results, cb)=>{
      // 使用 cate 的 model 中的方法更新
      CateModel
        .update ({
          name: req.body.name,
          img: req.body.img
        }, {
          where: {
            id: req.body.id
          }
        })
        .then (function (result) {
          // 更新结果处理
          if(result[0]){
            // 如果更新成功
            cb (null);                        // 继续后续操作
          }else{
            // 如果更新失败，传递错误信息到 async 最终方法中
            cb (Constant.CATE_NOT_EXSIT);
          }
        })
        .catch (function (err) {
```

```
    // 错误处理
    console.log (err);               // 打印错误日志
    cb (Constant.DEFAULT_ERROR);     // 传递错误信息到 async 最终方法中
  });
 }]
};
 Common.autoFn (tasks, res, resObj)  // 执行公共方法中的 autoFn 方法，返回数据
}
```

将以上修改分类接口处理方法代码插入 CateController 中，接着使用 npm start 命令启动项目。项目启动后，使用 Postman 查看接口返回结果。

首先获取 id 为 5 的这一条分类信息，使用 Postman 发送 GET 请求 http://localhost:3006/cate/5，结果如图 5-126 所示，表示正常返回。

图 5-126　id 为 5 的分类修改前信息

接着修改内容，发送 PUT 请求 http://localhost:3006/cate，结果如图 5-127 所示，返回 code 的值为 10000，代表修改成功。

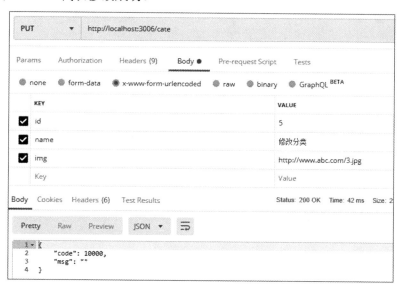

图 5-127　修改 id 为 5 的分类信息

然后再次请求 id 为 5 的分类信息，发现已经是刚刚修改之后的信息，代表修改分类接口调用成功，如图 5-128 所示。

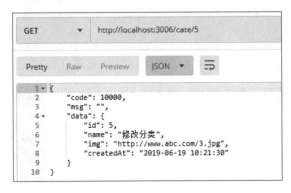

图 5-128　修改后的 id 为 5 的分类信息

同样，如果修改的时候传入的是一个数据库中不存在的分类 id，则会返回错误，如图 5-129 所示返回了错误状态码和错误信息。

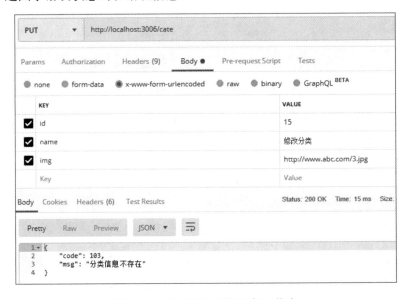

图 5-129　修改不存在的分类 id 信息

5.12.11　删除分类接口

删除分类接口是用户在分类列表页面单击某一条分类信息上的"删除"按钮，在弹出的删除分类提示窗口中单击"确定"按钮时前端发送过来的接口。接口的请求参数如表 5-28 所示。

表 5-28　删除分类接口请求参数

参　　数	类　　型	是 否 必 传	描　　述
id	数字	是	分类id

接口对应的处理方法是 CateController 文件里的 remove()方法，代码如下：

```
// 删除分类方法
function remove (req, res) {
  const resObj = Common.clone (Constant.DEFAULT_SUCCESS);  // 定义一个返回对象
  // 定义一个 async 任务
  let tasks = {
    // 校验参数方法
    checkParams: (cb) => {
      // 调用公共方法中的校验参数方法，如成功则继续后面的操作
      // 如果失败，则传递错误信息到 async 最终方法中
      Common.checkParams (req.body, ['id'], cb);
    },
    // 删除方法，依赖校验参数方法
    remove: ['checkParams', (results, cb)=>{
      // 使用 cate 的 model 中的方法更新
      CateModel
        .destroy ({
          where: {
            id: req.body.id
          }
        })
        .then (function (result) {
          // 删除结果处理
          if(result){
            // 如果删除成功
            cb (null);                    // 继续后续操作
          }else{
            // 如删除失败，传递错误信息到 async 最终方法中
            cb (Constant.CATE_NOT_EXSIT);
          }
        })
        .catch (function (err) {
          // 错误处理
          console.log (err);              // 打印错误日志
          cb (Constant.DEFAULT_ERROR);    // 传递错误信息到 async 最终方法中
        });
    }]
  };
  Common.autoFn (tasks, res, resObj)      // 执行公共方法中的 autoFn 方法, 返回数据
}
```

将以上删除分类接口处理方法代码插入 CateController 中，接着使用 npm start 命令启动项目。项目启动后，使用 Postman 查看接口返回结果。

首先看一下删除前分类列表接口返回的结果,使用 Postman 发送 GET 请求 http://localhost:3006/cate?page=1&rows=3，如图 5-130 所示。

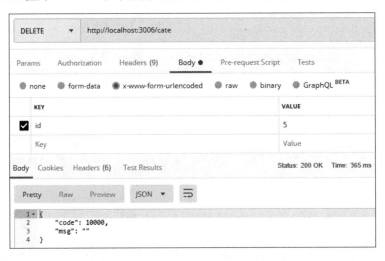

```
GET          ▼    http://localhost:3006/cate?page=1&rows=3

Pretty   Raw   Preview    JSON  ▼

  1 ▼ {
  2        "code": 10000,
  3        "msg": "",
  4 ▼      "data": {
  5 ▼          "list": [
  6 ▼              {
  7                     "id": 5,
  8                     "name": "修改分类",
  9                     "img": "http://www.abc.com/3.jpg",
 10                     "createdAt": "2019-06-19 10:21:30"
 11              },
 12 ▼              {
 13                     "id": 4,
 14                     "name": "团购活动",
 15                     "img": "http://localhost:3006/upload/icon-event.png",
 16                     "createdAt": "2019-05-29 16:38:13"
 17              },
 18 ▼              {
 19                     "id": 3,
 20                     "name": "行业动态",
 21                     "img": "http://localhost:3006/upload/icon-lou.png",
 22                     "createdAt": "2019-05-29 16:38:03"
 23              }
 24          ],
 25          "count": 5
 26      }
 27 }
```

图 5-130　删除 id 为 5 的分类信息前的分类列表

接着删除 id 为 5 的分类信息，使用 Postman 发送 DELETE 请求 http://localhost:3006/cate，返回 code 值为 10000，表示删除成功，如图 5-131 所示。

```
DELETE       ▼    http://localhost:3006/cate

Params   Authorization   Headers (9)   Body ●   Pre-request Script   Tests

● none   ● form-data   ● x-www-form-urlencoded   ● raw   ● binary   ● GraphQL BETA

  KEY                                            VALUE
☑ id                                             5
  Key                                            Value

Body  Cookies  Headers (6)  Test Results              Status: 200 OK   Time: 365 ms

Pretty   Raw   Preview    JSON  ▼

  1 ▼ {
  2        "code": 10000,
  3        "msg": ""
  4 }
```

图 5-131　删除 id 为 5 的分类信息

然后再次查看分类列表，会发现 id 为 5 的分类信息已经不存在了，如图 5-132 所示。

图 5-132　删除 id 为 5 的分类信息后的分类列表

同样，如果在删除的时候传入的是一个数据库不存在的分类 id，则会返回错误，如图 5-133 所示返回了错误状态码和错误信息。

图 5-133　删除不存在的分类 id 信息

5.12.12　文章列表接口

文章管理模块的几个接口全部放在项目根目录下的 controllers 目录的 article.js 文件中，

也就是 ArticleController 文件中。首先来看看该文件的代码主结构：

```
const Common = require ('./common');                    // 引入公共方法
// 引入 article 表的 model
const ArticleModel = require ('../models/article');
const CateModel = require ('../models/cate');           // 引入 cate 表的 model
const Constant = require ('../constant/constant'); // 引入常量
const dateFormat = require ('dateformat');              // 引入 dateformat 包
// 配置对象
let exportObj = {
  list,
  info,
  add,
  update,
  remove
};
module.exports = exportObj;                             // 导出对象，供其他模块调用
// 获取文章列表方法
function list (req, res) {
// 获取文章列表逻辑
}
// 获取单条文章方法
function info(req, res){
  // 获取单条文章逻辑
}
// 添加文章方法
function add(req, res){
  // 添加文章逻辑
}
// 修改文章方法
function update(req, res){
  // 修改文章逻辑
}
// 删除文章方法
function remove(req, res){
  // 删除文章逻辑
}
```

文章列表接口是在用户单击后台管理界面上的文章管理模块打开的文章列表页面时，前端发送过来的接口。接口的请求参数如表 5-29 所示。

表 5-29　文章列表接口请求参数

参　　数	类　　型	是 否 必 传	描　　述
page	数字	是	页码
rows	数字	是	每页条数
title	字符串	否	文章标题

接口对应的处理方法是 ArticleController 文件中的 list()方法，代码如下：

// 获取文章列表方法

```
function list (req, res) {
  const resObj = Common.clone (Constant.DEFAULT_SUCCESS); // 定义一个返回对象
  // 定义一个 async 任务
  let tasks = {
    // 校验参数方法
    checkParams: (cb) => {
      // 调用公共方法中的校验参数方法，如成功则继续后面的操作
      // 如失败则传递错误信息到 async 最终方法中
      Common.checkParams (req.query, ['page', 'rows'], cb);
    },
    // 查询方法，依赖校验参数方法
    query: ['checkParams', (results, cb) =>{
      // 根据前端提交参数计算 SQL 语句中需要的 offset，即从多少条开始查询
      let offset = req.query.rows * (req.query.page - 1) || 0;
      // 根据前端提交参数计算 SQL 语句中需要的 limit，即查询多少条
      let limit = parseInt (req.query.rows) || 20;
      let whereCondition = {};                        // 设定一个查询条件对象
      // 如果查询标题存在，查询对象增加标题
      if(req.query.title){
        whereCondition.title = req.query.title;
      }
      // 通过 offset 和 limit 使用 article 的 model 去数据库中查询
      // 并按照创建时间排序
      ArticleModel
        .findAndCountAll ({
          where: whereCondition,
          offset: offset,
          limit: limit,
          order: [['created_at', 'DESC']],
          // 关联 cate 表进行联表查询
          include: [{
            model: CateModel
          }]
        })
        .then (function (result) {
          // 查询结果处理
          let list = [];                    // 定义一个空数组 list，用来存放最终结果
          // 遍历 SQL 查询出来的结果，处理后装入 list
          result.rows.forEach ((v, i) => {
            let obj = {
              id: v.id,
              title: v.title,
              cate: v.cate,
              cateName: v.Cate.name, // 获取联表查询中的 cate 表中的 name
              cover: v.cover,
              createdAt: dateFormat (v.createdAt, 'yyyy-mm-dd HH:MM:ss')
            };
            if(v.desc){
              obj.desc = v.desc.substr(0, 20) + '...';
            }
            list.push (obj);
          });
```

```
    // 给返回结果赋值，包括列表和总条数
    resObj.data = {
      list,
      count: result.count
    };
    cb (null);                          // 继续后续操作
  })
  .catch (function (err) {
    // 错误处理
    console.log (err);                  // 打印错误日志
    cb (Constant.DEFAULT_ERROR);        // 传递错误信息到 async 最终方法中
  });
 }]
};
Common.autoFn (tasks, res, resObj)      // 执行公共方法中的 autoFn 方法, 返回数据
}
```

将以上文章列表接口处理方法代码插入 ArticleController 中，接着使用 npm start 命令启动项目。项目启动后，使用 Postman 发送 GET 请求 http://localhost:3006/article?page=1&rows=2 查看结果，可以得到正确的返回结果，如图 5-134 所示。

图 5-134　文章列表的返回结果

还可以加上标题筛选，只需在参数上增加 title 字段即可，使用 Postman 发送 GET 请求 http://localhost:3006/article?page=1&rows=2&title=重庆 90 平米房子装修，结果如图 5-135 所示。

图 5-135　文章列表按标题搜索的返回结果

如果查询到了一个数据库中没有的文章标题，则会返回一个空数组，代表没有查询到结果，同时总条数也是 0，如图 5-136 所示。

图 5-136　文章列表按标题搜索没有搜索到结果

5.12.13　单条文章信息接口

单条文章信息接口是用户单击某一条文章信息的"修改"按钮时前端发送过来的接口。接口的请求参数如表 5-30 所示。

表 5-30　单条文章信息接口请求参数

参　　数	类　　型	是 否 必 传	描　　述
id	数字	是	文章id

接口对应的处理方法是 ArticleController 文件里的 info()方法，代码如下：

```
// 获取单条文章方法
function info (req, res) {
  const resObj = Common.clone (Constant.DEFAULT_SUCCESS);  // 定义一个返回对象
  // 定义一个 async 任务
  let tasks = {
    // 校验参数方法
    checkParams: (cb) => {
      // 调用公共方法中的校验参数方法，如成功则继续后面的操作
      // 如失败则传递错误信息到 async 最终方法中
      Common.checkParams (req.params, ['id'], cb);
    },
    // 查询方法，依赖校验参数方法
    query: ['checkParams', (results, cb) =>{
      // 使用 article 的 model 中的方法查询
      ArticleModel
        .findByPk (req.params.id, {
          include: [{
            model: CateModel
          }]
        })
        .then (function (result) {
          // 查询结果处理
          // 如果查询到结果
          if(result){
            // 将查询到的结果给返回对象赋值
            resObj.data = {
              id: result.id,
              title: result.title,
              cate: result.cate,
              cateName: result.Cate.name,// 获取联表查询中的 cate 表中的 name
              cover: result.cover,
              content: result.content,
              createdAt: dateFormat (result.createdAt, 'yyyy-mm-dd HH:MM:ss')
            };
            cb(null);                        // 继续后续操作
          }else{
            // 查询失败，传递错误信息到 async 最终方法中
            cb (Constant.ARTICLE_NOT_EXSIT);
          }
        })
        .catch (function (err) {
          // 错误处理
          console.log (err);              // 打印错误日志
          cb (Constant.DEFAULT_ERROR);    // 传递错误信息到 async 最终方法中
        });
    }]
  };
  Common.autoFn (tasks, res, resObj)      // 执行公共方法中的 autoFn 方法,返回数据
}
```

　　将以上单条文章信息接口处理方法代码插入 ArticleController 中，接着使用 npm start 命令启动项目。项目启动后，使用 Postman 发送 GET 请求 http://localhost:3006/article/4 查

看结果，得到了指定 id 的文章信息，如图 5-137 所示。

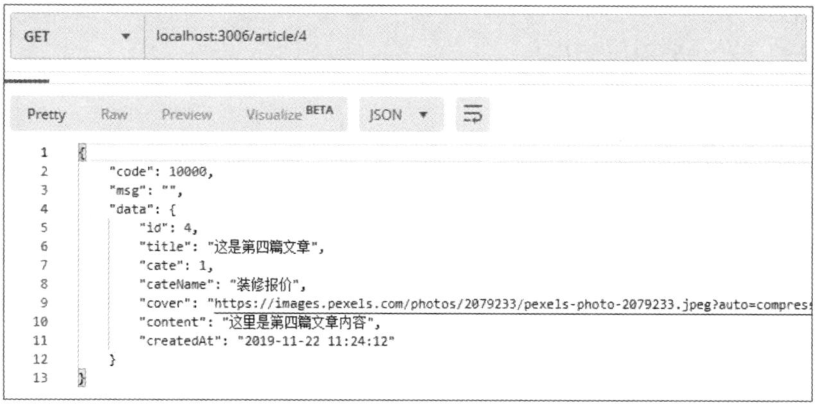

图 5-137　单条文章信息接口的返回结果

如果请求了一个在数据库中不存在的 id，那么就会找不到数据，会返回错误的状态码和错误的信息，如图 5-138 所示。

图 5-138　单条文章信息接口返回失败

5.12.14　添加文章接口

添加文章接口是用户在文章列表中单击"添加"按钮，在弹出的添加文章窗口中输入文章标题、所属分类、封面、摘要和内容后，单击"确定"按钮时前端发送过来的接口。接口的请求参数如表 5-31 所示。

表 5-31　添加文章接口请求参数

参　　数	类　　型	是 否 必 传	描　　述
title	字符串	是	文章标题
cate	数字	是	所属分类
desc	字符串	是	摘要
content	字符串	是	内容
cover	字符串	是	封面URL

接口对应的处理方法是 ArticleController 文件里的 add()方法，代码如下：

```
// 添加文章方法
function add (req, res) {
  const resObj = Common.clone (Constant.DEFAULT_SUCCESS); // 定义一个返回对象
  // 定义一个 async 任务
  let tasks = {
    // 校验参数方法
    checkParams: (cb) => {
      // 调用公共方法中的校验参数方法，如成功则继续后面的操作
      // 如果失败，则传递错误信息到 async 最终方法中
      Common.checkParams (req.body, ['title', 'cate', 'desc', 'cover',
'content'], cb);
    },
    // 添加方法，依赖校验参数方法
    add: ['checkParams', (results, cb)=>{
      // 使用 article 的 model 中的方法插入数据库中
      ArticleModel
        .create ({
          title: req.body.title,
          desc: req.body.desc,
          cover: req.body.cover,
          content: req.body.content,
          cate: req.body.cate
        })
        .then (function (result) {
          // 插入结果处理
          cb (null);                     // 继续后续操作
        })
        .catch (function (err) {
          // 错误处理
          console.log (err);             // 打印错误日志
          cb (Constant.DEFAULT_ERROR);   // 传递错误信息到 async 最终方法中
        });
    }]
  };
  Common.autoFn (tasks, res, resObj)     // 执行公共方法中的 autoFn 方法，返回数据
}
```

将以上添加文章接口处理方法代码插入 ArticleController 中，接着使用 npm start 命令启动项目。项目启动后，使用 Postman 发送 POST 请求 http://localhost:3006/article 查看结果。

如图 5-139 所示，返回的 code 值是 10000，代表添加成功。可以再次请求文章列表接口，查看是否真的添加了进去。

如图 5-140 所示，可以看到刚才添加的文章信息已经排在了第一位，是按照文章的创建时间倒序排序的，证实了刚才那一条文章信息已经添加成功。

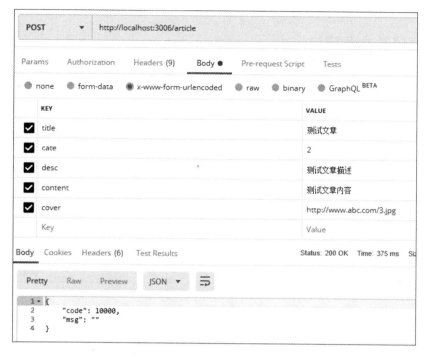

图 5-139　添加文章接口的返回结果

```
GET    ▼    localhost:3006/article?page=1&rows=2

Pretty    Raw    Preview    Visualize BETA    JSON  ▼    ⇥

1    {
2        "code": 10000,
3        "msg": "",
4        "data": {
5            "list": [
6                {
7                    "id": 6,
8                    "title": "测试文章",
9                    "cate": 2,
10                   "cateName": "装修攻略",
11                   "cover": "http://www.abc.com/3.jpg",
12                   "createdAt": "2019-11-22 11:47:25",
13                   "desc": "测试文章描述..."
14               },
15               {
16                   "id": 5,
17                   "title": "这是第五篇文章",
18                   "cate": 1,
19                   "cateName": "装修报价",
20                   "cover": "https://images.pexels.com/photos/462235/pexels-photo-462235.jpeg?auto=
                         w=500",
21                   "createdAt": "2019-11-22 11:24:15",
22                   "desc": "这里是第五篇文章的描述..."
23               }
24           ],
25           "count": 6
26       }
27   }
```

图 5-140　添加文章后文章列表接口的返回结果

5.12.15 修改文章接口

修改文章接口是用户在文章列表页面单击某一条文章信息上的"修改"按钮,在弹出的修改文章窗口中修改表单内容后,单击"确定"按钮时前端发送过来的接口。接口的请求参数如表 5-32 所示。

表 5-32 修改文章接口请求参数

参　　数	类　　型	是 否 必 传	描　　述
id	数字	是	文章id
title	字符串	是	文章标题
cate	数字	是	所属分类
desc	字符串	是	摘要
content	字符串	是	内容
cover	字符串	是	封面URL

接口对应的处理方法是 ArticleController 文件里的 update()方法,代码如下:

```
// 修改文章方法
function update (req, res) {
  const resObj = Common.clone (Constant.DEFAULT_SUCCESS); // 定义一个返回对象
  // 定义一个 async 任务
  let tasks = {
    // 校验参数方法
    checkParams: (cb) => {
      // 调用公共方法中的校验参数方法,如成功则继续后面的操作
      // 如失败则传递错误信息到 async 最终方法中
      Common.checkParams (req.body, ['id', 'title', 'cate', 'desc', 'cover',
'content'], cb);
    },
    // 更新方法,依赖校验参数方法
    update: ['checkParams', (results, cb)=>{
      // 使用 article 的 model 中的方法更新
      ArticleModel
        .update ({
          title: req.body.title,
          desc: req.body.desc,
          cover: req.body.cover,
          content: req.body.content,
          cate: req.body.cate
        }, {
          where: {
```

```
        id: req.body.id
      }
    })
    .then (function (result) {
      // 更新结果处理
      if(result[0]){
        // 如果更新成功
        cb (null);                    // 继续后续操作
      }else{
        // 更新失败，传递错误信息到async最终方法中
        cb (Constant.ARTICLE_NOT_EXSIT);
      }
    })
    .catch (function (err) {
      // 错误处理
      console.log (err);              // 打印错误日志
      cb (Constant.DEFAULT_ERROR);    // 传递错误信息到async最终方法中
    });
  }]
};
Common.autoFn (tasks, res, resObj)    // 执行公共方法中的autoFn方法,返回数据
}
```

将以上修改文章接口处理方法代码插入 ArticleController 中，接着使用 npm start 命令启动项目。项目启动后，使用 Postman 查看接口返回结果。

首先获取 id 为 6 的这一条文章信息，使用 Postman 发送 GET 请求 http://localhost:3006/article/6，结果如图 5-141 所示，表示正常返回。

图 5-141　id 为 6 的文章修改前信息

接着修改它的内容，发送 PUT 请求 http://localhost:3006/article，如图 5-142 所示，返

回 code 的值为 10000，代表修改成功。

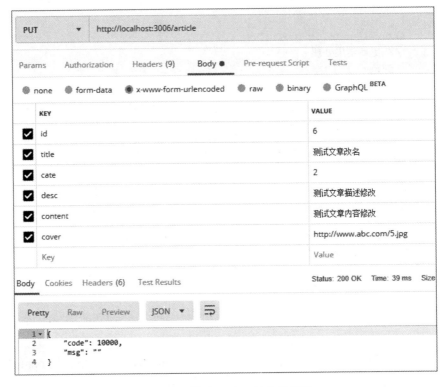

图 5-142　修改 id 为 6 的文章信息

然后再次请求 id 为 6 的文章信息，发现已经是刚刚修改之后的信息，代表修改文章接口调用成功，如图 5-143 所示。

图 5-143　修改后的 id 为 6 的文章信息

　　同样，如果修改的时候传入的是一个数据库中不存在的文章 id，则会返回错误，如图 5-144 所示返回了错误状态码和错误信息。

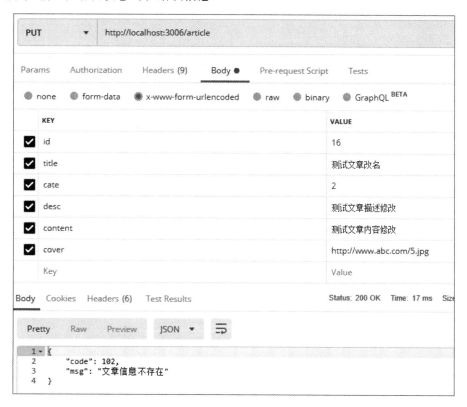

图 5-144　修改不存在的文章 id 信息

5.12.16　删除文章接口

　　删除文章接口是用户在文章列表页面单击某一条文章信息上的"删除"按钮，在弹出的删除文章提示窗口中单击"确定"按钮时前端发送过来的接口。接口的请求参数如表 5-33 所示。

表 5-33　删除文章接口请求参数

参　　数	类　　型	是 否 必 传	描　　述
id	数字	是	文章id

　　接口对应的处理方法是 ArticleController 文件里的 remove()方法，代码如下：

```
// 删除文章方法
function remove (req, res) {
```

```
        const resObj = Common.clone (Constant.DEFAULT_SUCCESS); // 定义一个返回对象
        // 定义一个 async 任务
    let tasks = {
        // 校验参数方法
        checkParams: (cb) => {
            // 调用公共方法中的校验参数方法，如成功则继续后面的操作
            // 如果失败，则传递错误信息到 async 最终方法中
            Common.checkParams (req.body, ['id'], cb);
        },
        // 删除方法，依赖校验参数方法
        remove: ['checkParams', (results, cb)=>{
            // 使用 article 的 model 中的方法更新
            ArticleModel
                .destroy ({
                    where: {
                        id: req.body.id
                    }
                })
                .then (function (result) {
                    // 删除结果处理
                    if(result){
                        // 如果删除成功
                        cb (null);                          // 继续后续操作
                    }else{
                        // 如果删除失败，传递错误信息到 async 最终方法中
                        cb (Constant.ARTICLE_NOT_EXSIT);
                    }
                })
                .catch (function (err) {
                    // 错误处理
                    // 打印错误日志
                    console.log (err);
                    cb (Constant.DEFAULT_ERROR);    // 传递错误信息到 async 最终方法中
                });
        }]
    };
    Common.autoFn (tasks, res, resObj)      // 执行公共方法中的 autoFn 方法,返回数据
}
```

将以上删除文章接口处理方法代码插入 ArticleController 中，接着使用 npm start 命令启动项目。项目启动后，使用 Postman 查看接口返回结果。

首先看一下删除前文章接口返回的结果，使用 Postman 发送 GET 请求 http://localhost:3006/article?page=1&rows=2，如图 5-145 所示。

```
GET  ▼  localhost:3006/article?page=1&rows=2

Pretty   Raw   Preview   Visualize BETA   JSON ▼

1   {
2       "code": 10000,
3       "msg": "",
4       "data": {
5           "list": [
6               {
7                   "id": 6,
8                   "title": "测试文章改名",
9                   "cate": 2,
10                  "cateName": "装修攻略",
11                  "cover": "http://www.abc.com/3.jpg",
12                  "createdAt": "2019-11-22 11:50:22",
13                  "desc": "测试文章描述修改..."
14              },
15              {
16                  "id": 5,
17                  "title": "这是第五篇文章",
18                  "cate": 1,
19                  "cateName": "装修报价",
20                  "cover": "https://images.pexels.com/photos/462235/pexels-photo-462235.jpeg?auto
                        w=500",
21                  "createdAt": "2019-11-22 11:24:15",
22                  "desc": "这里是第五篇文章的描述..."
23              }
24          ],
25          "count": 6
26      }
27  }
```

图 5-145　删除 id 为 6 的文章信息前的文章列表

接着删除 id 为 6 的文章信息，使用 Postman 发送 DELETE 请求 http://localhost:3006/
article，返回 code 的值为 10000，表示删除成功，如图 5-146 所示。

图 5-146　删除 id 为 6 的文章信息

然后再次查看文章列表，会发现 id 为 6 的文章信息已经不存在了，如图 5-147 所示。

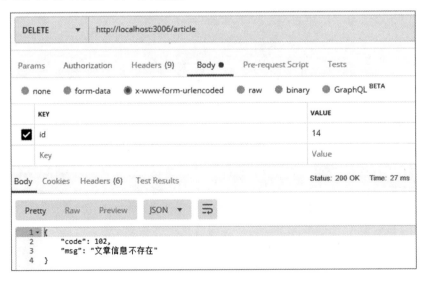

图 5-147 删除 id 为 6 的文章信息后的文章列表

同样，如果在删除的时候传入的是一个数据库不存在的文章 id，则会返回错误，如图 5-148 所示返回了错误状态码和错误信息。

图 5-148 删除不存在的文章 id 信息

5.12.17　案例列表接口

案例管理模块的几个接口全部放在项目根目录下的 controllers 目录的 case.js 文件中，也就是 CaseController 文件中。首先来看看该文件的代码主结构：

```
const Common = require ('./common');                    // 引入公共方法
const CaseModel = require ('../models/case');           // 引入 case 表的 model
const Constant = require ('../constant/constant'); // 引入常量
const dateFormat = require ('dateformat');              // 引入 dateformat 包
// 配置对象
let exportObj = {
  list,
  info,
  add,
  update,
  remove
};
module.exports = exportObj;                             // 导出对象，供其他模块调用
// 获取案例列表方法
function list (req, res){
  // 获取案例列表逻辑
}
// 获取单条案例方法
function info(req, res){
  // 获取单条案例逻辑
}
// 添加案例方法
function add(req, res){
  // 添加案例逻辑
}
// 修改案例方法
function update(req, res){
  // 修改案例逻辑
}
// 删除案例方法
function remove(req, res){
  // 删除案例逻辑
}
```

案例列表接口是在用户单击后台管理界面上的案例管理模块打开的案例列表页面时，前端发送过来的接口。接口的请求参数如表 5-34 所示。

表 5-34　案例列表接口请求参数

参　　数	类　　型	是 否 必 传	描　　述
page	数字	是	页码
rows	数字	是	每页条数
name	字符串	否	案例名称

接口对应的处理方法是 CaseController 文件中的 list()方法，代码如下：

```
// 获取案例列表方法
function list (req, res) {
  const resObj = Common.clone (Constant.DEFAULT_SUCCESS); // 定义一个返回对象
  // 定义一个 async 任务
  let tasks = {
    // 校验参数方法
    checkParams: (cb) => {
      // 如果传入了 dropList 参数，代表需要下拉列表，跳过分页逻辑
      if(req.query.dropList){
        cb(null);
      }else{
        // 调用公共方法中的校验参数方法，如成功则继续后面的操作
        // 如失败则传递错误信息到 async 最终方法中
        Common.checkParams (req.query, ['page', 'rows'], cb);
      }
    },
    // 查询方法，依赖校验参数方法
    query: ['checkParams', (results, cb) =>{
      let searchOption;              // 设定搜索对象
      if(req.query.dropList){        // 判断是否传入了 dropList 参数
        // 如果传入了，不分页查询
        searchOption = {
          order: [['created_at', 'DESC']]
        }
      }else{
        // 如果没传入，分页查询
        // 根据前端提交的参数计算 SQL 语句中需要的 offset，即从多少条开始查询
        let offset = req.query.rows * (req.query.page - 1) || 0;
        // 根据前端提交的参数计算 SQL 语句中需要的 limit，即查询多少条
        let limit = parseInt (req.query.rows) || 20;
        let whereCondition = {};     // 设定一个查询条件对象
        // 如果查询姓名存在，查询对象增加姓名
        if(req.query.name){
          whereCondition.name = req.query.name;
        }
        searchOption = {
          where: whereCondition,
          offset: offset,
          limit: limit,
          order: [['created_at', 'DESC']]
        }
      }
      // 通过 offset 和 limit 使用 case 的 model 去数据库中查询
```

```
  // 并按照创建时间排序
  CaseModel
    .findAndCountAll (searchOption)
    .then (function (result) {
      // 查询结果处理
      let list = [];                  // 定义一个空数组 list，用来存放最终结果
      // 遍历 SQL 查询出来的结果，处理后装入 list
      result.rows.forEach ((v, i) => {
        let obj = {
          id: v.id,
          name: v.name,
          img: v.img,
          desc: v.desc,
          content: v.content,
          createdAt: dateFormat (v.createdAt, 'yyyy-mm-dd HH:MM:ss')
        };
        if(v.desc){
          obj.desc = v.desc.substr(0, 20) + '...';
        }
        list.push (obj);
      });
      // 给返回结果赋值，包括列表和总条数
      resObj.data = {
        list,
        count: result.count
      };
      cb (null);                      // 继续后续操作
    })
    .catch (function (err) {
      // 错误处理
      console.log (err);              // 打印错误日志
      cb (Constant.DEFAULT_ERROR);    // 传递错误信息到 async 最终方法中
    });
  }]
};
Common.autoFn (tasks, res, resObj)    // 执行公共方法中的 autoFn 方法，返回数据
}
```

将以上案例列表接口处理方法代码插入 CaseController 中，接着使用 npm start 命令启动项目。项目启动后，使用 Postman 发送 GET 请求 http://localhost:3006/case?page=1&rows=2 查看结果，可以得到正确的返回结果，如图 5-149 所示。

还可以加上案例名称筛选，只需在参数上增加 name 字段即可。使用 Postman 发送 GET 请求 http://localhost:3006/case?page=1&rows=2&name=奢豪酒店，结果如图 5-150 所示。

如果查询到了一个数据库中没有的案例名称，则会返回一个空数组，代表没有查询到

结果，同时总条数也是 0，如图 5-151 所示。

图 5-149　案例列表的返回结果

图 5-150　案例列表按案例名称搜索的返回结果

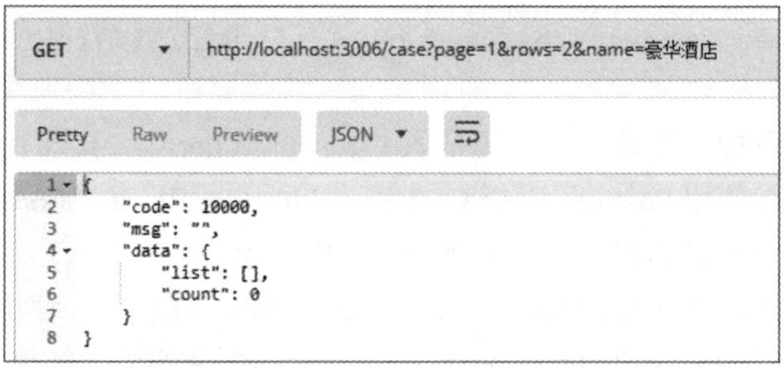

图 5-151　案例列表按案例名称搜索没有搜索到结果

5.12.18　单条案例信息接口

单条案例信息接口是在用户单击某一条案例信息的"修改"按钮时前端发送过来的接口。接口的请求参数如表 5-35 所示。

表 5-35　单条案例信息接口请求参数

参　　数	类　　型	是 否 必 传	描　　述
id	数字	是	案例id

接口对应的处理方法是 CaseController 文件里的 info()方法，代码如下：

```
// 获取单条案例方法
function info (req, res) {
  const resObj = Common.clone (Constant.DEFAULT_SUCCESS); // 定义一个返回对象
  // 定义一个 async 任务
  let tasks = {
    // 校验参数方法
    checkParams: (cb) => {
      // 调用公共方法中的校验参数方法，如成功则继续后面的操作
      // 如果失败，则传递错误信息到 async 最终方法中
      Common.checkParams (req.params, ['id'], cb);
    },
    // 查询方法，依赖校验参数方法
    query: ['checkParams', (results, cb) => {
      // 使用 case 的 model 中的方法查询
      CaseModel
        .findByPk (req.params.id)
        .then (function (result) {
          // 查询结果处理
          // 如果查询到结果
          if(result){
            // 将查询到的结果给返回对象赋值
            resObj.data = {
              id: result.id,
              name: result.name,
              img: result.img,
              desc: result.desc,
              content: result.content,
              createdAt: dateFormat (result.createdAt, 'yyyy-mm-dd HH:MM:ss')
            };
            cb(null);                                    // 继续后续操作
          }else{
            // 查询失败，传递错误信息到 async 最终方法中
            cb (Constant.CASE_NOT_EXSIT);
          }
        })
        .catch (function (err) {
          // 错误处理
```

```
            console.log (err);                    // 打印错误日志
            cb (Constant.DEFAULT_ERROR);          // 传递错误信息到 async 最终方法中
        });
    }]
};
Common.autoFn (tasks, res, resObj)          // 执行公共方法中的 autoFn 方法,返回数据
}
```

将以上单条案例信息接口处理方法代码插入 CaseController 中,接着使用 npm start 命令启动项目。项目启动后,使用 Postman 发送 GET 请求 http://localhost:3006/case/3 查看结果,得到了指定 id 的案例信息,如图 5-152 所示。

图 5-152　单条案例信息接口的返回结果

如果请求了一个在数据库中不存在的 id,那么就会找不到数据,会返回错误的状态码和错误的信息,如图 5-153 所示。

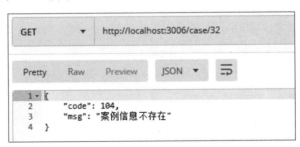

图 5-153　单条案例信息接口返回失败

5.12.19　添加案例接口

添加案例接口是用户在案例列表上单击"添加"按钮,在弹出的添加案例窗口中输入案例名称后单击"确定"按钮,前端发送过来的接口。接口的请求参数如表 5-36 所示。

表 5-36　添加案例接口请求参数

参　　数	类　　型	是 否 必 传	描　　述
name	字符串	是	案例名称
img	字符串	是	案例图片
desc	字符串	否	案例描述
content	字符串	否	案例详情

接口对应的处理方法是 CaseController 文件里的 add()方法，代码如下：

```
// 添加案例方法
function add (req, res) {
  const resObj = Common.clone (Constant.DEFAULT_SUCCESS); // 定义一个返回对象
  // 定义一个 async 任务
  let tasks = {
    // 校验参数方法
    checkParams: (cb) => {
      // 调用公共方法中的校验参数方法，如成功则继续后面的操作
      // 如失败则传递错误信息到 async 最终方法中
      Common.checkParams (req.body, ['name', 'img'], cb);
    },
    // 添加方法，依赖校验参数方法
    add: ['checkParams', (results, cb)=>{
      // 使用 case 的 model 中的方法插入数据库中
      CaseModel
        .create ({
          name: req.body.name,
          img: req.body.img,
          desc: req.body.desc,
          content: req.body.content,
        })
        .then (function (result) {
          // 插入结果处理
          cb (null);                      // 继续后续操作
        })
        .catch (function (err) {
          // 错误处理
          console.log (err);              // 打印错误日志
          cb (Constant.DEFAULT_ERROR);    // 传递错误信息到 async 最终方法中
        });
    }]
  };
  Common.autoFn (tasks, res, resObj)      // 执行公共方法中的 autoFn 方法,返回数据
}
```

将以上添加案例接口处理方法代码插入 CaseController 中，接着使用 npm start 命令启动项目。项目启动后，使用 Postman 发送 POST 请求 http://localhost:3006/case 查看结果。

结果如图 5-154 所示，返回的 code 的值是 10000，代表添加成功。可以再次请求案例列表接口，查看是否真的添加了进去。

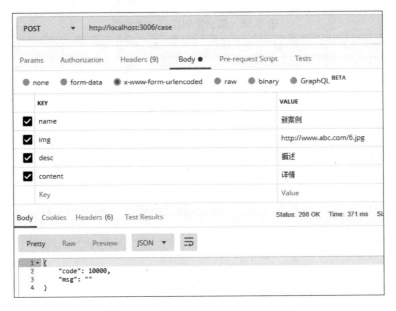

图 5-154　添加案例接口的返回结果

如图 5-155 所示，可以看到刚才添加的案例信息已经排在了第一位，是按照案例的创建时间倒序排序的，证实刚才那一条案例信息已经添加成功。

图 5-155　添加案例后案例列表接口的返回结果

5.12.20　修改案例接口

修改案例接口是用户在案例列表页面单击某一条案例信息上的"修改"按钮，在弹出的修改案例窗口中修改了表单内容后单击"确定"按钮，前端发送过来的接口。接口的请求参数如表 5-37 所示。

表 5-37　修改案例接口请求参数

参　　数	类　　型	是 否 必 传	描　　述
id	数字	是	案例id
name	字符串	是	案例名称
img	字符串	是	案例图片
desc	字符串	否	案例描述
content	字符串	否	案例详情

接口对应的处理方法是 CaseController 文件里的 update()方法，代码如下：

```
// 修改案例方法
function update (req, res) {
  const resObj = Common.clone (Constant.DEFAULT_SUCCESS);  // 定义一个返回对象
  // 定义一个 async 任务
  let tasks = {
    // 校验参数方法
    checkParams: (cb) => {
      // 调用公共方法中的校验参数方法，如成功则继续后面的操作
      // 如失败则传递错误信息到 async 最终方法中
      Common.checkParams (req.body, ['id', 'name', 'img'], cb);
    },
    // 更新方法，依赖校验参数方法
    update: ['checkParams', (results, cb)=>{
      // 使用 case 的 model 中的方法更新
      CaseModel
        .update ({
          name: req.body.name,
          img: req.body.img,
          desc: req.body.desc,
          content: req.body.content,
        }, {
          where: {
            id: req.body.id
          }
        })
        .then (function (result) {
        // 更新结果处理
        if(result[0]){
          // 如果更新成功
          cb (null);                        // 继续后续操作
```

```
      }else{
        // 如果更新失败，传递错误信息到async最终方法中
        cb (Constant.CASE_NOT_EXSIT);
      }
    })
    .catch (function (err) {
      // 错误处理
      console.log (err);                    // 打印错误日志
      cb (Constant.DEFAULT_ERROR);          // 传递错误信息到async最终方法中
    });
  }]
 };
 Common.autoFn (tasks, res, resObj)       // 执行公共方法中的autoFn方法，返回数据
}
```

将以上修改案例接口处理方法代码插入 CaseController 中，接着使用 npm start 命令启动项目。项目启动后，使用 Postman 查看接口返回结果。

首先获取 id 为 4 的这一条案例信息，使用 Postman 发送 GET 请求 http://localhost:3006/case/ 4，正常返回，如图 5-156 所示。

接着修改它的内容，发送 PUT 请求 http:// localhost:3006/case，结果如图 5-157 所示，返回 code 的值为 10000，代表修改成功。

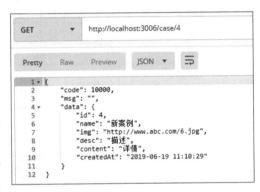

图 5-156　id 为 4 的案例修改前信息

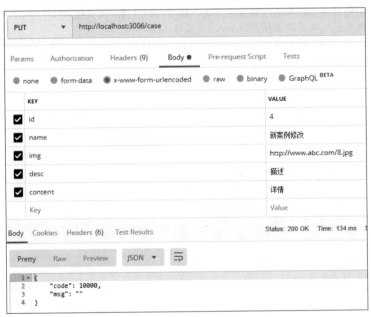

图 5-157　修改 id 为 4 的案例信息

　　然后再次请求 id 为 4 的案例信息，发现已经是刚才修改之后的信息，代表修改案例接口调用成功，如图 5-158 所示。

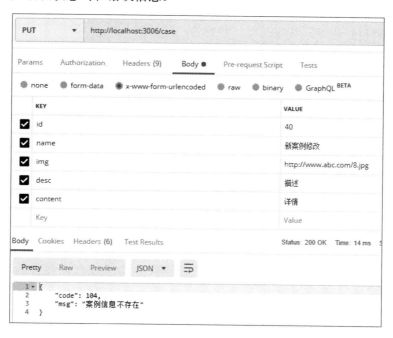

图 5-158　修改后的 id 为 4 的案例信息

　　同样，如果修改的时候传入的是一个数据库中不存在的案例 id，则会返回错误，如图 5-159 所示返回错误状态码和错误信息。

图 5-159　修改不存在的案例 id 信息

5.12.21　删除案例接口

　　删除案例接口是用户在案例列表页面单击某一条案例信息上的"删除"按钮，在弹出的删除案例提示窗口中单击"确定"按钮时前端发送过来的接口。接口的请求参数如表 5-38 所示。

表 5-38　删除案例接口请求参数

参　　数	类　　型	是 否 必 传	描　　述
id	数字	是	案例id

接口对应的处理方法是 CaseController 文件里的 remove()方法，代码如下：

```
// 删除案例方法
function remove (req, res) {
  const resObj = Common.clone (Constant.DEFAULT_SUCCESS); // 定义一个返回对象
  // 定义一个async任务
  let tasks = {
    // 校验参数方法
    checkParams: (cb) => {
      // 调用公共方法中的校验参数方法，如成功则继续后面的操作
      // 如失败则传递错误信息到async最终方法中
      Common.checkParams (req.body, ['id'], cb);
    },
    // 删除方法，依赖校验参数方法
    remove: ['checkParams', (results, cb)=>{
      // 使用case的model中的方法更新
      CaseModel
        .destroy ({
          where: {
            id: req.body.id
          }
        })
        .then (function (result) {
          // 删除结果处理
          if(result){
            // 如果删除成功
            cb (null);                     // 继续后续操作
          }else{
            // 如果删除失败，传递错误信息到async最终方法中
            cb (Constant.CASE_NOT_EXSIT);
          }
        })
        .catch (function (err) {
          // 错误处理
          console.log (err);               // 打印错误日志
          cb (Constant.DEFAULT_ERROR);     // 传递错误信息到async最终方法中
        });
    }]
  };
  Common.autoFn (tasks, res, resObj)       // 执行公共方法中的autoFn方法,返回数据
}
```

将以上删除案例接口处理方法代码插入 CaseController 中，接着使用 npm start 命令启动项目。项目启动后，使用 Postman 查看接口返回结果。

首先看一下删除前案例列表接口的返回结果，使用 Postman 发送 GET 请求 http://localhost: 3006/case?page=1&rows=3，结果如图 5-160 所示。

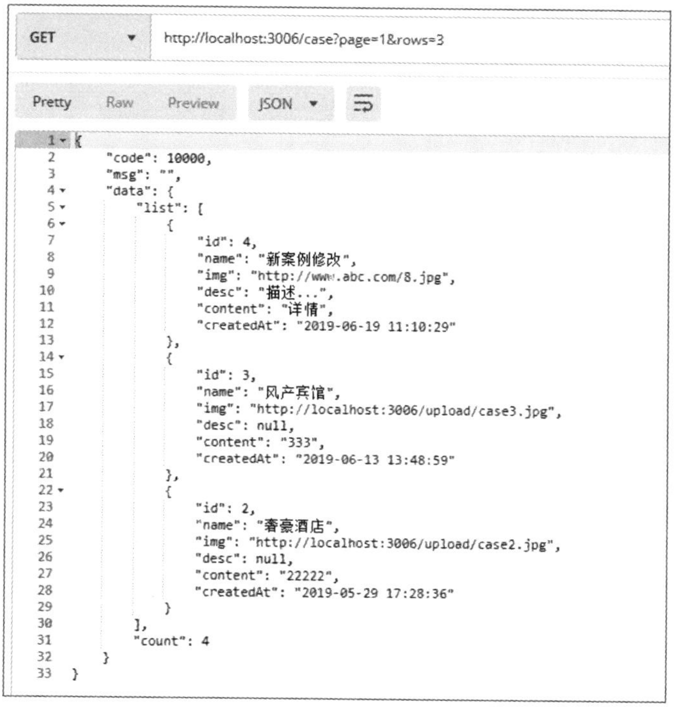

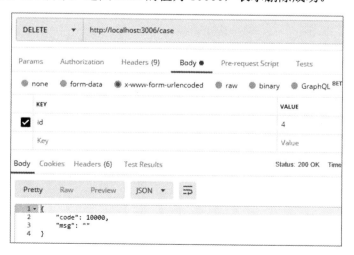

图 5-160　删除 id 为 4 的案例信息前的案例列表

接着删除 id 为 4 的案例信息，使用 Postman 发送 DELETE 请求 http://localhost:3006/ case，结果如图 5-161 所示，返回 code 的值为 10000，表示删除成功。

图 5-161　删除 id 为 4 的案例信息

然后再次查看案例列表，会发现 id 为 4 的案例信息已经不存在了，如图 5-162 所示。

```
GET          ▼  http://localhost:3006/case?page=1&rows=3

Pretty   Raw   Preview    JSON ▼   ⇥
1 ▼ {
2        "code": 10000,
3        "msg": "",
4 ▼      "data": {
5 ▼          "list": [
6 ▼              {
7                    "id": 3,
8                    "name": "风产宾馆",
9                    "img": "http://localhost:3006/upload/case3.jpg",
10                   "desc": null,
11                   "content": "333",
12                   "createdAt": "2019-06-13 13:48:59"
13               },
14 ▼              {
15                   "id": 2,
16                   "name": "奢豪酒店",
17                   "img": "http://localhost:3006/upload/case2.jpg",
18                   "desc": null,
19                   "content": "22222",
20                   "createdAt": "2019-05-29 17:28:36"
21               },
22 ▼              {
23                   "id": 1,
24                   "name": "阳光花园",
25                   "img": "http://localhost:3006/upload/case1.jpg",
26                   "desc": null,
27                   "content": "<p><img src=\"https://images.pexels.com/photos/27658
                     =format%2Ccompress&cs=tinysrgb&dpr=2&h=750&w=1260\" /></p>\r
                     /photos/1267857/pexels-photo-1267857.jpeg?auto=format%2Ccomp
                     /></p>\r\n",
28                   "createdAt": "2019-05-29 17:27:23"
29               }
30           ],
31           "count": 3
32       }
33 }
```

图 5-162　删除 id 为 4 的案例信息后的案例列表

同样，如果在删除的时候传入的是一个数据库不存在的案例 id，则会返回错误，如图 5-163 所示返回了错误状态码和错误信息。

```
DELETE       ▼  http://localhost:3006/case

Params   Authorization   Headers (9)   Body ●   Pre-request Script   Tests

● none   ● form-data   ● x-www-form-urlencoded   ● raw   ● binary   ● GraphQL

      KEY                                              VALUE
≡ ☑   id                                               41
      Key                                              Value

Body   Cookies   Headers (6)   Test Results                Status: 200 OK

Pretty   Raw   Preview   JSON ▼   ⇥
1 ▼ {
2        "code": 104,
3        "msg": "案例信息不存在"
4 }
```

图 5-163　删除不存在的案例 id 信息

5.12.22　预约列表接口

预约管理模块的几个接口全部放在项目根目录下 controllers 目录的 order.js 文件中，也就是 OrderController 文件中。首先来看看该文件的代码主结构：

```
const Common = require ('./common');                    // 引入公共方法
const OrderModel = require ('../models/order');         // 引入 order 表的 model
const Constant = require ('../constant/constant');      // 引入常量
const dateFormat = require ('dateformat');              // 引入 dateformat 包
// 配置对象
let exportObj = {
  list,
  updateStatus
};
module.exports = exportObj;                             // 导出对象，供其他模块调用
// 获取预约列表方法
function list (req, res){
  // 获取预约列表逻辑
}
// 修改预约状态方法
function updateStatus(req, res){
  // 修改预约状态逻辑
}
```

预约列表接口是用户单击后台管理界面上的预约管理模块，打开预约列表页面时前端发送过来的接口。接口的请求参数如表 5-39 所示。

表 5-39　预约列表接口请求参数

参　　数	类　　型	是 否 必 传	描　　述
page	数字	是	页码
rows	数字	是	每页条数
name	字符串	否	预约姓名

接口对应的处理方法是 OrderController 文件中的 list()方法，代码如下：

```
// 获取预约列表方法
function list (req, res) {
  const resObj = Common.clone (Constant.DEFAULT_SUCCESS);  // 定义一个返回对象
  // 定义一个 async 任务
  let tasks = {
    // 校验参数方法
    checkParams: (cb) => {
      // 调用公共方法中的校验参数方法，如成功则继续后面的操作
      // 如失败则传递错误信息到 async 最终方法中
      Common.checkParams (req.query, ['page', 'rows'], cb);
    },
    // 查询方法，依赖校验参数方法
    query: ['checkParams', (results, cb) =>{
```

```
    // 根据前端提交的参数计算 SQL 语句中需要的 offset，即从多少条开始查询
  let offset = req.query.rows * (req.query.page - 1) || 0;
    // 根据前端提交的参数计算 SQL 语句中需要的 limit，即查询多少条
    let limit = parseInt (req.query.rows) || 20;
    let whereCondition = {};                    // 设定一个查询条件对象
    // 如果查询姓名存在，查询对象增加姓名
    if(req.query.name){
      whereCondition.name = req.query.name;
    }
  // 通过 offset 和 limit 使用 order 的 model 去数据库中查询
  // 并按照创建时间排序
  OrderModel
    .findAndCountAll ({
      where: whereCondition,
      offset: offset,
      limit: limit,
      order: [['created_at', 'DESC']]
    })
    .then (function (result) {
      // 查询结果处理
      let list = [];                    // 定义一个空数组 list，用来存放最终结果
      // 遍历 SQL 查询出来的结果，处理后装入 list
      result.rows.forEach ((v, i) =>{
        let obj = {
          id: v.id,
          name: v.name,
          phone: v.phone,
          type: v.type,
          orderDate: v.orderDate,
          message: v.message,
          status: v.status,
          createdAt: dateFormat (v.createdAt, 'yyyy-mm-dd HH:MM:ss')
        };
        list.push (obj);
      });
      // 给返回结果赋值，包括列表和总条数
      resObj.data = {
        list,
        count: result.count
      };
      cb (null);                        // 继续后续操作
    })
    .catch (function (err) {
      // 错误处理
      console.log (err);                // 打印错误日志
      cb (Constant.DEFAULT_ERROR);      // 传递错误信息到 async 最终方法中
    });
  }]
};
Common.autoFn (tasks, res, resObj)      // 执行公共方法中的 autoFn 方法，返回数据
}
```

将以上预约列表接口处理方法代码插入 OrderController 中，接着使用 npm start 命令启

动项目。项目启动后，使用 Postman 发送 GET 请求 http://localhost:3006/order?page=1&rows=
3 查看结果，可以得到正确的返回结果，如图 5-164 所示。

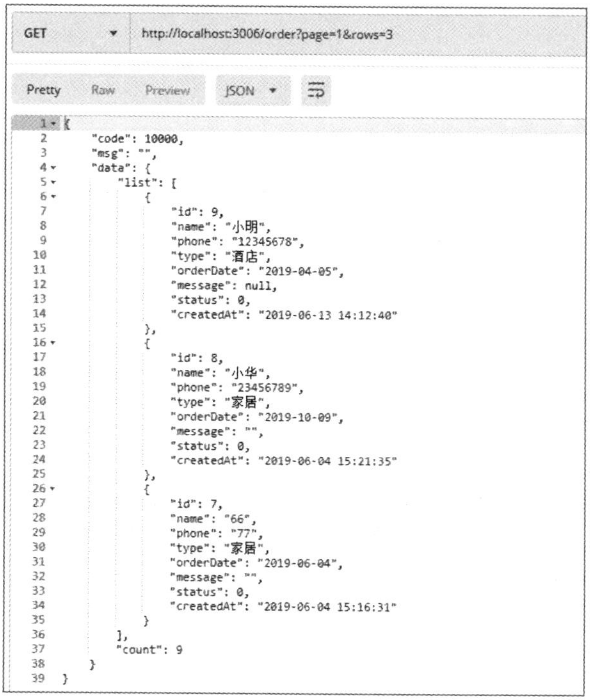

图 5-164　预约列表返回结果

还可以加上预约姓名筛选，只需在参数上增加 name 字段即可。使用 Postman 发送 GET
请求 http://localhost:3006/order?page=1&rows=4&name=小华，结果如图 5-165 所示。

图 5-165　预约列表按预约姓名搜索的返回结果

如果查询到了一个数据库中没有的预约名称，则会返回一个空数组，代表没有查询到结果，同时总条数也是 0，如图 5-166 所示。

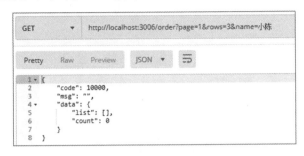

图 5-166　预约列表按预约姓名搜索没有搜索到结果

5.12.23　修改预约状态接口

修改预约状态接口是用户在预约列表页面单击某一条预约信息操作区域的"已联系"或"已确认"按钮，在弹出的修改预约状态提示窗口中单击"确定"按钮，前端发送过来的接口。接口的请求参数如表 5-40 所示。

表 5-40　修改预约接口请求参数

参　　数	类　　型	是 否 必 传	描　　述
id	数字	是	预约id
status	数字	是	预约状态

接口对应的处理方法是 OrderController 文件里的 update()方法，代码如下：

```
// 修改预约状态方法
function updateStatus (req, res) {
  const resObj = Common.clone (Constant.DEFAULT_SUCCESS); // 定义一个返回对象
  // 定义一个 async 任务
  let tasks = {
    // 校验参数方法
    checkParams: (cb) => {
      // 调用公共方法中的校验参数方法，如成功则继续后面的操作
      // 如失败则传递错误信息到 async 最终方法中
      Common.checkParams (req.body, ['id', 'status'], cb);
    },
    // 更新方法，依赖校验参数方法
    update: ['checkParams', (results, cb)=>{
      // 使用 order 的 model 中的方法更新
      OrderModel
        .update ({
          status: req.body.status
        }, {
          where: {
```

```
            id: req.body.id
        }
    })
    .then (function (result) {
        // 更新结果处理
        if(result[0]){
            // 如果更新成功
            cb (null);                        // 继续后续操作
        }else{
            // 如果更新失败，则传递错误信息到 async 最终方法中
            cb (Constant.ORDER_NOT_EXSIT);
        }
    })
    .catch (function (err) {
        // 错误处理
        console.log (err);                    // 打印错误日志
        cb (Constant.DEFAULT_ERROR);          // 传递错误信息到 async 最终方法中
    });
    }]
  };
  Common.autoFn (tasks, res, resObj)          // 执行公共方法中的 autoFn 方法，返回数据
}
```

将以上修改预约状态接口处理方法代码插入 OrderController 中，接着使用 npm start 命令启动项目。项目启动后，使用 Postman 查看接口返回结果。

在修改之前，先查看一下预约列表。使用 Postman 发送 GET 请求 http://localhost: 3006/order?page=1&rows=2，能够看到 id 为 8 的预约数据状态 status 为 0，如图 5-167 所示。

图 5-167　修改 id 为 8 的预约状态之前的预约列表

现在修改 id 为 8 的预约数据的状态，将状态 status 修改为 1，发送 PUT 请求 http://localhost:3006/order/status，结果如图 5-168 所示，返回 code 的值为 10000，代表修改成功。

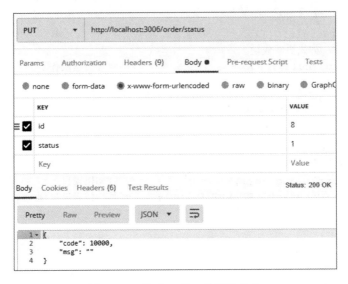

图 5-168　修改 id 为 8 的预约状态

然后再次请求预约列表，发现 id 为 8 的预约数据的状态 status 的值已经是刚才修改之后的 1，代表修改预约状态接口调用成功，如图 5-169 所示。

图 5-169　修改 id 为 8 的预约状态后的预约列表

如果在修改的时候传入的是一个数据库中不存在的预约 id，则会返回错误，如图 5-170 所示返回了错误状态码和错误信息。

图 5-170   修改不存在的预约 id 状态

5.12.24   查看企业信息接口

企业管理模块的几个接口全部放在项目根目录下的 controllers 目录的 company.js 文件中，也就是 CompanyController 文件中。首先来看看该文件的代码主结构：

```
const Common = require ('./common');                 // 引入公共方法
const CompanyModel = require ('../models/company');   // 引入 company 表的 model
const Constant = require ('../constant/constant');    // 引入常量
const dateFormat = require ('dateformat');            // 引入 dateformat 包
// 配置对象
let exportObj = {
  info,
  update,
};
module.exports = exportObj;                           // 导出对象，供其他模块调用
// 获取企业信息方法
function info(req, res) {
  // 获取企业信息逻辑
}
// 修改企业信息方法
function update (req, res) {
  // 修改企业信息逻辑
}
```

查看企业信息接口是用户单击后台管理界面上的企业信息管理模块，打开企业信息页面时前端发送过来的接口。查看企业信息接口没有请求参数，后端会到 MySQL 数据库中查询 id 为 1 的数据。

接口对应的处理方法是 CompanyController 文件里的 info() 方法，代码如下：

```
// 获取企业信息方法
function info (req, res) {
  const resObj = Common.clone (Constant.DEFAULT_SUCCESS);  // 定义一个返回对象
  // 定义一个async任务
  let tasks = {
    // 查询方法，依赖校验参数方法
    query: cb =>{
      // 使用company的model中的方法查询
      CompanyModel
        // 查询指定id为1的数据
        .findByPk (1)
        .then (function (result) {
          // 查询结果处理
          // 如果查询到结果
          if(result){
            // 将查询到的结果给返回对象赋值
            resObj.data = {
              id: result.id,
              name: result.name,
              address: result.address,
              tel: result.tel,
              intro: result.intro,
              longitude: result.longitude,
              latitude: result.latitude,
              createdAt: dateFormat (result.createdAt, 'yyyy-mm-dd HH:MM:ss')
            };
            cb(null);                      // 继续后续操作
          }else{
            // 查询失败，传递错误信息到async最终方法中
            cb (Constant.COMPANY_INFO_NOT_EXSIT);
          }
        })
        .catch (function (err) {
          // 错误处理
          console.log (err);              // 打印错误日志
          cb (Constant.DEFAULT_ERROR);    // 传递错误信息到async最终方法中
        });
    }
  };
  Common.autoFn (tasks, res, resObj)    // 执行公共方法中的autoFn方法,返回数据
}
```

将以上查看企业信息接口处理方法代码插入 CompanyController 中，接着使用 npm start 命令启动项目。项目启动后，使用 Postman 发送 GET 请求 http://localhost:3006/company 查看结果，得到了企业信息的返回结果，如图 5-171 所示。

图 5-171　查看企业信息接口的返回结果

5.12.25　修改企业信息接口

修改企业信息接口是用户在企业信息页面中修改了表单内容后，单击"提交"按钮时前端发送过来的接口。接口的请求参数如表 5-41 所示。

表 5-41　修改企业信息接口请求参数

参　　　数	类　　型	是 否 必 传	描　　　述
name	字符串	是	企业名称
address	字符串	是	地址
tel	字符串	是	电话
intro	字符串	是	简介
longitude	字符串	是	经度
latitude	字符串	是	纬度

接口对应的处理方法是 CompanyController 文件里的 update()方法，代码如下：

```
// 修改企业信息方法
function update (req, res) {
 const resObj = Common.clone (Constant.DEFAULT_SUCCESS); // 定义一个返回对象
 // 定义一个async任务
 let tasks = {
  // 校验参数方法
  checkParams: (cb) => {
   // 调用公共方法中的校验参数方法，如果成功，则继续后面操作
   // 如果失败，则传递错误信息到async最终方法中
   Common.checkParams (req.body, ['name','address','tel','intro',
'longitude','latitude'], cb);
  },
  // 更新方法，依赖校验参数方法
  update: ['checkParams', (results, cb) =>{
   // 使用company的model中的方法更新
   CompanyModel
    .update ({
```

```
        name: req.body.name,
        address: req.body.address,
        tel: req.body.tel,
        intro: req.body.intro,
        longitude: req.body.longitude,
        latitude: req.body.latitude,
      }, {
        // 查询 id 为 1 的数据进行更新
        where: {
          id: 1
        }
      })
      .then (function (result) {
        // 更新结果处理
        if(result[0]){
          // 如果更新成功
          cb (null);                      // 继续后续操作
        }else{
          // 如果更新失败,则传递错误信息到 async 最终方法中
          cb (Constant.COMPANY_INFO_NOT_EXSIT);
        }
      })
      .catch (function (err) {
        // 错误处理
        console.log (err);              // 打印错误日志
        cb (Constant.DEFAULT_ERROR);   // 传递错误信息到 async 最终方法中
      });
    }]
  };
  Common.autoFn (tasks, res, resObj)    // 执行公共方法中的 autoFn 方法, 返回数据
}
```

将以上修改企业信息接口处理方法代码插入 CompanyController 中,接着使用 npm start 命令启动项目。项目启动后,使用 Postman 查看接口返回结果。

首先获取企业信息,使用 Postman 发送 GET 请求 http://localhost:3006/company,结果如图 5-172 所示,正常返回。

图 5-172　企业信息修改前的返回结果

接着修改它的内容，发送 PUT 请求 http://localhost:3006/company，结果如图 5-173 所示，返回 code 的值为 10000，代表修改成功。

图 5-173　修改企业信息

然后再次请求企业信息接口，发现已经是刚才修改之后的信息，代表修改企业信息接口调用成功，如图 5-174 所示。

图 5-174　企业信息修改后的返回结果

5.12.26　管理员列表接口

管理员模块的几个接口全部放在项目根目录下 controllers 目录的 admin.js 文件中，也就是 AdminController 文件中。首先来看看它的代码主结构：

```
const Common = require ('./common');                    // 引入公共方法
const AdminModel = require ('../models/admin');         // 引入 admin 表的 model
const Constant = require ('../constant/constant');      // 引入常量
const dateFormat = require ('dateformat');              // 引入 dateformat 包
// 配置对象
let exportObj = {
  list,
  info,
  add,
  update,
  remove
};
module.exports = exportObj;                             // 导出对象，供其他模块调用
// 获取管理员列表方法
function list (req, res){
  // 获取管理员列表逻辑
}
// 获取单条管理员方法
function info(req, res){
  // 获取单条管理员逻辑
}
// 添加管理员方法
function add(req, res){
  // 添加管理员逻辑
}
// 修改管理员方法
function update(req, res){
  // 修改管理员逻辑
}
// 删除管理员方法
function remove(req, res){
  // 删除管理员逻辑
}
```

管理员列表接口是当用户打开后台管理界面上的管理员管理模块默认展示页面时前端发送过来的接口。接口的请求参数如表 5-42 所示。

表 5-42　管理员列表接口请求参数

参　　数	类　　型	是 否 必 传	描　　述
page	数字	是	页码
rows	数字	是	每页条数
username	字符串	否	用户名

接口对应的处理方法是 AdminController 文件里的 list()方法，代码如下：

```
// 获取管理员列表方法
function list (req, res) {
  const resObj = Common.clone (Constant.DEFAULT_SUCCESS); // 定义一个返回对象
```

```
// 定义一个 async 任务
let tasks = {
  // 校验参数方法
  checkParams: (cb) => {
    // 调用公共方法中的校验参数方法，如成功则继续后面的操作
    // 如失败则传递错误信息到 async 最终方法中
    Common.checkParams (req.query, ['page', 'rows'], cb);
  },
  // 查询方法，依赖校验参数方法
  query: ['checkParams', (results, cb) =>{
    // 根据前端提交的参数计算 SQL 语句中需要的 offset，即从多少条开始查询
    let offset = req.query.rows * (req.query.page - 1) || 0;
    // 根据前端提交的参数计算 SQL 语句中需要的 limit，即查询多少条
    let limit = parseInt (req.query.rows) || 20;
    let whereCondition = {};        // 设定一个查询条件对象
    if(req.query.username){          // 如果查询用户名存在，查询对象增加用户名
      whereCondition.username = req.query.username;
    }
    // 通过 offset 和 limit 使用 admin 的 model 去数据库中查询
    // 并按照创建时间排序
    AdminModel
      .findAndCountAll ({
        where: whereCondition,
        offset: offset,
        limit: limit,
        order: [['created_at', 'DESC']],
      })
      .then (function (result) {
        // 查询结果处理
        let list = [];                  // 定义一个空数组 list，用来存放最终结果
        // 遍历 SQL 查询出来的结果，处理后装入 list
        result.rows.forEach ((v, i) => {
          let obj = {
            id: v.id,
            username: v.username,
            name: v.name,
            role: v.role,
            lastLoginAt: dateFormat (v.lastLoginAt, 'yyyy-mm-dd HH:MM:ss'),
            createdAt: dateFormat (v.createdAt, 'yyyy-mm-dd HH:MM:ss')
          };
          list.push (obj);
        });
        // 给返回结果赋值，包括列表和总条数
        resObj.data = {
          list,
          count: result.count
        };
```

```
            cb (null);                           // 继续后续操作
        })
        .catch (function (err) {
            // 错误处理
            console.log (err);                    // 打印错误日志
            cb (Constant.DEFAULT_ERROR);          // 传递错误信息到 async 最终方法中
        });
    }]
  };
  Common.autoFn (tasks, res, resObj)            // 执行公共方法中的 autoFn 方法，返回数据
}
```

将以上管理员列表接口处理方法代码插入 AdminController 中，接着使用 npm start 命令启动项目。项目启动后，使用 Postman 发送 GET 请求 http://localhost:3006/admin?page=1&rows=3 查看结果。

如图 5-175 所示，可以得到正确的返回结果。还可以加上用户名筛选，只需在请求参数中增加 username 字段即可。使用 Postman 发送 GET 请求 http://localhost:3006/admin?page=1&rows=4&username=liqiang，结果如图 5-176 所示。

图 5-175　管理员列表的返回结果

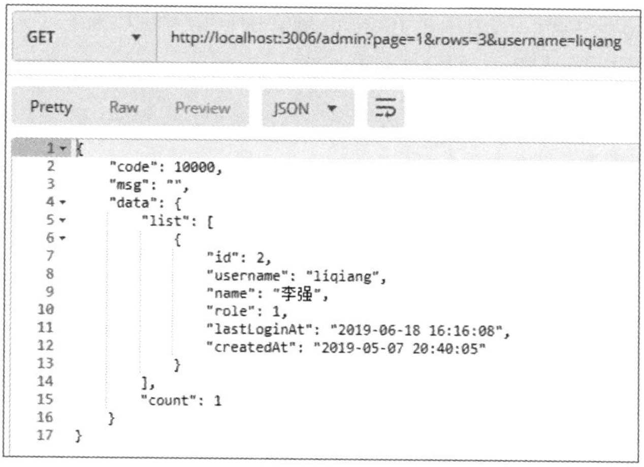

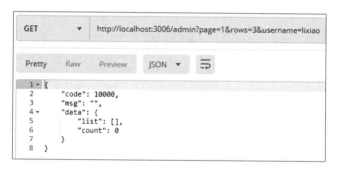

图 5-176　管理员列表按用户名搜索的返回结果

如果查询到了一个数据库中没有的用户名，则会返回一个空数组，代表没有查询到结果，同时总条数也是 0，如图 5-177 所示。

图 5-177　管理员列表按用户名搜索没有搜索到结果

5.12.27　单条管理员信息接口

单条管理员信息接口是在用户单击某一条管理员信息的"修改"按钮时前端发送过来的接口。接口的请求参数如表 5-43 所示。

表 5-43　单条管理员信息接口请求参数

参　　数	类　　型	是 否 必 传	描　　述
id	数字	是	管理员id

接口对应的处理方法是 AdminController 文件里的 info()方法，代码如下：

```
// 获取单条管理员方法
function info (req, res) {
```

```
const resObj = Common.clone (Constant.DEFAULT_SUCCESS);   // 定义一个返回对象
// 定义一个 async 任务
let tasks = {
  // 校验参数方法
  checkParams: (cb) => {
    // 调用公共方法中的校验参数方法, 如成功则继续后面的操作
    // 如失败则传递错误信息到 async 最终方法中
    Common.checkParams (req.params, ['id'], cb);
  },
  // 查询方法, 依赖校验参数方法
  query: ['checkParams', (results, cb) => {
    // 使用 admin 的 model 中的方法查询
    AdminModel
      .findByPk (req.params.id)
      .then (function (result) {
        // 查询结果处理
        // 如果查询到结果
        if(result){
          // 将查询到的结果给返回对象赋值
          resObj.data = {
            id: result.id,
            username: result.username,
            name: result.name,
            role: result.role,
            lastLoginAt: dateFormat (result.lastLoginAt, 'yyyy-mm-dd HH:MM:ss'),
            createdAt: dateFormat (result.createdAt, 'yyyy-mm-dd HH:MM:ss')
          };
          cb(null);                          //继续后续操作
        }else{
          // 查询失败, 传递错误信息到 async 最终方法中
          cb (Constant.ADMIN_NOT_EXSIT);
        }
      })
      .catch (function (err) {
        // 错误处理
        console.log (err);                    // 打印错误日志
        cb (Constant.DEFAULT_ERROR);          // 传递错误信息到 async 最终方法中
      });
  }]
};
Common.autoFn (tasks, res, resObj)    // 执行公共方法中的 autoFn 方法, 返回数据
}
```

将以上单个管理员信息接口处理方法代码插入 AdminController 中, 接着使用 npm start 命令启动项目。项目启动后, 使用 Postman 发送 GET 请求 http://localhost:3006/admin/3 查看结果, 得到了指定 id 为 3 的管理员信息, 如图 5-178 所示。

如果请求了一个在数据库中不存在的 id，那么就会找不到数据，会返回错误的状态码和错误的信息，如图 5-179 所示。

图 5-178　单条管理员信息接口的返回结果

图 5-179　单条管理员信息接口返回失败

5.12.28　添加管理员接口

添加管理员接口是用户在管理员列表上单击"添加"按钮，在弹出的添加管理员窗口中输入用户名、密码、姓名和角色，并单击"确定"按钮，前端发送过来的接口。接口的请求参数如表 5-44 所示。

表 5-44　添加管理员接口请求参数

参　　　数	类　　型	是 否 必 传	描　　　述
username	字符串	是	用户名
password	字符串	是	密码
name	字符串	是	姓名
role	字符串	是	角色

接口对应的处理方法是 AdminController 文件里的 add()方法，代码如下：

```
// 添加管理员方法
function add (req, res) {
  const resObj = Common.clone (Constant.DEFAULT_SUCCESS); // 定义一个返回对象
  // 定义一个 async 任务
  let tasks = {
    // 校验参数方法
    checkParams: (cb) => {
      // 调用公共方法中的校验参数方法，如成功则继续后面的操作
      // 如失败则传递错误信息到 async 最终方法中
      Common.checkParams (req.body, ['username', 'password', 'name', 'role'], cb);
    },
    // 添加方法，依赖校验参数方法
    add: ['checkParams', (results, cb)=>{
```

```
// 使用 admin 的 model 中的方法插入数据库中
AdminModel
  .create ({
    username: req.body.username,
    password: req.body.password,
    name: req.body.name,
    role: req.body.role
  })
  .then (function (result) {
    // 插入结果处理
    cb (null);                          // 继续后续操作
  })
  .catch (function (err) {
    // 错误处理
    console.log (err);                  // 打印错误日志
    cb (Constant.DEFAULT_ERROR);        // 传递错误信息到 async 最终方法中
  });
}]
};
Common.autoFn (tasks, res, resObj)      // 执行公共方法中的 autoFn 方法，返回数据
}
```

　　将以上添加管理员接口处理方法代码插入 AdminController 中，接着使用 npm start 命令启动项目。项目启动后，使用 Postman 发送 POST 请求 http://localhost:3006/admin 查看结果。

　　如图 5-180 所示，返回的 code 的值是 10000，代表添加成功，可以再次请求管理员列表接口，查看是否真的添加了进去。

图 5-180　添加管理员接口的返回结果

如图 5-181 所示，可以看到刚才添加的管理员信息已经排在了第一位，是按照管理员的创建时间倒序排序的，证实了刚才那一条管理员已经添加成功。

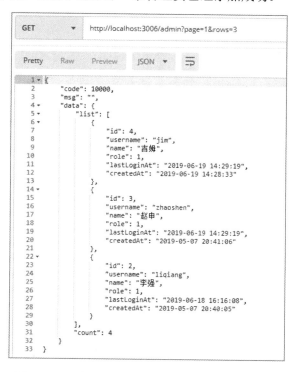

图 5-181　添加管理员后管理员列表接口的返回结果

5.12.29　修改管理员接口

修改管理员接口是用户在管理员列表页面单击某一条管理员信息上的"修改"按钮，在弹出的修改管理员窗口中修改了表单内容，并单击"确定"按钮时前端发送过来的接口。接口的请求参数如表 5-45 所示。

表 5-45　修改管理员接口请求参数

参　　数	类　　型	是 否 必 传	描　　述
id	数字	是	管理员id
username	字符串	是	用户名
password	字符串	是	密码
name	字符串	是	姓名
role	字符串	是	角色

接口对应的处理方法是 AdminController 文件里的 update()方法，代码如下：

```
// 修改管理员方法
function update (req, res) {
  const resObj = Common.clone (Constant.DEFAULT_SUCCESS); // 定义一个返回对象
  // 定义一个 async 任务
  let tasks = {
    // 校验参数方法
    checkParams: (cb) => {
      // 调用公共方法中的校验参数方法，如成功则继续后面的操作
      // 如果失败，则传递错误信息到 async 最终方法中
      Common.checkParams (req.body, ['id', 'username', 'password', 'name',
'role'], cb);
    },
    // 更新方法，依赖校验参数方法
    update: ['checkParams', (results, cb)=>{
      // 使用 admin 的 model 中的方法更新
      AdminModel
        .update ({
          username: req.body.username,
          password: req.body.password,
          name: req.body.name,
          role: req.body.role
        }, {
          where: {
            id: req.body.id
          }
        })
        .then (function (result) {
          // 更新结果处理
          if(result[0]){
            // 如果更新成功
            cb (null);                       // 继续后续操作
          }else{
            // 更新失败，传递错误信息到 async 最终方法中
            cb (Constant.ADMIN_NOT_EXSIT);
          }
        })
        .catch (function (err) {
          // 错误处理
          console.log (err);                 // 打印错误日志
          cb (Constant.DEFAULT_ERROR);       // 传递错误信息到 async 最终方法中
        });
    }]
  };
  Common.autoFn (tasks, res, resObj)      // 执行公共方法中的 autoFn 方法，返回数据
}
```

将以上修改管理员接口处理方法代码插入 AdminController 中，接着使用 npm start 命

令启动项目。项目启动后，使用 Postman 来查看接口返回结果。

首先获取 id 为 3 的这一条管理员信息，使用 Postman 发送 GET 请求 http://localhost: 3006/admin/3，结果如图 5-182 所示，表示正常返回。

图 5-182　id 为 3 的管理员修改前信息

接着修改它的内容，发送 PUT 请求 http://localhost:3006/admin，返回 code 的值为 10000，代表修改成功，如图 5-183 所示。

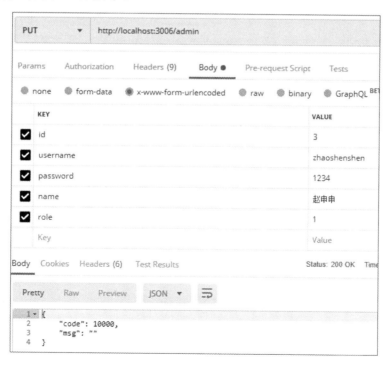

图 5-183　修改 id 为 3 的管理员信息

然后再次请求 id 为 3 的管理员信息，如图 5-184 所示，发现已经是刚才修改之后的信息，代表修改管理员接口调用成功。

图 5-184　修改后的 id 为 3 的管理员信息

　　同样，如果修改的时候传入的是一个数据库中不存在的管理员 id，则会返回错误，如图 5-185 所示返回了错误状态码和错误信息。

图 5-185　修改不存在的管理员 id 信息

5.12.30　删除管理员接口

　　删除管理员接口是用户在管理员列表页面单击某一条管理员信息上的"删除"按钮，

在弹出的删除管理员提示窗口中单击"确定"按钮时前端发送过来的接口。接口的请求参数如表 5-46 所示。

表 5-46　删除管理员接口请求参数

参　　数	类　　型	是 否 必 传	描　　述
id	数字	是	管理员id

接口对应的处理方法是 AdminController 文件里的 remove() 方法，代码如下：

```
// 删除管理员方法
function remove (req, res) {
  const resObj = Common.clone (Constant.DEFAULT_SUCCESS); // 定义一个返回对象
  // 定义一个 async 任务
  let tasks = {
    // 校验参数方法
    checkParams: (cb) => {
      // 调用公共方法中的校验参数方法，如成功则继续后面的操作
      // 如失败则传递错误信息到 async 最终方法中
      Common.checkParams (req.body, ['id'], cb);
    },
    remove: ['checkParams', (results, cb)=>{
      // 使用 admin 的 model 中的方法更新
      AdminModel
        .destroy ({
          where: {
            id: req.body.id
          }
        })
        .then (function (result) {
          // 删除结果处理
          if(result){
            // 如果删除成功
            cb (null);                       // 继续后续操作
          }else{
            // 删除失败，传递错误信息到 async 最终方法中
            cb (Constant.ADMIN_NOT_EXSIT);
          }
        })
        .catch (function (err) {
          // 错误处理
          console.log (err);                 // 打印错误日志
          cb (Constant.DEFAULT_ERROR);     // 传递错误信息到 async 最终方法中
        });
    }]
  };
  Common.autoFn (tasks, res, resObj) // 执行公共方法中的 autoFn 方法，返回数据中
}
```

将以上删除管理员接口处理方法代码插入 AdminController 中，接着使用 npm start 命令启动项目。项目启动后，使用 Postman 查看接口返回结果。

首先看一下删除前管理员列表接口返回的结果，使用 Postman 发送 GET 请求 http://localhost:3006/admin，如图 5-186 所示。

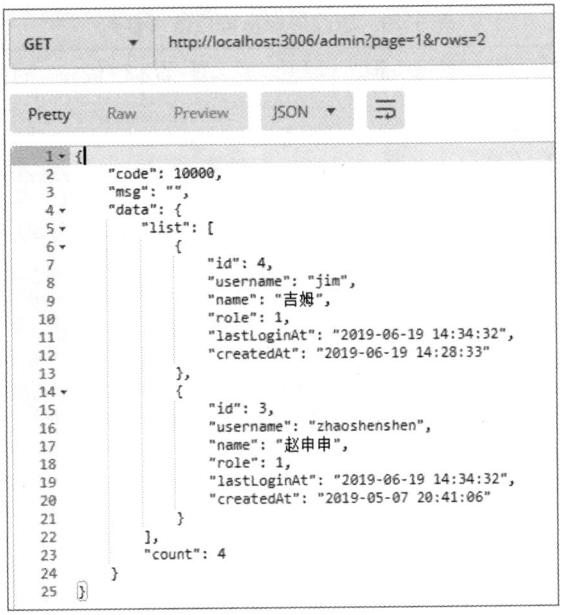

图 5-186　删除 id 为 4 的管理员信息前的管理员列表

接着删除 id 为 4 的管理员信息，使用 Postman 发送 DELETE 请求 http://localhost:3006/admin，返回 code 值为 10000，表示删除成功，如图 5-187 所示。

图 5-187　删除 id 为 4 的管理员信息

　　然后再次查看管理员列表，会发现 id 为 4 的管理员信息已经不存在了，如图 5-188 所示。

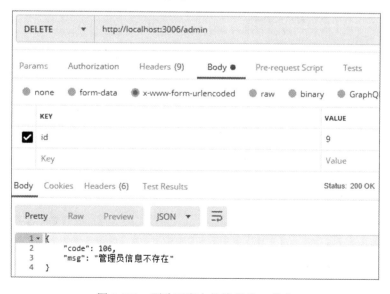

图 5-188　删除 id 为 4 的管理员信息后的管理员列表

　　如果在删除的时候，传入的是一个数据库中不存在的管理员 id，则会返回错误，如图 5-189 所示返回了错误状态码和错误信息。

图 5-189　删除不存在的管理员 id 信息

5.12.31 上传图片接口

上传图片接口是用户在编辑任意一个表单后单击上传图片时前端发送过来的接口。接口的请求参数如表 5-47 所示。

表 5-47 上传图片接口请求参数

参 数	类 型	是 否 必 传	描 述
img	文件流	是	上传图片的文件流

接口对应的处理方法是 IndexController 文件里的 upload()方法，代码如下：

```
// 上传图片方法
function upload (req, res) {
  const resObj = Common.clone (Constant.DEFAULT_SUCCESS); // 定义一个返回对象
  // 定义一个 async 任务
  let tasks = {
    // 校验参数方法
    checkParams: (cb) => {
      // 调用公共方法中的校验参数方法，如成功则继续后面的操作
      // 如失败则传递错误信息到 async 最终方法中
      Common.checkParams (req.file, ['originalname'], cb);
    },
    // 保存方法，依赖校验参数方法
    save: ['checkParams', (results, cb) => {
      // 获取上传文件的扩展名
      let lastIndex = req.file.originalname.lastIndexOf('.');
      let extension = req.file.originalname.substr(lastIndex-1);
      // 使用时间戳作为新文件名
      let fileName = new Date().getTime() + extension;
      // 保存文件，用新文件名写入
      // 3 个参数
      // 1.图片的绝对路径
      // 2.写入的内容
      // 3.回调函数
      fs.writeFile (path.join (__dirname, '../public/upload/' + fileName),
req.file.buffer, (err) => {
        // 保存文件出错
        if (err) {
          cb (Constant.SAVE_FILE_ERROR)
        }else{
          resObj.data = {
            fileName: fileName,                    // 返回文件名
            // 通过公共方法 getImgUrl 拼接图片路径
            path: Common.getImgUrl(req, fileName)
          };
          cb (null)
        }
      })
    }]
```

```
    }]
  };
  Common.autoFn (tasks, res, resObj)        // 执行公共方法中的 autoFn 方法，返回数据
}
```

将以上上传图片接口处理方法代码插入 IndexController 中，接着使用 npm start 命令启动项目。项目启动后，使用 Postman 发送 POST 请求 http://localhost:3006/upload 查看结果，注意上传文件的 Body 参数类型要选择 form-data。

如图 5-190 所示，返回的 code 的值是 10000，代表上传成功。可以在项目根路径下 public 目录下的 upload 目录中看到刚才上传的图片。

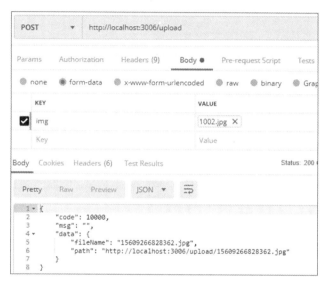

图 5-190　上传图片接口的返回结果

第 6 章　Node.js 部署

在开发完 Node.js 的项目之后，需要将项目部署到服务器上才能让别人来访问。上线部署的事情一般都由运维人员来操作，但是作为开发人员还是需要知道一些基本的部署知识的。

6.1　安装 Node.js

对于上线部署，目前的大部分公司都采用云服务器的方式，其中最常见的就是阿里云，大部分的服务器操作系统都是 Linux。对于 Linux 的操作和命令的使用，大家请自行查阅相关资料，本书不再赘述。Node.js 项目部署特别简单，只需要在服务器上安装 Node.js 即可。

6.1.1　下载 Node.js 安装包

首先打开 Node.js 的官方下载页面 https://nodejs.org/en/download/，单击 Linux Binaries (x64) 对应的链接下载 tar.xz 文件，如图 6-1 所示。

图 6-1　下载 Linux 系统的 Node.js 安装包

6.1.2　上传安装包并解压

将下载的 Node.js 安装包文件上传到服务器的任意目录中，比如/opt，然后进入该目录解压 Node.js 安装包。运行命令如下：

```
$ cd /opt
$ tar -xvf node-v10.16.0-linux-x64.tar.xz
```

解压命令执行完毕后会在/opt 目录下看到解压好的目录和文件。

6.1.3　建立软链接，生成全局命令

解压完毕后，需要将 node 命令和 npm 命令变为全局命令，以方便之后使用。运行命令如下：

```
$ ln -s /opt/node-v10.16.0-linux-x64/bin/npm /usr/local/bin/
$ ln -s /opt/node-v10.16.0-linux-x64/bin/node /usr/local/bin/
```

执行完毕后，运行如下命令：

```
$ node -v
```

会看到命令行输出 Node.js 的版本号：

```
$ v10.16.0
```

代表 Node.js 安装成功。

6.2　提取项目代码

在团队协作项目开发过程中，一般会使用版本控制工具 Git，当项目开发完成之后，需要将项目代码放到服务器上，最好的方式是通过 Git 提取，这就需要在服务器上安装 Git。

6.2.1　安装 Git

Linux 上安装 Git 特别简单，只需要运行一条命令即可。如果你的 Linux 是 CentOS，使用下面这条命令安装 Git：

```
$ sodu yum install git
```

如果你的 Linux 是 Ubuntu，使用下面这条命令安装 Git：

```
$ sodu apt-get install git
```

执行完毕后，执行命令：

```
$ git --version
```

会看到命令行输出 Git 的版本号：

```
$ git version 1.8.3.1
```

代表 Git 安装成功。

6.2.2　使用 Git 提取项目代码

安装完 Git 之后就可以提取项目代码了，首先选定一个目录用来存放项目代码，如 /home/www。接着进入/home/www：

```
$ cd /home/www
```

然后执行 git clone <项目 git 地址>命令：

```
$ git clone http://www.abc.com/nodejs.git
```

命令执行完毕后，就会在/home/www 目录中看到项目目录。

6.3　启　动　项　目

拥有了 Node.js 环境后，也提取了代码，下面就可以启动项目了。

在 Node.js 项目中一般不会将 Node.js 项目的依赖包目录 node_modules 放在 Git 版本控制中，所以在项目启动前还需要在服务器中安装项目的依赖包，即需要进入项目目录中执行 npm install 命令。在依赖包安装完毕之后，使用 node 命令启动项目：

```
$ node app.js
```

项目就启动后，可以通过设定的端口号进行访问，但是这种方式有个问题，就是命令行窗口不能关闭，关闭之后 Node.js 的服务也会停止。解决的方法是使用 nohup 命令将命令挂机，即在后台执行进程：

```
$ nohup node app.js &
```

nohup 命令的一般形式为 nohup command &，但是这种命令也有如下缺点：

- 不稳定，会被其他应用停止进程；
- 无法管理和查看进程的状态。

针对以上问题，可以使用 Node.js 项目中最实用也是使用最广泛的进程管理工具 PM2。

6.4　进程管理工具 PM2

PM2 是 Node.js 的进程管理工具，可以利用它来简化很多 Node.js 应用管理的烦琐任务，如性能监控、自动重启和负载均衡等，而且使用非常简单。它允许用户永久保持应用程序处于活动状态，而无须停机即可重新加载它们。

使用 PM2 启动应用程序也非常简单，命令如下：

```
$ pm2 start app.js
```

6.4.1 安装 PM2

PM2 的安装非常简单，执行一条命令即可：

```
$ npm install pm2 -g
```

命令执行完毕后，再执行命令：

```
$ pm2 --version
```

如果看到命令行输出 PM2 的版本号，如下：

```
2.7.2
```

代表 PM2 安装成功。

如果你使用的是老版本或者不是最新的版本，可以使用 PM2 自带的更新命令进行更新：

```
pm2 update
```

6.4.2 PM2 的常用命令

1．pm2 start命令

使用 PM2 启动 Node.js 项目非常简单，执行命令如下：

```
$ pm2 start app.js
```

会看到控制台输出如图 6-2 所示。

图 6-2 通过 PM2 启动项目

此时列出了刚启动的 App 项目，包含进程 id、状态和重启次数等其他相关信息。

在启动项目的时候可以配置一些参数，例如：

```
$ pm2 start app.js -i 4
```

其中，-i 参数代表启动几个实例。上面的命令代表启动 4 个 app.js 应用实例，4 个应用程序会自动进行负载均衡。

```
$ pm2 start app.js --name app1
```

其中，--name 参数用于配置启动应用名称，启动成功后如图 6-3 所示。

图 6-3　通过 PM2 自定义应用名称

可以看到应用名变成了 app1，在应用很多的情况下这样便于区分管理。

```
$ pm2 start app.js --watch
```

--watch 参数可以实现当文件变化时自动重启应用而不需要手动重启。

2．pm2 list命令

项目启动成功后，可以通过 pm2 list 命令查看项目情况，执行命令如下：

```
$ pm2 list
```

可以看到所有使用 PM2 启动的应用列表，列表中会展示所有应用的信息，如图 6-4 所示。

图 6-4　通过 PM2 查看应用列表

如果想要动态地查看每一个应用的当前状态，可以加上--watch 参数，执行命令如下：

```
$ pm2 list --watch
```

会看到命令行中实时刷新展示的应用状态，如图 6-5 所示。

图 6-5　通过 PM2 实时查看应用列表

3．pm2 jlist命令

还可以使用 JSON 格式查看，执行命令如下：

```
$ pm2 jlist
```

如图 6-6 所示，命令行输出了一些 JSON 数据。

[{"pid":12915,"name":"app1","pm2_env":{"exit_code":0,"versioning":{"repo_path":"/home/w
duapi","prev_rev":"421f2b4a5ca2a54e921225502bd5e0f74e51f1f6","next_rev":null,"ahead":fa
_exists_on_remote":true,"remote":"origin","remotes":["origin"],"branch":"master","unsta
"comment":"增加blog 详情日志","update_time":"2019-06-20T08:29:03.779Z","revision":"0f35
23d31493ad33a52406452d780","url":"https://gitee.com/lingdublog/lingduapi.git","type":"g
version":"6.12.0","unstable_restarts":12,"restart_time":735,"pm_id":0,"created_at":1561
axm_dynamic":{},"axm_options":{"default_actions":true,"transactions":false,"http":false
ncy":200,"http_code":500,"ignore_routes":[],"profiling":true,"errors":true,"alert_enabl
ustom_probes":true,"network":false,"ports":false,"ignoreFilter":{"method":["OPTIONS"],"
xcludedHooks":[],"module_conf":{},"module_name":"app1","module_version":"2.7.2","pmx_ve
.6","error":true},"axm_monitor":{},"axm_actions":[],"pm_uptime":1561019677511,"status"
M2_HOME":"/root/.pm2","XDG_SESSION_ID":"39247","HOSTNAME":"iz2ze3s6w46jbe4pnsqenvz","TE
"SHELL":"/bin/bash","HISTSIZE":"1000","SSH_CLIENT":"61.177.153.2 19783 22","SSH_TTY"

图 6-6　通过 PM2 查看 JSON 格式应用列表 1

4．pm2 prettylist命令

pm2 jlist 命令虽然输出了 JSON 格式数据，但是根本不具有可读性，建议使用下面这条命令：

```
$ pm2 prettylist
```

如图 6-7 所示，命令行输出了格式化之后的 JSON，便于阅读。

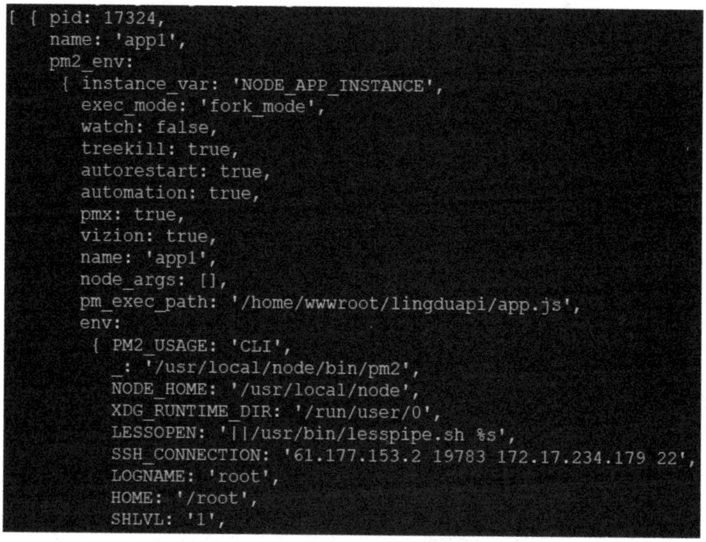

[{ pid: 17324,
  name: 'app1',
  pm2_env:
   { instance_var: 'NODE_APP_INSTANCE',
     exec_mode: 'fork_mode',
     watch: false,
     treekill: true,
     autorestart: true,
     automation: true,
     pmx: true,
     vizion: true,
     name: 'app1',
     node_args: [],
     pm_exec_path: '/home/wwwroot/lingduapi/app.js',
     env:
      { PM2_USAGE: 'CLI',
        _: '/usr/local/node/bin/pm2',
        NODE_HOME: '/usr/local/node',
        XDG_RUNTIME_DIR: '/run/user/0',
        LESSOPEN: '||/usr/bin/lesspipe.sh %s',
        SSH_CONNECTION: '61.177.153.2 19783 172.17.234.179 22',
        LOGNAME: 'root',
        HOME: '/root',
        SHLVL: '1',

图 6-7　通过 PM2 查看 JSON 格式应用列表 2

5．pm2 show命令

pm2 show 命令是显示某一个应用的所有信息，命令格式为 pm2 show <app Name>。执行命令如下：

```
$ pm2 show app1
```

如图 6-8 所示，系统列出了应用 app1 的所有信息。

图 6-8　通过 PM2 查看应用信息

6．pm2 monit命令

使用 pm2 monit 命令可以查看所有应用的 CPU 和内存占用情况，命令如下：

```
$ pm2 monit
```

如图 6-9 所示，命令行中显示了应用的实时数据。

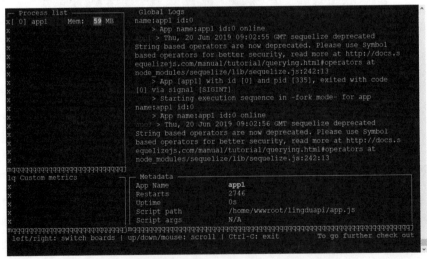

图 6-9　通过 PM2 查看应用的 CPU 和内存占用

7．pm2 logs命令

pm2 logs 命令会查看到所有应用程序的日志输出，执行命令如下：

```
$ pm2 logs
```

如图 6-10 所示，系统展示了所有应用的日志，并且会实时刷新。

```
0|app1     | GET /stylesheets/style.css 304 0.875 ms - -
0|app1     | GET /aa 404 3.023 ms - 1885
0|app1     | GET /aa 404 1.908 ms - 1885
0|app1     | GET /aa 404 47.375 ms - 1885



1|app2     | GET / 200 654.931 ms - 188
1|app2     | GET /stylesheets/style.css 200 5.451 ms - 111
1|app2     | GET /favicon.ico 404 27.585 ms - 1075
1|app2     | GET / 304 26.510 ms - -
1|app2     | GET /stylesheets/style.css 304 1.119 ms - -
1|app2     | GET / 304 7.701 ms - -
1|app2     | GET /stylesheets/style.css 304 0.468 ms - -
```

图 6-10 通过 PM2 查看所有应用日志

如果想要只查看特定应用的日志，可以在后面加上应用的名称，例如：

```
$ pm2 logs app1
```

如图 6-11 所示，系统只展示了指定应用的日志。

```
0|app1     | GET / 304 12.912 ms - -
0|app1     | GET /stylesheets/style.css 304 3.013 ms - -
0|app1     | GET / 304 2.155 ms - -
0|app1     | GET /stylesheets/style.css 304 0.562 ms - -
0|app1     | GET / 304 1.120 ms - -
0|app1     | GET /stylesheets/style.css 304 0.415 ms - -
0|app1     | GET / 304 1.097 ms - -
0|app1     | GET /stylesheets/style.css 304 0.875 ms - -
0|app1     | GET /aa 404 3.023 ms - 1885
0|app1     | GET /aa 404 1.908 ms - 1885
0|app1     | GET /aa 404 47.375 ms - 1885
```

图 6-11 通过 PM2 查看指定应用日志

8．pm2 stop命令

pm2 stop 命令可以停止应用。如果想要停止某一个应用，可以指定应用名，例如：

```
$ pm2 stop app1
```

也可以通过指定应用的 id 来停止应用，命令如下：

```
$ pm2 stop 0
```

如图 6-12 所示，当停止应用之后，命令行会输出所有的应用列表，可以看到刚才停止的 app1 应用状态已经变成了 stopped。

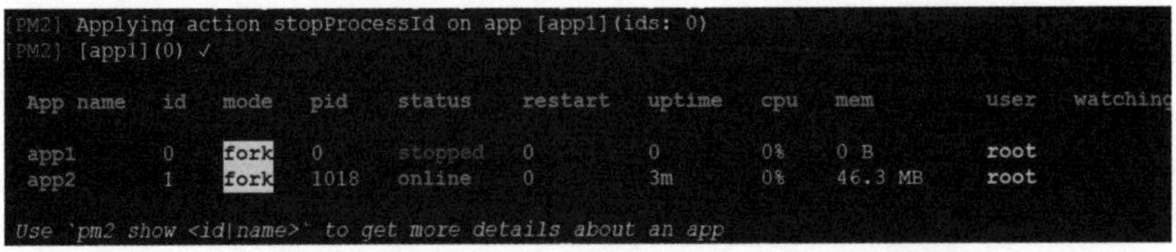

图 6-12　通过 PM2 停止 app1 应用之后的应用列表

如果想要停止所有应用，可以使用以下命令：

```
$ pm2 stop all
```

执行完之后，所有应用的状态都变成了 stopped，如果 6-13 所示。

图 6-13　通过 PM2 停止所有应用

9. pm2 restart命令

pm2 restart 命令可以重启应用。如果想要重启某一个应用，可以指定应用名，例如：

```
$ pm2 restart app1
```

也可以通过指定应用的 id 来重启应用命令如下：

```
$ pm2 restart 0
```

如图 6-14 所示，当重启应用之后，命令行会输出所有的应用列表，可以看到刚才重启的 app1 应用状态已经变成了 online，同时 restart 次数增加了 1 次。

图 6-14　通过 PM2 重启指定应用

如果想要重启所有应用，可以使用以下命令：

```
$ pm2 restart all
```

执行完之后，所有应用的状态都变成了 online，同时所有应用的 restart 次数都增加了 1 次，如图 6-15 所示。

```
Use --update-env to update environment variables
[PM2] Applying action restartProcessId on app [all](ids: 0,1)
[PM2] [app2](1) ✓
[PM2] [app1](0) ✓

 App name   id   mode   pid   status   restart   uptime   cpu   mem       user   watching

 app1       0    fork   424   online   3         0s       24%   10.7 MB   root
 app2       1    fork   417   online   1         0s       28%   12.1 MB   root

 Use `pm2 show <id|name>` to get more details about an app
```

图 6-15　通过 PM2 重启所有应用

10．pm2 delete命令

pm2 delete 命令可以删除应用。如果想要删除某一个应用，可以指定应用名，例如：

```
$ pm2 delete app1
```

也可以通过指定应用的 id 来删除应用，命令如下：

```
$ pm2 delete 0
```

如图 6-16 所示，当删除应用之后，命令行会输出所有的应用列表，可以看到刚才删除的 app1 应用已经不存在了。

```
[PM2] Applying action deleteProcessId on app [0](ids: 0)
[PM2] [app1](0) ✓

 App name   id   mode   pid   status   restart   uptime   cpu   mem       user   watching

 app2       1    fork   417   online   1         5m       0%    35.4 MB   root

 Use `pm2 show <id|name>` to get more details about an app
```

图 6-16　通过 PM2 删除指定应用

如果想要重启所有应用，可以使用以下命令：

```
$ pm2 delete all
```

执行完之后，所有的应用都被删掉，应用列表变成了空的，如图 6-17 所示。

```
[PM2] Applying action deleteProcessId on app [all](ids: 1)
[PM2] [app2](1) ✓

 App name   id   mode   pid   status   restart   uptime   cpu   mem   user   watching

 Use `pm2 show <id|name>` to get more details about an app
```

图 6-17　通过 PM2 删除所有应用

6.4.3　PM2 的启动配置文件

虽然 PM2 提供了很多命令，但是对于项目来说需要的是一个稳定的配置，一般不会直接操作命令行增加或删除配置，而是为项目增加一个 PM2 的启动配置文件。

下面的代码是一个 PM2 的启动配置文件示例：

```
{
  "apps": [
    {
      "name": "test",
      "script": "./bin/www",
      "cwd": "./",
      "args": "",
      "interpreter": "",
      "interpreter_args": "",
      "watch": true,
      "ignore_watch": [
        "node_modules",
        "logs"
      ],
      "exec_mode": "cluster_mode",
      "instances": 4,
      "max_memory_restart": 8,
      "error_file": "./logs/app-err.log",
      "out_file": "./logs/app-out.log",
      "merge_logs": true,
      "log_date_format": "YYYY-MM-DD HH:mm:ss",
      "min_uptime": "60s",
      "max_restarts": 30,
      "autorestart": true,
      "cron_restart": "",
      "restart_delay": "60s"
      "env": {
        "NODE_ENV": "production",
        "PORT": 3008
      },
      "env_dev": {
        "NODE_ENV": "development",
        "PORT": 3008
      },
      "env_test": {
        "NODE_ENV": "test",
        "PORT": 3008
      }
    }
  }
}
```

各项配置参数说明如表 6-1 所示。

表 6-1　PM2 配置文件参数说明

参　数　名	类　　型	说　　明
apps	数组	应用列表
name	字符串	项目名
script	字符串	执行文件
cwd	字符串	应用程序所在的目录
args	字符串	传递给脚本的参数

（续）

参　数　名	类　　型	说　　明
interpreter	字符串	指定的脚本解释器
interpreter_args	字符串	传递给解释器的参数
watch	布尔	是否监听文件变动重启
ignore_watch	数组	不用监听的文件列表
exec_mode	字符串	应用启动模式，支持fork和cluster
instances	数字	应用启动实例个数，仅在cluster模式下有效，0表示最大
max_memory_restart	数字	最大内存限制数，如超出则自动重启
error_file	字符串	错误日志文件路径
out_file	字符串	正常日志文件路径
merge_logs	布尔	是否追加日志
log_date_format	字符串	日志时间格式
min_uptime	字符串	应用运行小于时间为异常启动
max_restarts	数字	最大异常重启次数
autorestart	布尔	发生异常是否自动重启
cron_restart	字符串	crontab时间格式重启应用
restart_delay	字符串	异常重启延时重启时间
env	对象	指定使用环境参数
NODE_ENV	字符串	Node.js运行时环境参数
PORT	数字	项目端口号

在实际的项目启动配置中，不一定要全部配置这些参数，而只需要配置需要的部分参数即可。

以前面开发的项目 decorate-api 为例，在项目根目录下新建一个 pm2.json 文件，包含以下代码：

```
{
  "apps": [
    {
      "name": "decorate-api",
      "script": "bin/www",
      "merge_logs": true,
      "instances": 0,
      "exec_mode": "cluster",
      "error_file": "/var/log/nodejs/decorate-api/err.log",
      "out_file": "/var/log/nodejs/decorate-api/out.log",
      "log_date_format": "YYYY-MM-DD HH:mm:ss Z",
      "env": {
        "NODE_ENV": "production",
        "PORT": 3010
```

```
        }
    }
  ]
}
```

提交代码，并在服务器上更新代码。之后进入项目根目录，使用下面的命令启动项目：

```
$ pm2 start pm2.json
```

如图 6-18 所示，decorate-api 项目已经启动成功。

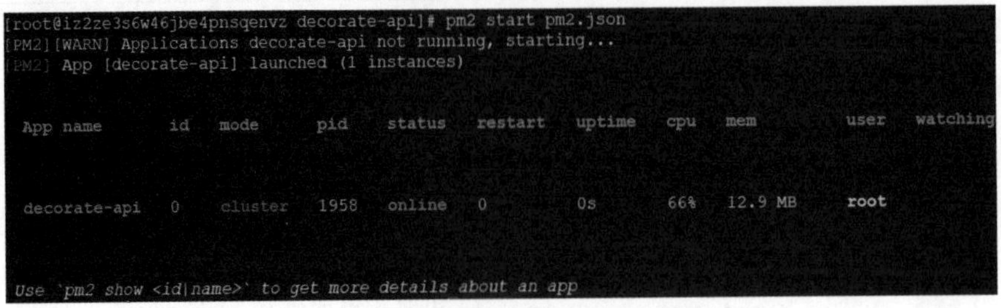

图 6-18　decorate-api 项目启动成功

项目启动成功之后，就可以通过指定端口访问到该项目，如图 6-19 所示。在浏览器中输入服务器外网 IP 加上指定端口号 http://x.x.x.x:3010，即可打开首页。

Express

Welcome to Express

图 6-19　decorate-api 项目首页

推荐阅读

人工智能极简编程入门（基于Python）

作者：张光华 贾庸 李岩　书号：978-7-111-62509-4　定价：69.00元

"图书+视频+GitHub+微信公众号+学习管理平台+群+专业助教"立体化学习解决方案

本书由多位资深的人工智能算法工程师和研究员合力打造，是一本带领零基础读者入门人工智能技术的图书。本书的出版得到了地平线创始人余凯等6位人工智能领域知名专家的大力支持与推荐。本书贯穿"极简体验"的讲授原则，模拟实际课堂教学风格，从Python入门讲起，平滑过渡到深度学习的基础算法——卷积运算，最终完成谷歌官方的图像分类与目标检测两个实战案例。

从零开始学Python网络爬虫

作者：罗攀 蒋仟　书号：978-7-111-57999-1　定价：59.00元

详解从简单网页到异步加载网页，从简单存储到数据库存储，从简单爬虫到框架爬虫等技术

本书是一本教初学者学习如何爬取网络数据和信息的入门读物。书中涵盖网络爬虫的原理、工具、框架和方法，不仅介绍了Python的相关内容，而且还介绍了数据处理和数据挖掘等方面的内容。本书详解22个爬虫实战案例、爬虫3大方法及爬取数据的4大存储方式，可以大大提高读者的实际动手能力。

从零开始学Python数据分析（视频教学版）

作者：罗攀　书号：978-7-111-60646-8　定价：69.00元

全面涵盖数据分析的流程、工具、框架和方法，内容新，实战案例多
详细介绍从数据读取到数据清洗，以及从数据处理到数据可视化等实用技术

本书是一本适合"小白"学习Python数据分析的入门图书，书中不仅有各种分析框架的使用技巧，而且也有各类数据图表的绘制方法。本书重点介绍了9个有较高应用价值的数据分析项目实战案例，并介绍了NumPy、pandas库和matplotlib库三大数据分析模块，以及数据分析集成环境Anaconda的使用。

推荐阅读

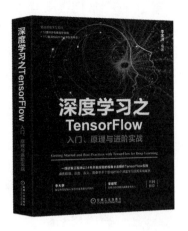  

深度学习之TensorFlow：入门、原理与进阶实战

作者：李金洪　书号：978-7-111-59005-7　定价：99.00元

磁云科技创始人/京东终身荣誉技术顾问李大学、创客总部/创客共赢基金合伙人李建军共同推荐
一线研发工程师以14年开发经验的视角全面解析深度学习与TensorFlow应用

本书是一本有口皆碑的畅销书，采用"理论+实践"的形式编写，通过96个实战案例，全面讲解了深度学习和TensorFlow的相关知识，涵盖数值、语音、语义、图像等多个领域。书中每章重点内容都配有一段教学视频，帮助读者快速理解。本书还免费提供了所有案例的源代码及数据样本，以方便读者学习。

深度学习与计算机视觉：算法原理、框架应用与代码实现

作者：叶韵　书号：978-7-111-57367-8　定价：79.00元

全面、深入剖析深度学习和计算机视觉算法，西门子高级研究员田疆博士作序力荐
Google软件工程师吕佳楠、英伟达高级工程师华远志、理光软件研究院研究员钟诚博士力荐

本书全面介绍了深度学习及计算机视觉中的基础知识，并结合常见的应用场景和大量实例带领读者进入丰富多彩的计算机视觉领域。作为一本"原理+实践"教程，本书在讲解原理的基础上，通过有趣的实例带领读者一步步亲自动手，不断提高动手能力，而不是枯燥和深奥原理的堆砌。

深度学习之图像识别：核心技术与案例实战（配视频）

作者：言有三　书号：978-7-111-62472-1　定价：79.00元

奇虎360人工智能研究院/陌陌深度学习实验室资深工程师力作
凝聚作者6余年的深度学习研究心得，业内4位大咖鼎力推荐

本书全面介绍了深度学习在图像处理领域中的核心技术与应用，涵盖图像分类、图像分割和目标检测的三大核心技术和八大经典案例。书中不但重视基础理论的讲解，而且从第4章开始的每章都提供了一两个不同难度的案例供读者实践，读者可以在已有代码的基础上进行修改和改进，加深对所学知识的理解。